全国高等院校计算机基础教育研究会发布

Intelligent-age China Vocational-computing Curricula 2024

智能时代中国高等职业教育计算机教育课程体系 2024

中国高等职业教育计算机教育改革课题研究组 ◎ 编著

ICVC

中国铁道出版社有限公司
CHINA RAILWAY PUBLISHING HOUSE CO., LTD.

内 容 简 介

《中国高等职业教育计算机教育课程体系》（CVC）是全国高等院校计算机基础教育研究会与中国铁道出版社有限公司合作推出的重要成果，已分别于 2007 年、2010 年、2014 年出版三个版本。2021 年改版为《智能时代中国高等职业教育计算机教育课程体系 2021》（ICVC 2021），本次编写出版的《智能时代中国高等职业教育计算机教育课程体系 2024》（ICVC 2024）是前版的延续。

本书编写目的在于针对 2021 年以来中国科技和经济发展新形势，尤其是人工智能技术应用、新质生产力的提出对高等职业教育人才培养提出的新需求，以及对中国特色高等职业教育发展改革出现的新问题，从高等职业教育人工智能通识课程体系建设、高等职业教育专科人才培养中有待解决的问题、高等职业教育本科人才培养模式、高等职业教育实践教学和能力培养的环境资源保障，以及高等职业教育教学的数字化支持等方面，研究在教育教学中确实能够落地的解决方案，以促进中国特色、高水平高等职业教育的发展。

本书可为教育主管部门、相关教学指导委员会制定政策和方案提供参考，也可为高等职业院校管理者，尤其是一线教师和相关企业专家深化高等职业教育专业、课程、教学改革建设提供参考。

图书在版编目（CIP）数据

智能时代中国高等职业教育计算机教育课程体系.
2024 / 中国高等职业教育计算机教育改革课题研究组编
著. -- 北京：中国铁道出版社有限公司, 2024. 10.
ISBN 978-7-113-31686-0

Ⅰ. TP3-4
中国国家版本馆CIP数据核字第2024UL7168号

书　　名： 智能时代中国高等职业教育计算机教育课程体系 2024
ZHINENG SHIDAI ZHONGGUO GAODENG ZHIYE JIAOYU JISUANJI JIAOYU KECHENG TIXI 2024
作　　者： 中国高等职业教育计算机教育改革课题研究组

策　　划： 秦绪好　　　　　　　　　　　　　**编辑部电话：**（010）51873202
责任编辑： 汪　敏　包　宁
封面设计： 刘　颖
责任校对： 刘　畅
责任印制： 樊启鹏

出版发行： 中国铁道出版社有限公司（100054，北京市西城区右安门西街 8 号）
网　　址： https://www.tdpress.com/51eds
印　　刷： 北京联兴盛业印刷股份有限公司
版　　次： 2024 年 10 月第 1 版　2024 年 10 月第 1 次印刷
开　　本： 787 mm×1 092 mm　1/16　印张：19　字数：298 千
书　　号： ISBN 978-7-113-31686-0
定　　价： 76.00 元

版权所有　侵权必究

凡购买铁道版图书，如有印制质量问题，请与本社教材图书营销部联系调换。电话：（010）63550836
打击盗版举报电话：（010）63549461

中国高等职业教育计算机教育改革课题研究组
暨编委会人员名单

总顾问： 谭浩强（清华大学） 　　　　　　黄心渊（中国传媒大学）

主　编： 高　林（北京联合大学）

副主编： 鲍　洁（北京联合大学） 　　　　　秦绪好（中国铁道出版社有限公司）

编　委： （按姓氏笔画排序）

于　京（北京电子科技职业学院）	于　鹏（北京软通动力教育科技有限公司）
万　冬（北京信息职业技术学院）	王　芳（浙江机电职业技术学院）
王学军（河北石油职业技术大学）	王淑燕（杭州安恒信息技术股份有限公司）
方风波（湖北荆州职业技术学院）	艾尔肯．艾则孜（新疆乌鲁木齐职业技术大学）
龙　翔（湖北生物科技职业技术学院）	叶　林（西安交通大学）
付　祥（浙江机电职业技术大学）	乐　璐（南京城市职业学院）
冯贺娟（北京金芥子国际教育咨询有限公司）	兰　嵩（福建水利电力职业技术学院）
曲文尧（杭州朗迅数智科技有限公司）	吕　东（天津腾领电子科技有限公司）
朱伟华（吉林电子信息职业技术学院）	朱旭刚（山东商业职业技术学院）
朱震忠（苏州鹏满科技有限公司）	任佳琪（浙江机电职业技术学院）
向春枝（郑州信息科技职业学院）	刘　成（湖北生物科技职业技术学院）
刘　松（天津电子信息职业技术学院）	刘业辉（北京工业职业技术学院）
刘振昌（天津电子信息职业技术学院）	闫蕴霞（福建水利电力职业技术学院）
关　辉（苏州市职业大学）	许建豪（南宁职业技术大学）
孙　宾（淄博职业技术学院）	孙　霞（嘉兴职业技术学院）
孙学耕（福建水利电力职业技术学院）	芦　星（北京久其软件股份有限公司）
杜　煜（北京联合大学）	杜　辉（北京电子科技职业学院）
李　娜（天津电子信息职业技术学院）	李　晶（北京久其软件股份有限公司）
李美慧（中国传媒大学）	李景玉（北京电子科技职业学院）
杨国华（无锡商业职业技术学院）	杨智勇（重庆工程职业技术学院）
吴弋旻（杭州职业技术学院）	吴春玉（天津电子信息职业技术学院）
余　杭（随机数（浙江）科技有限公司）	邹益香（随机数（浙江）科技有限公司）

汪　敏（中国铁道出版社有限公司）　　　张　戈（龙芯中科技术股份有限公司）
张　伟（浙江求是科教设备有限公司）　　张　萍（北京电子科技职业学院）
张　婵（广东轻工职业技术学院）　　　　张　魏（湖北荆州职业技术学院）
张明白（百科荣创（北京）科技发展有限公司）　张建臣（山东电子职业技术学院）
张钟元（北京北科海腾科技有限公司）　　陆胜洁（杭州瑞亚教育科技有限公司）
陈　丹（福建水利电力职业技术学院）　　陈　宁（浙江机电职业技术学院）
陈　永（江苏海事职业技术学院）　　　　陈　超（江苏建筑职业技术学院）
陈西玉（浙江求是科教设备有限公司）　　陈祥章（徐州工业职业技术学院）
邵　瑛（上海电子信息职业技术学院）　　武春岭（重庆电子工程职业学院）
苗春雨（杭州安恒信息技术股份有限公司）　林伟鹏（深圳职业技术大学）
罗天宇（九江职业技术学院）　　　　　　罗保山（武汉软件工程职业学院）
赵　磊（新华三技术有限公司）　　　　　赵瑞丰（随机数（浙江）智能科技有限公司）
胡　亦（北京电子科技职业学院）　　　　胡　玲（柳州铁道职业技术学院）
胡大威（湖北职业技术学院）　　　　　　胡方霞（重庆工商职业技术学院）
胡光永（南京工业职业技术大学）　　　　段仕浩（南宁职业技术学院）
郗君甫（河北科技工程职业技术大学）　　祝赛君（杭州朗迅数智科技有限公司）
聂　哲（深圳职业技术大学）　　　　　　钱　亮（荆州职业技术学院）
倪　勇（浙江机电职业技术学院）　　　　徐　振（杭州朗迅数智科技有限公司）
徐守政（杭州朗迅数智科技有限公司）　　郭　勇（福建信息职业技术学院）
郭同彬（龙芯中科技术股份有限公司）　　桑宁如（杭州瑞亚教育科技有限公司）
黄庆红（杭州朗迅数智科技有限公司）　　黄振业（浙江金融职业学院）
戚喜义（随机数（浙江）科技有限公司）　盛鸿宇（北京联合大学）
眭碧霞（常州信息职业技术学院）　　　　康　健（唐山职业技术学院）
葛　鹏（随机数（浙江）科技有限公司）　曾文权（广东科学技术职业学院）
谢文达（广东科学技术职业学院）　　　　鄢军霞（武汉软件工程职业学院）
赫　亮（北京金芥子国际教育咨询有限公司）　谭方勇（苏州市职业大学）
翟玉峰（中国铁道出版社有限公司）　　　樊　睿（杭州安恒信息技术股份有限公司）
薛海晶（北京北科海腾科技有限公司）

前　言

自 2021 年全国高等院校计算机基础教育研究会（简称研究会）发布《智能时代中国高等职业教育计算机教育课程体系 2021》（ICVC 2021）以来，数字技术、人工智能技术及其应用在全球范围内取得了显著的新进展。我国信息技术发展已进入人工智能时代，这一新时代的到来对经济社会发展和人民生活带来了广泛而深远的影响。这些影响不仅推动了产业升级和转型、商业模式创新以及就业结构变化等经济层面的变革，还深刻改变了人们的生活、教育、医疗服务以及社交和文化娱乐等方式。

新质生产力的概念是在 2023 年 9 月由习近平总书记首次提出的。这一概念的提出，具有深远的意义，对我国经济社会发展产生了积极的影响。新质生产力是指引高质量发展的新的生产力理论，其核心是创新，包括革命性、颠覆性科技创新和生产要素创新性配置。这为我国经济社会发展提供了强大的动力，推动了经济从高速增长向高质量发展转变。

党的二十届三中全会是在以中国式现代化全面推进强国建设、民族复兴伟业的关键时期召开的一次十分重要的会议，全会通过的《中共中央关于进一步全面深化改革、推进中国式现代化的决定》是新时代新征程上推动全面深化改革向广度和深度进军的总动员、总部署，充分释放了改革不停顿、开放不止步的强烈信号。全会提出："加快建设国家战略人才力量，着力培养造就战略科学家、一流科技领军人才和创新团队，着力培养造就卓越工程师、大国工匠、高技能人才，提高各类人才素质。"

在 2020—2024 年，教育部及相关部门发布了一系列推动高职教学改革发展的相关文件，这些文件涵盖了深化现代职业教育体系建设、课程改革、教学标准制定、产教融合行动方案、打造产教融合共同体等方面，为高职教育新一轮全面深化改革和发展提供了重要的指导和支持，进一步指明，提高教学质量与培养优秀技术技能人才，是高职教育的灵魂与核心，是高职教育发展的根本目的与核心任务。

编写本书的目的是抓住当前高职教学中存在的实际问题，推动高职教育全面改革，深化高职教育在教学理念、课程体系、课程设计、教学实施、教学方法等方面实现创新发展。本书包括如下内容：

1．大学计算机基础教育和高职计算机公共课程进阶升级

本书针对 2024 年以来我国进入人工智能新时代与开展"AI+"国家战略与科学技术发展和产业应用的新形势，形成《数字新时代高等职业教育信息技术与数字素养课程体系暨人工智能通识课程体系 2024》。

2．强调高职理论教学与实践教学并重

针对当前高职在专业教学标准、专业人才培养方案设计和教学实施中，并未给出如理论教学一样的实践教学课程体系和课程设计要求，尤其是没有对培养规格中落实能力目标的项目课程和岗位实习课程进行设计的情况，本书将重点探索高职教育的实践教学体系建设，尤其是能力培养课程体系和岗位实习课程的设计实施，以及训练资源和环境建设，从而实现在人才培养过程中理论课程体系和实践课程体系并重的教学设计和教学实施。

3．探索职业本科人才培养模式

职业本科要兼具本科教育和职业教育的特征，更应依据经济社会产业发展对人才需求和分类的变化，明确专业定位和培养目标。由于我国职业本科专业人才培养还处在起步阶段，所以本书对职业本科人才培养理念、模式以及专业人才培养方案

设计等方面进行了深入的探索。

4. 教育教学数字化转型升级

随着信息技术的快速发展，数字化已经成为时代发展的趋势，职业教育数字化转型已成为当前教育改革和发展的重要方向。当前职业教育数字化转型的必要性体现在提升教学效率与质量、促进教育公平、适应时代发展需求、推动教育治理现代化以及促进产学研一体化等方面。这些必要性使得本书将对高职教育教学数字化转型问题进行讨论。

本书是几年来中国高等职业教育计算机教育改革课题研究组和众多高等职业院校一线老师、企业专家共同探索和研究的成果，也是全国高等院校计算机基础教育研究会的重要成果和品牌 CVC 的延续。在整个编著过程中，得到我国著名计算机教育专家谭浩强教授和黄心渊会长的精心指导与研究会领导的大力支持，得到中国铁道出版社有限公司的大力支持，得到众多高等职业院校与企业的大力支持。

本书参与编写与研讨的核心人员有：高林、鲍洁、秦绪好、眭碧霞、聂哲、于京、芦星、方风波、刘松、倪勇、盛鸿宇、孙学耕、万冬、叶林、乐璐、赫亮、郭勇、谭方勇、刘振昌、杜辉、张萍、兰嵩、闫蕴霞、陈丹、段仕浩、葛鹏、戚喜义、余杭、邹益香、陈宁、郗君甫、杜煜、陈西玉、张伟、张明白、朱旭刚、曲文尧、徐守政、祝赛君、苗春雨、樊睿、王淑燕、吕东、翟玉峰、朱震忠、陆胜洁、桑宁如、于鹏、赵磊、李景玉、吴春玉、任佳琪、罗天宇、陈超、刘成、谢文达、王学军、张婵、李娜、王芳、胡光永等。

在此向所有支持、指导、帮助、关注本书的人们表示由衷的感谢。

本书编写中的疏漏和不当之处，敬请读者指正。

中国高等职业教育计算机教育改革课题研究组

2024 年 9 月

目 录

第一部分 绪 论

第1章 中国进入人工智能时代 3
  1.1 我国信息技术发展已经进入人工智能新时代 3
    1.1.1 我国人工智能技术及其应用的新进展 3
    1.1.2 人工智能时代对我们的深远影响 6
  1.2 全面推进中国式现代化 7
    1.2.1 新质生产力助力产业转型升级 7
    1.2.2 党的二十届三中全会全面推进中国式现代化强国建设 8

第2章 职业教育全面改革发展要以提高人才培养质量为核心 10
  2.1 新时代国家法规政策指导职业教育全面改革发展 10
  2.2 提升新时期高职教育人才培养质量 11
    2.2.1 大学计算机基础教育和高职计算机公共课程进阶升级 12
    2.2.2 与时俱进完善专业 - 职业分析方法 12
    2.2.3 强调高职理论教学与实践教学并重 13
    2.2.4 探索职业本科人才培养模式 13
    2.2.5 教育教学数字化转型升级 14

第二部分 高职信息技术与数字素养通识教育

第3章 我国计算机基础教育发展回顾 17
  3.1 我国高等教育计算机基础教育发展回顾 17
  3.2 我国高等职业教育计算机基础教育——计算机公共课程的开设 18

第 4 章　高职信息技术课程国家标准 20
4.1　《高等职业教育专科信息技术课程标准（2021 年版）》发布的背景 20
4.2　《高等职业教育专科信息技术课程标准（2021 年版）》的主要内容 21
4.3　《高等职业教育专科信息技术课程标准（2021 年版）》发布的意义 23

第 5 章　《数字新时代高等职业教育信息技术与数字素养课程体系 2023》的
提出和主要内容 25
5.1　《数字新时代高等职业教育信息技术与数字素养课程体系 2023》的发布 25
5.2　《数字新时代高等职业教育信息技术与数字素养课程体系 2023》的
主要内容 26
5.2.1　《信息技术与数字素养课程体系 2023》的基本概念界定 26
5.2.2　《信息技术与数字素养课程体系 2023》的理念 30
5.2.3　《信息技术与数字素养课程体系 2023》的组成结构 31
5.3　《数字新时代高等职业教育信息技术与数字素养课程体系 2023》的
配套教材体系 32

第 6 章　《数字新时代高等职业教育信息技术与数字素养课程体系暨人工智能
通识课程体系 2024》的提出和主要内容 33
6.1　《信息技术与数字素养课程体系暨人工智能通识课程体系 2024》提出的
技术应用发展背景 33
6.1.1　通用人工智能（AGI） 33
6.1.2　生成式人工智能技术（AIGC） 34
6.1.3　"AI+"国家战略 35
6.1.4　"信创"国家战略 35
6.2　《信息技术与数字素养课程体系暨人工智能通识课程体系 2024》的
主要特点 36
6.2.1　打好数字技术与数字素养基础 36

6.2.2　突出数字技术应用的方法工具作用 36

　　　6.2.3　配备数字技术（AI）应用助手 38

　6.3　《信息技术与数字素养课程体系暨人工智能通识课程体系 2024》的

　　　　实施应用 39

第三部分　高职专科人才培养

第 7 章　高职专科专业教学改革发展新阶段 61

　7.1　以国家政策为指引 61

　7.2　以成果导向教育理念（OBE）为主导 65

　　　7.2.1　OBE 教育理念核心问题的内涵 65

　　　7.2.2　实施 OBE 的关键点 66

　7.3　以"专业教学标准"为基本依据 68

　　　7.3.1　我国高职专业教学标准的制定与发布 68

　　　7.3.2　《高等职业学校软件与信息服务专业教学标准》 69

第 8 章　当前高职专业人才培养问题分析 78

　8.1　职业分析如何面向新质生产力 78

　8.2　实践教学设计过于简单笼统 79

　　　8.2.1　培养规格缺少对技能的要求 79

　　　8.2.2　实践教学设计过于简单笼统 80

　8.3　能力目标难以落实 81

　　　8.3.1　实践教学中能力培养课程学时不足 81

　　　8.3.2　缺少适应能力培养的教师队伍 81

第 9 章　与时俱进职业分析方法 83

　9.1　职业分析方法概述 83

　9.2　职业分析方法的与时俱进 85

     9.2.1 现状与新需求带来的思考 85
     9.2.2 职业分析方法2024 86

第10章 实践教学体系设计与教学实施 89
  10.1 能力培养的课程形式和实践教学的教学法 89
     10.1.1 项目课程 90
     10.1.2 技术技能竞赛 91
  10.2 实践教学体系设计规范 92
  10.3 典型实践教学课程体系设计案例 95
     10.3.1 "工业互联网应用"专业实践教学课程体系 95
     10.3.2 "人工智能技术应用"专业实践教学课程体系 106
  10.4 典型能力培养项目课程设计案例 113
     10.4.1 "电气自动化技术"专业典型项目训练课程设计 113
     10.4.2 "软件技术"专业典型项目训练课程设计 124
  10.5 "岗课赛证融通"能力培养典型案例 128
     10.5.1 全国大学生计算机应用能力与数字素养大赛——"久其女娲杯"
            低代码编程赛项探索"岗课赛证融通"促进能力提升 128
     10.5.2 全国大学生计算机应用能力与数字素养大赛——"随机数杯"
            人工智能产业应用赛道探索"岗课赛证融通"促进能力提升 134

第四部分 职业本科人才培养

第11章 职业本科人才培养中的问题 143
  11.1 职业本科人才培养 143
     11.1.1 职业本科发展探索 143
     11.1.2 职业本科专业人才培养存在的问题 144
  11.2 职业本科人才培养目标和规格 146
  11.3 职业本科的专业理论知识体系 147

  11.3.1 学科形态的分类及其知识体系的差异 147

  11.3.2 职业本科的专业理论知识体系 151

第12章 职业本科人才培养方案设计 156

 12.1 职业本科专业人才培养方案设计的几个特点 156

  12.1.1 职业本科职业分析的特点 156

  12.1.2 工程技术学科建设是职业本科建设的重难点 157

  12.1.3 职业本科实践课程体系和实践课程设计 159

 12.2 职业本科人才培养方案设计 160

 12.3 职业本科人才培养方案典型案例 163

  12.3.1 "智能网联汽车工程技术"专业人才培养方案——

     职业分析与专业实践课程设计 163

  12.3.2 "网络工程技术"专业人才培养方案（部分）——

     职业分析与专业实践课程设计 175

 12.4 职业教育教学改革建设要多听企业建议 181

第五部分 综合性数字化教学环境保障

第13章 实践教学支持系统和典型案例 195

 13.1 能力培养项目课程的环境支持 195

 13.2 能力培养项目课程的训练资源支持 198

 13.3 能力培养项目课程的教练型教师队伍支持 199

 13.4 能力培养项目课程的训练平台与资源支持典型案例 201

第14章 高职教育教学数字化转型 280

 14.1 教育数字化 280

  14.1.1 教育数字化的国家战略 280

  14.1.2 教育数字化概念内涵与发展目标 282

14.2 生成式人工智能（AIGC）技术的发展对教育数字化转型的影响 283
14.3 职业教育数字化转型，助力高职"五金"建设 285
    14.3.1 数字化转型打造"金专业" 286
    14.3.2 数字化转型打造"金课程" 286
    14.3.3 数字化转型打造"金教材" 287
    14.3.4 数字化转型打造"金师资" 289
    14.3.5 数字化转型打造"金基地" 289

第一部分
绪　　论

  随着人工智能技术的飞速发展，中国已迈入信息技术的新时代。AI芯片、大模型技术、AI机器人、自动驾驶、智能语音助手和量子计算等领域的突破，正推动产业升级和新兴产业的崛起，同时深刻影响着经济社会发展和人民生活的方方面面。党的二十届三中全会的决策，为新时代全面推进中国式现代化指明了方向。新质生产力的提出，是对传统生产力概念的超越与升华，创新将成为推动经济高质量发展的最强动力。而职业教育作为提供中国式现代化发展中高素质技术技能人才的主阵地，要以新质生产力为引领，在国家相关政策文件的指导下进行全面改革，以提高人才培养质量为核心，推动教育教学的数字化转型升级，适应人工智能新时代的需求，培养具备创新能力和数字素养的人才，为经济社会发展提供强有力的人才支撑。

第 1 章

中国进入人工智能时代

1.1 我国信息技术发展已经进入人工智能新时代

自2021年全国高等院校计算机基础教育研究会（简称研究会）发布《智能时代中国高等职业教育计算机教育课程体系2021》（简称蓝皮书《ICVC 2021》）以来，数字技术、人工智能技术及其应用在全球范围内取得了显著的新进展。尤其是人工智能技术应用取得了多项新突破，这些突破不仅推动了技术的快速发展，也促进了产业的升级。

1.1.1 我国人工智能技术及其应用的新进展

1. AI芯片的研发与应用

随着算法模型、技术理论和应用场景的优化和创新，AI产业对训练数据的拓展性需求和前瞻性需求均快速增长。国内企业在AI芯片领域取得了显著进展。例如，阿里巴巴集团在2021年成功研发出了一款全新的AI芯片，该芯片不仅具有高性能，而且能实现更低的能耗，对于提升数据中心效率和降低运营成本具有重要意义，为未来的人工智能应用奠定了坚实基础；瀚博半导体通过自主研发的人工智能及计算机视觉核心技术，提供适用于智慧城市、智能安防等领域的芯片设计以及相对应的软件开发平台产品，芯片解决方案覆盖从云端到边缘的服务器及一体机市场。

2. AI大模型技术应用

自从美国推出ChatGPT大模型后，我国在生成式人工智能领域也取得了显著进展,并先后推出了多款具有自主产权的大模型。百度公司推出的文心一言大模型,是国内领先的通用型人工智能大模型之一,该模型在多个领域展现出强大的能力,包括自然语言处理、知识问答、文本生成等。科大讯飞推出的星火认知大模型,是另一款备受关注的自主大模型,该模型在语音识别、自然语言理解等方面具有显著优势,为用户提供了更加智能、便捷的交互体验。阿里巴巴的通义千问大模型也是国内自主大模型的重要代表,该模型在电商、金融等领域得到广泛应用,为用户提供了丰富的智能服务。中国科学院旗下的紫东太初大模型,是国内科研领域的重要成果,该模型在科研探索、知识发现等方面发挥了重要作用,推动了我国科研事业的发展。北京月之暗面科技有限公司推出的Kimi大模型是一款智能助手,主要应用场景包括专业学术论文的翻译和理解、辅助分析法律问题、快速理解API开发文档等。Kimi被认为是全球首个支持输入20万汉字的智能助手产品,长文本处理方面的强大能力成为显著特点,其技术能力和市场表现引起了广泛关注。除了上述几款大模型外,我国还推出了许多其他具有自主产权的大模型,如商汤科技的日日新大模型、百川智能的百川大模型、智谱AI的GLM大模型等。

这些大模型在各个领域的应用也取得了显著进展,为我国人工智能产业的发展注入了新的活力。随着人工智能技术的不断发展,我国自主大模型的数量和种类也在不断增加。这些大模型在推动产业升级、提高生产效率、改善人民生活等方面发挥了重要作用,为我国经济社会的持续健康发展提供了有力支撑。此外,值得注意的是,我国在自主大模型的发展过程中,还注重加强与国际社会的合作与交流,积极借鉴国际先进经验和技术成果,不断提升我国自主大模型的研发水平和国际竞争力。

3. AI机器人技术应用

AI机器人技术应用已呈现蓬勃向前的态势。AI机器人集成了机械、电子、控制、传感、人工智能等多学科技术,能够模仿或替代人类进行各种任务。这种多学科技术的融合,使得AI机器人具备了更强的自主决策能力、学习能力和智能水平。通过深度学习与算法优化,AI机器人能够更好地理解环境、判断任务需求并实施解决方案。同时，强化学习等技术的引入，以及算法和计算能力的不断提升，使得AI机器人的智能化程度进一步提升，能够更好地理解人类语言、情感和行为，与人类进行更自然的交互。随着技术的不断进步和应用场景的不断拓展，AI机器人正在广泛应用于智能制造、智慧医疗、智慧城市等领域，以及家庭助理、医疗服务、物流搬运、国防军工、餐饮服务、农业植保等行业。

随着应用场景的不断拓展，我国AI机器人产业规模持续扩大。2023年我国人工智能核心产业规模已达5 784亿元，增速达到13.9%。同时，生成式人工智能的市场规模也达到了约14.4万亿元。

ChatGPT、Sora等人工智能生成内容技术的出现与发展，使得AI机器人产业迎来了前所未有的发展机遇。AI机器人在表情、动作、语音等方面的模拟能力日益增强，逼真度不断提高。AI机器人已被广泛应用于娱乐、教育、医疗、游戏、营销等领域，并展现出巨大的应用价值。

未来，我国将加快构建AI机器人产业生态，推动产业链上下游企业的协同发展。通过加强技术研发、市场拓展和人才培养等方面的合作，共同推动AI智能机器人产业的高质量发展。

4．AI在自动驾驶领域的突破

2022年7月，百度在百度世界大会上发布了第六代量产无人车——Apollo RT6，该车型基于自动驾驶技术的重大突破，不仅具备城市复杂道路的无人驾驶能力，而且成本仅为25万元。Apollo RT6的量产落地将加速无人车规模化部署，将重新定义汽车和未来出行方式。

5．智能语音助手的普及

智能语音助手市场迅速发展，为使用者提供便捷的语音交互体验，成为智能家居、智能手机等设备的重要功能。通过智能语音助手，用户可以更方便地控制家居设备、查询信息、进行在线购物等。

6．量子计算的突破

量子计算领域也取得了显著进展，逻辑量子比特容错率提高，向构建实用量子计算机迈出了重要一步。中国、美国、英国等国家的科研机构和企业都在积极探索量子计算的应用，如开发新的AI工具和算法，以利用量子计算的强大能力解决复杂问题。

1.1.2　人工智能时代对我们的深远影响

我国信息技术发展进入人工智能技术应用时代，这一新时代的到来对经济社会发展和人民生活带来了广泛而深远的影响。

1. 对经济社会发展的影响

人工智能技术的普及应用推动了传统产业的智能化升级，提高了生产效率和产品质量，促进了新兴产业的崛起，如智能制造、智能家居、智能医疗等，为经济发展注入了新的动力，改变了企业的商业模式，催生了新的业态和服务模式。通过数据分析和预测，企业能够更精准地把握市场需求，优化资源配置，提高市场竞争力。

人工智能技术的应用在一定程度上替代了部分传统岗位，但同时也创造了大量新的就业机会，使就业结构发生了变化，劳动者需要不断提升自身技能，适应新的就业环境。

人工智能成为推动经济增长的重要动力，促进了经济的持续健康发展。通过提高生产效率和创新能力，人工智能为经济增长提供了新的增长点。

2. 对人们生活的影响

人工智能技术的应用正在改变人们的生活方式，使人们的生活更加便捷和舒适。例如，智能家居系统可以实现家居设备的智能化控制，提高生活品质。智能健康管理系统可以实时监测个人健康状况，提供个性化的健康建议和服务。

人工智能在教育领域的应用推动了教育方式的变革。在线教育、智能辅导等新型教育模式逐渐普及，使学习更加个性化和高效。通过大数据分析，教师可以更精准地了解学生的学习情况，提供有针对性的教学指导。

人工智能在医疗领域的应用提高了医疗服务的效率和质量。智能诊断系统可以辅助医生进行疾病诊断和治疗方案的制定。远程医疗技术的发展使得患者可以在家中接受专业医生的诊疗服务，降低了就医成本。

人工智能技术的发展丰富了人们的社交方式。社交媒体、在线交流工具等平台的普及使人们可以随时随地与他人保持联系和互动。虚拟现实和增强现实技术的应用为人们提供了更加沉浸式和个性化的社交体验。

人工智能技术在文化娱乐领域的应用推动了文化产品的创新和丰富。智能推荐系统可以根据用户的兴趣和偏好推荐个性化的文化产品和服务。虚拟现实和增强现实技术的应用为人们提供了更加逼真和沉浸式的娱乐体验。

总之，我国信息技术发展进入人工智能技术应用时代对经济社会发展和人民生活带来了广泛而深远的影响。这些影响和变化不仅推动了产业升级和转型、商业模式创新以及就业结构变化等经济层面的变革，还深刻改变了人们的生活方式、教育方式、医疗服务以及社交和文化娱乐等方面的体验。

1.2 全面推进中国式现代化

1.2.1 新质生产力助力产业转型升级

新质生产力的概念是在2023年9月由习近平同志首次提出的。这一概念的提出，具有深远的意义，对我国经济社会发展产生了积极的影响。

新质生产力是指引高质量发展的新的生产力理论，其核心是创新，包括革命性、颠覆性科技创新和生产要素创新性配置。这为我国经济社会发展提供了强大的动力，推动了经济从高速增长向高质量发展转变。

技术创新是新质生产力的核心驱动力。这包括在信息技术、人工智能、大数据、云计算、物联网等新兴领域的技术突破，以及这些技术在传统产业中的深度应用。新质生产力以智能化发展为主要特征。随着人工智能、大数据等技术的广泛应用，生产过程逐步实现智能化。

新质生产力强调了科技创新在生产力发展中的主导作用。这有助于激发全社会的创新活力，推动科技成果转化和产业化应用，为我国经济社会发展注入新的活力。通过加强科技创新特别是原创性、颠覆性科技创新，可以催生新的产业、新的模式和新的动能，推动我国经济实现高质量发展。

新质生产力的发展有助于推动传统产业的转型升级和新兴产业的培育壮大。它不仅仅是对传统产业的简单改造，而是通过技术创新和模式创新，推动通过科技创新和产业升级，推动经济向知识密集型、技术密集型方向发展，创造新的经济增长点，推动产业向高端化、智能化、绿色化方向发展。

新质生产力的发展有助于优化资源配置方式和生产组织形式，提高资源利用效率。通过精准的数据分析和先进的管理工具，可以实现对市场需求的精确预测和资源供应的高效配置，降低生产成本，提高经济效益。

新质生产力强调绿色生产力理念，注重发展方式的绿色转型和生态环境保护。这有助于推动我国实现经济、社会和环境的协调发展，实现可持续发展目标。

新质生产力的发展离不开高素质人才的支撑，技术创新、产业融合、智能化发展等都需要具备相关专业知识和技能的人才来推动。因此打造新型劳动者队伍，包括能够创造新质生产力的战略人才和能够熟练掌握新质生产资料的应用型人才，成为发展新质生产力的主要任务。

1.2.2 党的二十届三中全会全面推进中国式现代化强国建设

党的二十届三中全会是在以中国式现代化全面推进强国建设、民族复兴伟业的关键时期召开的一次十分重要的会议，全会通过的《中共中央关于进一步全面深化改革、推进中国式现代化的决定》（简称《决定》）是新时代新征程上推动全面深化改革向广度和深度进军的总动员、总部署，充分体现了以习近平同志为核心的党中央完善和发展中国特色社会主义制度、推进国家治理体系和治理能力现代化的历史主动，以进一步全面深化改革开辟中国式现代化广阔前景的坚强决心，充分释放了改革不停顿、开放不止步的强烈信号。

《决定》提出："深化人才发展体制机制改革。实施更加积极、更加开放、更加有效的人才政策，完善人才自主培养机制，加快建设国家高水平人才高地和吸引集聚人才平台。"

当前，新一轮科技革命和产业变革深入发展，应以中华民族伟大复兴的创新需求为动力，坚持面向世界科技前沿、面向经济主战场、面向国家重大需求、面向人民生命健康，《决定》提出："加快建设国家战略人才力量，着力培养造就战略科学家、一流科技领军人才和创新团队，着力培养造就卓越工程师、大国工匠、高技能人才，提高各类人才素质。"

第 2 章
职业教育全面改革发展要以提高人才培养质量为核心

2.1 新时代国家法规政策指导职业教育全面改革发展

自2020年以来，教育部发布了一系列指导职业教育教学改革发展的文件，这些文件为职业教育的改革与发展提供了重要的政策支持和指导。

2020年9月教育部等九部门发布《职业教育提质培优行动计划（2020—2023年）》

该文件要求加快构建纵向贯通、横向融通的中国特色现代职业教育体系，并把发展职业本科教育作为关键一环，稳步推进试点工作。同时，文件还从多个方面提出了具体的行动计划和目标，以提升职业教育的质量和效益。

2021年3月23日《高等职业教育专科信息技术课程标准（2021年版）》与《高等职业教育专科英语课程标准（2021年版）》同时发布

该文件旨在贯彻落实《国家职业教育改革实施方案》，进一步完善职业教育国家教学标准体系，指导高等职业教育专科公共基础课程改革和课程建设，提高人才培养质量。

2022年5月1日起施行新修订的《中华人民共和国职业教育法》

新修订的职业教育法明确了职业教育与普通教育具有同等重要地位，着力提升职业教育认可度、深化产教融合、校企合作，完善职业教育保障制度和措施。法律还规定了提高职教教师培养质量、创新职教教师培训模式、畅通职教教师校企双向流动等举措，以加强职业教育教师队伍建设。

2022年12月中共中央办公厅、国务院办公厅印发《关于深化现代职业教育体系建设改革的意见》

这是党的二十大后,党中央、国务院部署教育改革工作的首个指导性文件。文件以服务人的全面发展、服务经济高质量发展为基点,统筹职业教育、高等教育、继续教育协同创新,推进职普融通、产教融合、科教融汇,提出了"一体、两翼、五重点"的战略任务和重点安排。该文件为职业教育的改革发展指明了方向,并提出了具体的实施路径和措施。

2023年6月8日国家发展改革委、教育部等八部门联合发布《职业教育产教融合赋能提升行动实施方案(2023—2025年)》

该文件旨在加快形成产教良性互动、校企优势互补的产教深度融合发展格局,对于高职专业教学标准和课程标准的制定和实施具有重要影响。

2023年7月7日教育部办公厅发布《关于加快推进现代职业教育体系建设改革重点任务的通知》

该文件提出了加快构建央地互动、区域联动、政行企校协同的职业教育高质量发展新机制的要求,并列出了包括打造市域产教联合体等在内的11项重点任务及推进机制,对高职专业教学标准和课程标准的实施具有推动作用。

2.2 提升新时期高职教育人才培养质量

2020—2024年,教育部及相关部门发布了一系列推动高职教育改革发展的相关文件,这些文件涵盖了深化现代职业教育体系建设、课程改革、教学标准制定、产教融合行动方案、打造产教融合共同体等方面,为高职教育新一轮全面深化改革和发展提供了重要的指导和支持。

提高教学质量与培养优秀技术技能人才,是高职教育的灵魂与核心,也深刻揭示了高职教育发展的根本目的与核心任务,而深化高职教育全面改革,正是要牢牢牵住这一"牛鼻子"的关键所在。教学质量直接关系学生能否掌握扎实的专业知识和技能,以及能否在毕业后迅速适应市场需求,成为企业和社会所需的高素质技术技能人才。高职院校必须树立以教学质量为根本目的，以培养优秀技术技能人才为核心任务的发展理念，将现代职业教育体系建设、产教融合行动方案、打造产教融合共同体等方面工作紧紧围绕提高教学质量与培养优秀技术技能人才这一高职教育的根本目的与核心任务展开。

当前牵住"牛鼻子"，推动高职教育全面改革，深化高职教育在教学理念、课程体系、课程设计、教学实施、教学方法等方面实现创新和发展，可包括如下方面内容。

2.2.1 大学计算机基础教育和高职计算机公共课程进阶升级

三十多年前，全国高等院校计算机基础教育研究会在高等教育和高职教育中创新性提出开设大学计算机基础教育课程和高职计算机公共课程，这一举措对于培养全体大学生的计算机技术应用能力和信息素养起到了重要作用。随着信息技术的飞速发展和AI应用的广泛普及，计算机基础教育需要不断适应科学技术与经济社会发展的需求，以培养出符合时代要求的人才。

2021年教育部率先对高等职业教育专科教育公布了《高等职业教育专科信息技术课程标准（2021年版）》，对高等职业教育专科教育只开设一门高职计算机公共课程的情况指明了改革方向。2023年由全国高等院校计算机基础教育研究会发布白皮书《数字新时代高职信息技术与数字素养课程体系2023》（简称《信息技术与数字素养课程体系2023》）。依据教育部《高等职业教育专科信息技术课程标准（2021年版）》和信息技术及其应用的新发展，配合《信息技术和数字素养课程体系2023》白皮书的发布，中国铁道出版社有限公司与全国高等院校计算机基础教育研究会高职电子信息专业委员会组织编写了配套系列教材。本书针对2024年以来我国进入人工智能新时代和开展"AI+"国家战略与科学技术发展和产业应用的最新形势，对《信息技术和数字素养课程体系2023》进行了与时俱进的调整完善，开发了部分新课程和教材，形成《数字新时代高等职业教育信息技术与数字素养课程体系暨人工智能通识课程体系2024》，其具体内容将在本书第二部分阐述。

2.2.2 与时俱进完善专业-职业分析方法

当前社会反映高等职业教育毕业生普遍存在的一个问题是毕业生与职业岗位

要求之间存在一定的脱节现象,究其原因首先可能是在专业人才培养方案制定中的职业分析环节存在问题,由职业分析结果形成的专业定位、培养目标、培养规格不准确,与行业企业实际要求有差距,尤其是在当今高职专业应紧密对接数字技术应用、人工智能技术和新质生产力的需求,明确专业定位,专业应聚焦于培养具备创新精神和实践能力的高素质技能型人才,以满足产业升级和转型的需求。因此在当前进行专业的职业分析时,要依据科技、产业发展新形态对人才的新需求,并与时俱进完善职业分析方法,使职业分析的结果更加客观精准地为专业人才培养服务。

2.2.3 强调高职理论教学与实践教学并重

高等职业教育毕业生与职业岗位要求之间存在一定的脱节现象,另一个原因可能是人才培养过程,主要是教学过程未达到培养规格要求。由素质、知识、技能、能力几部分组成人才培养规格,教学过程包括理论教学和实践教学两部分,并按教育部专业教学标准规定在制定专业人才培养方案时要求实践教学学时不少于总学时的一半。在专业教学标准和人才培养方案中有专门针对理论教学的设计,有考核或考试作为评价标准。而实践教学在专业教学标准和人才培养方案中并未给出如理论教学一样的实践教学课程体系和课程设计要求,尤其是没有对培养规格中落实能力目标的项目课程和岗位实习课程的设计,当然也难以进行考核和评价。因此本书将重点探索高职教育的实践教学体系建设,尤其是能力培养课程体系和岗位实习课程的设计和实施。从而实现在人才培养过程中理论课程体系和实践课程体系并重的教学设计和教学实施。

关于以上两方面的内容将在本书第三部分详细阐述。

2.2.4 探索职业本科人才培养模式

职业本科要兼具本科教育和高职教育的特征,更应依据经济社会产业发展对人才需求和分类的变化,明确专业定位和培养目标。由于我国职业本科专业人才培养还处在起步阶段,所以在职业本科人才培养理念、模式以及专业人才培养方案设计等方面尚处于探索过程中,但总体看来职业本科专业人才培养方案设计仍应是能力本位并遵循OBE理念,具体可包括以下三方面:

① 职业分析方法与高职专科基本相同,但专业定位、培养目标要依据行业企业对职

业本科要求确定，职业分析结果将反映职业本科人才培养要求，而与高职专科大有不同。

② 实践教学课程体系和课程设计也与高职专科基本相同，但课程体系和课程目标要依据职业本科人才培养要求确定，课程形式、课程内容也应依据能够完成职业本科人才培养要求而定。

③ 职业本科要求的理论知识体系与当前高职专科理论知识体系的建构方式应有所不同，职业本科要求的理论知识体系应能支持职业本科培养目标的要求，尤其是对能力目标的要求，所以要考虑有更系统的相关学科知识体系的支撑。同时职业本科要求的学科知识体系与应用型本科应相近，而又区别于研究型本科。

关于职业本科人才培养问题将在本书第四部分讨论。

2.2.5 教育教学数字化转型升级

随着信息技术的快速发展，数字化已经成为时代发展的趋势。教育教学数字化转型是适应这一趋势的必然要求，有助于培养适应数字化时代需求的人才。数字化转型鼓励学生通过数字化工具进行自主学习和探究，培养学生的创新能力和数字素养，为他们在未来的数字化社会中立足提供基础。数字化转型对于培养适应数字化时代需求的高技能人才具有重要意义。通过数字化转型，职业教育可以更加注重学生的实践能力和创新能力培养，为经济社会发展提供有力的人才支撑。当前职业教育数字化转型的必要性体现在提升教学效率与质量、促进教育公平、适应时代发展需求、推动教育治理现代化以及促进产学研一体化等方面。这些必要性使得职业教育数字化转型成为当前教育改革和发展的重要方向。

关于高职教育教学数字化转型升级问题将在本书第五部分讨论。

第二部分
高职信息技术与数字素养通识教育

　　四十年前学会提出在高等教育中为非计算机专业开设计算机基础教育课程，三十年前在高等职业教育中开设计算机公共课程，以适应当时工业3.0时代对人才的要求。当前，我国开始进入工业4.0时代，人工智能成为引领新时代的核心技术，要求传统的计算机基础教育进阶升级，本部分结合教育部高职信息技术课程标准和开设人工智能通识课程的要求，提出人工智能通识课程体系框架，以及结合具体专业的课程构建方法，并探讨了具体课程建设和教材开发。

第 3 章
我国计算机基础教育发展回顾

3.1 我国高等教育计算机基础教育发展回顾

自20世纪80年代以来,中国高等教育计算机基础教育经历了从无到有、从简单到全面的发展过程。随着计算机技术的快速发展和计算机在各个领域的全面应用,人们逐渐认识到计算机技术将引发一次新的工业革命,计算机应用能力将成为对全体人民的共同要求。为了适应这一变革,1984年,我国成立了"全国高等院校计算机基础教育研究会"(国家一级学术学会组织,简称"研究会"),致力于对高校非计算机专业需要开设的计算机教育的研究。这一举措标志着中国高等教育计算机基础教育的正式起步。在研究会成立初期,就开始构建高等院校计算机基础教育课程体系,旨在满足各院校非计算机专业学生对计算机技术和计算机应用的需求,为他们提供计算机的基础知识和应用技能。经过多年努力,研究会逐步完善计算机基础教育课程体系,其内容涵盖了计算机文化基础、编程语言、操作系统、数据库、网络通信等领域。这一课程体系为全国各高校计算机基础教育的开展和推广奠定了基础。与课程体系的构建相伴随的是教材的开发,为了满足各高校计算机基础教育课程的教学需求,研究会组织计算机领域的专家学者编写了一系列计算机基础教育教材。这些教材从理论和实践两个方面全面介绍了计算机技术的基本概念和应用技巧,成为高校计算机基础教育的重要教学资源。

1997年,在教育部高教司颁布的155号文件(《加强非计算机专业计算机基础教学工作的几点意见》)中,提出了三个层次的计算机基础教育教学课程体系,即计算机文化基础、计算机技术基础、计算机应用基础，使计算机基础教育教学步入了一个规范的、快速发展的阶段。它在培养大学生计算机应用能力与信息素养方面起到了比其他课程更为直接、更为深远的作用，成为高校专业人才培养计划中不可或缺的一部分。

进入21世纪，随着计算机技术在全球范围内的普及，计算机基础教育在我国高等教育中的地位日益重要。为了进一步加强高校计算机基础教育的研究和推广，教育部成立了"高等学校大学计算机课程教学指导委员会"（简称"教指委"）。教指委通过组织各类教育教学研讨会和培训活动，积极推广计算机基础教育的研究成果和教学经验。这些举措极大地提高了高校计算机基础教育的质量，加强了教学资源的共享，也使得计算机技术在各个专业的教育中发挥了更加重要的作用。

在此基础上，教育部正式提出了在我国高等院校开设计算机基础教育课程的要求。根据教育部的要求，各高校要将计算机基础教育课程纳入各专业人才培养的课程体系，确保每位大学生都能掌握计算机技术的基本知识和应用技能。为了保证教学质量，教育部还规定了计算机基础课程的教学目标、内容和评价标准，并对教师队伍的建设和管理提出了明确要求。

3.2 我国高等职业教育计算机基础教育——计算机公共课程的开设

进入21世纪，伴随普通本科教育计算机基础教育的开展，高等职业教育也普遍开设了一门计算机公共课程。计算机公共课程是高职计算机基础教学中基础性课程，是大学生必备的计算机通识性知识和计算机应用基本技能，内容包括计算机硬件结构、操作系统、办公信息处理、计算机网络与Internet应用、程序设计与软件工程基础、数据库基础、多媒体技术基础、信息检索与信息安全。学习完成后，学生具备通过全国计算机等级考试（一级）的能力，并可以参加全国计算机等级考试取证。加强全体高职学生计算机基础知识的学习和提升他们的计算机应用能力，这实际也成为高职的计算机基础教育。但与本科不同的是，高职的计算机基础教育面对的是高职的全体学生，而不仅是非计算机专业的学生；同时当时高职的计算机基础教育只包括一门课程不构成体系，所以称为计算机公共课程。

受益于政策的引导和支持，我国高等教育（包括高职教育）计算机基础教育取得了显著的成果。越来越多的学生通过学习计算机基础课程，掌握了计算机技术的基本知识和应用技能，为他们后续的学习和工作打下了坚实的基础。此外，计算机基础教育的推广也促进了计算机科学与其他学科的交叉融合，为高等教育的创新发展提供了强大动力。总之，计算机基础教育经历了从无到有、从简单到全面的发展过程。在政策引导和支持下，计算机基础教育在高等学校和高职院校教育中的地位日益重要，成为中国高等教育和高职教育的亮点和特色，为培养具备创新精神和实践能力的人才奠定了基础。

第 4 章
高职信息技术课程国家标准

4.1 《高等职业教育专科信息技术课程标准（2021年版）》发布的背景

信息技术已成为经济社会转型发展的主要驱动力，是建设创新型国家、制造强国、质量强国、网络强国、数字中国、智慧社会的基础支撑。信息技术在中国的应用范围不断扩大，对计算机技术的需求也随之日益增长。提升国民信息素养，增强个体在信息社会的适应力与创造力，对个人的生活、学习和工作，对全面建设社会主义现代化强国具有重大意义。

随着人工智能、大数据、云计算等新一代信息技术的不断发展，计算机基础教育正在面临新的挑战。为适应信息技术发展的新形势，需要不断完善计算机基础教育课程体系，引入新兴技术的教学内容，引入新的理念，提升教学质量。同时，还需要进一步加强教师队伍的建设和培训，提高教师的教育教学能力。

对于高等职业教育，已有的高职计算机公共课程已经难以满足社会对人才的需求，为全面贯彻党的教育方针，落实立德树人根本任务，满足国家信息化、数字化、智能化发展战略对人才培养的要求，围绕高等职业教育各专业对信息技术核心素养的培养需求，吸纳信息技术领域的前沿技术，通过理实一体化教学，提升学生应用信息技术解决问题的综合能力，使学生成为德智体美劳全面发展的高素质技术技能人才，有必要对高等职业教育计算机公共课程进行改革。为此，教育部组织研制并于2021年3月23日发布了《高等职业教育专科信息技术课程标准（2021年版）》(教职成厅函〔2021〕年4号)(简称《课程标准2021》)。《课程标准2021》的发布意味着将计算机基础教育推向了一个新的发展阶段，虽然首先由高等职业教育发出，但对所有高等教育都具有引领作用。

4.2 《高等职业教育专科信息技术课程标准（2021年版）》的主要内容

《课程标准2021》明确高等职业教育信息技术课程"涵盖信息的获取、表示、传输、存储、加工、应用等各种技术，是高等职业教育专科阶段的重要公共基础课程"，是各专业学生必修或限定选修的公共基础课程。学生通过学习该课程，旨在增强信息意识，提升计算思维，促进数字化创新与发展能力，树立正确的信息社会价值观和责任感，为职业发展、终身学习和服务社会奠定基础。该课程的任务是"全面贯彻党的教育方针，落实立德树人根本任务，满足国家信息化发展战略对人才培养的要求，围绕高等职业教育专科各专业对信息技术学科核心素养的培养需求，吸纳信息技术领域的前沿技术，通过理实一体化教学，提升学生应用信息技术解决问题的综合能力，使学生成为德智体美劳全面发展的高素质技术技能人才"。目标是"通过理论知识学习、技术技能训练和综合应用实践，使高职学生的信息素养和信息技术应用能力得到全面提升"。

《课程标准2021》将信息技术课程内容结构分为基础模块和拓展模块两部分，见表4-1。

表4-1 《高等职业教育专科信息技术课程标准（2021年版）》课程内容结构

模 块	主 题	建 议 学 时
基础模块	文档处理	48～72
	电子表格处理	
	演示文稿制作	
	信息检索	
	新一代信息技术概述	
	信息素养与社会责任	

续表

模　块	主　题	建议学时
拓展模块	信息安全	32～80
	项目管理	
	机器人流程自动化	
	程序设计基础	
	大数据	
	人工智能	
	云计算	
	现代通信技术	
	物联网	
	数字媒体	
	虚拟现实	
	区块链	

基础模块为必修或限定选修内容，是高等职业院校的学生提升其信息素养的基础，包含文档处理、电子表格处理、演示文稿制作、信息检索、新一代信息技术概述、信息素养与社会责任六部分内容。这些知识为学生提供了计算机技术的基本框架，使其打下扎实的计算机技术技能基础，体现经济技术发展对大学生的计算机文化要求。

拓展模块是选修内容，是高等职业院校的学生深化其对信息技术的理解、拓展其职业能力的基础，包含信息安全、项目管理、机器人流程自动化、程序设计基础、大数据、人工智能、云计算、现代通信技术、物联网、数字媒体、虚拟现实、区块链等内容。各地区、各学校可根据《课程标准2021》有关规定，结合地方资源、学校特色、专业需要和学生实际情况，自主确定拓展模块教学内容。

《课程标准2021》详细规定了各个模块所需学习的知识点和技能点，确保学生能够系统地掌握信息技术的基础知识和应用技能。同时，还提出了课程实施的一些要求，包括教学要求、学业水平评价、教材编写要求、课程资源开发与学习环境创设、教师团队建设等，为课程的顺利实施提供了全面的指导和保障。

4.3 《高等职业教育专科信息技术课程标准（2021年版）》发布的意义

《课程标准2021》的发布具有深远的意义。其一，《课程标准2021》明确了信息技术课程的基本要求，有利于各高职院校在教学过程中形成统一的教学标准，有助于保证教学质量，确保学生在不同高职院校接受同样水平的教育。此外，这一标准还为教师提供了清晰的教学指导，使教学过程更加科学、规范。其二，《课程标准2021》充分考虑了各专业的特点和需求，强调了学生在信息技术领域的实际应用能力。通过学习拓展部分的内容，学生能够将所学的信息技术与实际工作相结合，提高自身的就业竞争力。这有助于培养更具实际应用能力的人才，更好地满足社会对人才的需求。随着信息技术在经济社会中的广泛应用，高等职业教育信息技术课程国家标准的实施将有力推动教育与社会经济发展的紧密结合。这一"标准"不仅有利于提高人才培养的针对性，还能够增强教育对社会经济发展的支持作用，为我国的经济社会发展提供有力的人才支撑。

《课程标准2021》的发布是适应经济社会数字化发展需要的重要举措。旨在"贯彻落实《国家职业教育改革实施方案》，进一步完善职业教育国家教学标准体系，指导高等职业教育专科公共基础课程改革和课程建设，提高人才培养质量"，培养具有实际应用能力的人才，推动教育与社会经济发展的紧密结合。在实施过程中，各高职院校应认真贯彻执行这一标准，切实提高教学质量，为社会输送更多优秀的信息技术人才。《课程标准2021》的发布，有助于促进教育资源的共享和优化配置。各高职院校可以根据这一标准，联合开发课程资源，实现优质教学资源的共享。这将降低各高职院校的教学成本，提高教学资源利用效率，并有助于缩小不同地区、不同学校之间的教育资源差距。随着《课程标准2021》的实施，有望进一步提升我国高等职业教育的国际地位，有助于提高我国高等职业教育的整体水平，使其更具国际竞争力。此外，这一标准还将为国际教育交流与合作提供一个共同的参考基准，促进我国与其他国家在高等职业教育领域的交流与合作。

总之，《课程标准2021》的发布意义重大。各高职院校应积极落实标准，努力提高教学质量，培养更多优秀的技术技能人才。同时，各级政府和有关部门也应给予足够的支持，为高等职业教育的发展创造更加有利的环境。在全社会的共同努力下，相信我国高等职业教育信息技术课程将完成历史重任，取得更加丰硕的成果，为我国的经济社会发展作出更大的贡献。

第 5 章

《数字新时代高等职业教育信息技术与数字素养课程体系 2023》的提出和主要内容

5.1 《数字新时代高等职业教育信息技术与数字素养课程体系 2023》的发布

教育部《高等职业教育专科信息技术课程标准（2021年版）》的发布在高等教育领域具有重要的指导与引领作用。但课程标准不等于课程，将课程落实于高职院校的实际教学，还有待于课程的开发和一系列教学建设。为了促进高职院校落地实施教育部颁布的《高等职业教育专科信息技术课程标准（2021年版）》，同时顺应数字时代到来的新需求，落实国家《提升全民数字素养与技能行动纲要》提出的战略任务，全国高等院校计算机基础教育研究会于2023年6月发布《数字新时代高等职业教育信息技术与数字素养课程体系2023》（简称《信息技术与数字素养课程体系2023》）白皮书，旨在推动《课程标准2021》的落地。

《信息技术与数字素养课程体系2023》是在从计算机时代进入到数智时代后对高职原有计算机公共课程的改革与发展，它以《课程标准2021》为指导，并在《课程标准2021》基础上与时俱进，增加了近年数智技术迭代发展的新内容。同时，考虑到数智时代对大学生的信息技术应用领域更多、应用能力要求更高的情况，在《课程标准2021》给出的学时要求范围内，应设置不止一门课程，所以《信息技术与数字素养课程体系2023》给出了由多门课程组成的结构化的信息技术与数字素养课程体系。

《信息技术与数字素养课程体系 2023》提出了数字新时代高职计算机基础教育教学理念，即以新一代信息技术的理论知识和技术技能掌握为基础，培养和提升学生的数字能力和数字素养，并且提供达成这一目标可能的课程资源和教学环境。但对于学校所在地区行业产业对专业的具体需求、本专科教育层次、专业类型和教学形式等情况，在专业人才培养方案对计算机公共课程设计时，可由学校依据专业具体要求和规定的学时限定，从《信息技术与数字素养课程体系 2023》中选择课程，构建本专业计算机基础教育的课程体系。

5.2 《数字新时代高等职业教育信息技术与数字素养课程体系 2023》的主要内容

《信息技术与数字素养课程体系 2023》的主要内容包括：基本概念界定、理念、组成结构、隐性课程和教学内容、理论知识性课程、实践教学课程和支持环境、配套教材体系、"课程、竞赛、认证"一体化教学、专业教学中的设计和实施、AI语言大模型对信息技术与数字素养课程的影响等十个方面。

5.2.1 《信息技术与数字素养课程体系 2023》的基本概念界定

1. 数字素养

数字素养（digital literacy）的概念最早由以色列学者 Yoram Eshet-Alkalai 在 1994 年提出。伴随着信息技术的发展，后来有不同学者和组织对其概念和内涵进行了界定，使其逐渐丰富和清晰，更加符合时代的特点。从有关概念的联系和信息技术发展的视角来看，可以寻迹其演变和发展。

早在 20 世纪 90 年代，大学计算机基础教育中就出现了计算机文化的概念，并以此构建了计算机基础教育的第一门课程"计算机文化基础"。计算机文化是指在计算机技术及其应用广泛传播和普及的过程中，与计算机有关的知识、技能、价值观念、行为准则等在社会各个层面上的表现。计算机文化是现代信息社会的一个重要组成部分，它反映了人们在计算机技术普及和应用中形成的一种新的文化现象。计算机文化涉及的范围非常广泛，可包括以下方面：

① 计算机技术：随着计算机技术的普及，计算机技术在现代社会中越来越重要。这包括计算机的基本原理、操作系统、编程语言、软件应用、网络技术等方面的知识与技能。

② 计算思维：计算思维是指通过计算机技术来解决问题和理解现象的一种思考方式。它强调问题的逻辑性、系统性和可计算性，有助于提高人们的创新能力和解决问题的能力。

③ 信息伦理：计算机文化中的信息伦理主要涉及计算机技术及其应用所产生的道德和法律问题，如隐私保护、知识产权、网络安全等。信息伦理要求个体在使用计算机技术时遵循一定的道德准则，维护网络环境的公平、诚信和安全。

④ 人际交流：计算机技术的发展改变了人们的交流方式，如即时通信、社交网络等。这些新的交流方式影响了人际关系的建立和维护，也对人们的沟通技巧和心理素质提出了新的要求。

⑤ 社会影响：计算机技术的普及和应用对社会的经济、政治、文化等方面产生了深远的影响。计算机技术的发展推动了信息化、网络化和智能化进程，为社会的创新发展提供了动力，同时也带来了一系列新的挑战和问题，如数字鸿沟、网络成瘾等。

总之，计算机文化是现代信息社会中不可或缺的一部分，它涉及人们在计算机技术普及和应用中形成的各种知识、技能、价值观念、行为准则等。计算机文化不仅体现了人们对计算机技术的认识和应用，还反映了计算机技术如何影响人们的思维方式、沟通方式和价值观念。

随着计算机技术的不断进步和信息技术的发展，在计算机文化概念的基础上又进一步提出了信息素养的概念。这一概念与计算机文化概念虽有所区别，但在很大程度上相互关联。

信息素养是一个涵盖更为广泛的概念，通常指个体在信息化环境中，能够有效地识别、获取、评估、处理和使用信息的能力。信息素养是现代社会中个体必备的一种素质，对于提高人们的学习、工作和生活质量具有重要意义。信息素养的主要组成部分包括：

① 数据思维：数据思维是指在面对海量、多样、快速变化的数据时，能够利用数据挖掘、统计分析、机器学习等技术，从数据中发现有价值的信息，并将这些信息应用于决策、预测和优化等过程的思考方式。大数据思维强调数据驱动的决策，关注数据的质量、完整性和隐私保护。数据思维的关键元素包括数据收集、数据清洗、数据分析、数据可视化和数据应用。

② 信息识别：能够明确自己的信息需求，理解并准确描述所需信息，从而确定合适的信息来源和检索途径。

③ 信息获取：掌握各种信息获取工具和技巧，如搜索引擎、数据库、图书馆目录等，能够有效地检索所需信息。

④ 信息评估：能够对检索到的信息进行批判性思考，判断其可靠性、准确性、相关性和时效性，以选择适合自己需求的信息。

⑤ 信息处理：能够对获取到的信息进行整理、分析、归纳和提炼，从而形成自己的知识体系和见解。

⑥ 信息利用：能够根据不同的目的和情境，合理、有效地运用所获取的信息，解决问题或完成任务。

⑦ 信息传播与分享：能够通过适当的渠道和方式，与他人分享所获取和处理的信息，促进知识的传播和交流。

⑧ 信息伦理与法律责任：在获取和使用信息的过程中，遵守法律法规和道德规范，尊重知识产权和个人隐私，维护信息安全和网络公共秩序。

培养良好的信息素养是适应信息社会的基本要求。随着互联网和信息技术的发展，信息素养对于个体在学习、工作和生活中的成功越来越重要。通过提高信息素养，能更好地利用信息资源，增强创新能力和竞争力，为现代社会的发展作出贡献。

人工智能技术的发展和应用是信息技术高端发展的重要标志，推动人类社会的数字化进程，"数字素养"的概念在"计算机文化"和"信息素养"概念的基础上，随着"云大物移智"为代表的数字技术发展得到丰富和进一步提升。联合国教科文组织在2018年提出的《全球数字素养框架》中，将数字素养定义为："面向就业、获得工作及创业，通过数字技术安全且适当访问、管理、理解、整合、沟通、评价和创造信息的能力。"国家网信办在《提升全民数字素养与技能行动纲要》中指出："数字素养与技能是指数字社会公民学习、工作、生活应具备的数字获取、制作、使用、评价、交互、分享、创新、安全保障、伦理道德等一系列素质与能力的集合。"因此，在掌握一定的信息技术基础上，数字素养是指个体在数字环境中有效地使用数字工具、技术和资源来获取、处理、分析、创造和传播信息的能力。数字素养是现代社会中必备的一种基本素质，对于个体适应数字化生活、工作和学习具有重要意义。数字素养的主要组成部分包括：

① 数字技能：掌握基本的计算机操作技能，如键盘操作、文件管理和软件应用、人工智能或大数据技术等数字技术应用，应掌握的通用技术技能，以及使用互联网和移动设备等数字工具获取和传播信息的能力。

② 数字意识：个体对数字信息的敏感度和数字信息价值的判断力，善于与他人合作、沟通、交流、共享信息，提升数字信息价值；具备数字安全风险防范意识、绿色数字技术和数字环保意识等。

③ 数字化思维：数字化思维包括计算思维、数据思维，以及数字思维。数字思维是指在数字化时代，能够利用数字技术、工具和资源，以创新和高效的方式解决问题、传播信息、协作和创造价值的思考方式。数字思维关注数字技术在各个领域的应用，强调数字素养、信息素养和技术素养的培养。数字思维的关键元素包括数字技术应用、数字化创新、数字化协作和数字化价值创造。

④ 数字能力：数字能力主要包括三方面的能力。第一是利用计算思维等数字化思维方式和问题解决逻辑解决问题的能力；第二是善于捕获信息、利用信息检索数据，对数据进行整理、分析、可视化和解释，以支持决策的能力，以及能够运用数字工具和平台与他人进行有效沟通、协作和知识共享的数字沟通与协作的能力；第三是具备使用数字工具和技术创作、编辑和发布多媒体内容（如文本、图像、音频、视频等）的数字创新与创作能力。

⑤ 数字伦理与法律责任：在数字环境中遵守法律法规和道德规范，如尊重知识产权、遵守版权法、保护个人隐私等。

培养良好的数字素养是适应数字化社会的基本要求。随着数字技术的快速发展，数字素养在个体的学习、工作和生活中的重要性日益凸显。通过提高数字素养，我们能更好地利用数字资源，增强创新能力和竞争力，为数字社会发展作出贡献。

2. 数字化教育教学

数字化教育教学是指数字化教育教学流程重组，通过运用大数据、人工智能等核心数字技术，开发智能学伴、AI 助教等个性实用的新应用模块，提供更优质、更便捷、更高效的教育服务，提升学生数字素养和能力，实现教育泛在化、个性化、精准化，打造"人人皆学、时时可学、处处能学"的无边界教学。数字化教育教学强调改革人才培养模式，培养学生跨界融合能力、沟通与协作精神、批判性思维、复杂问题研究解决、团队合作意识、创新创意、计算思维，以及掌握低碳、环保、可持续发展的绿色技能的数字时代新人。

数字化教育教学应着力构建数字教育教学资源体系，充分发挥数字资源优势，助力数字资源跨界互通，实现跨地域、跨领域、跨部门数字资源覆盖与共享。支持教学与科研并进发展，整合企业资源，提供"数字资源工具包"，包括数字技术支持的技术平台、资源工具、数字软件等。

数字化教育教学还应打造数据大脑，开展数据驱动的评价创新。数字教育教学依托数字技术记录教学过程中的学生数据、学习过程数据、课程数据、学生学习习惯等，全面赋能师生动态数据的监测、感知、采集和分析，建立教育教学基本数据库，强化大数据支撑的教育教学多元过程评价，开展教师画像、学生画像、课程质量等评价活动，助推数据驱动的教育过程评价体系构建，促进建立智能化、科学化、全方位的教育评价系统。

5.2.2 《信息技术与数字素养课程体系2023》的理念

《信息技术与数字素养课程体系2023》的理念是面向数字新时代，以对高职本专科学生的信息技术和数字素养培养为导向，以《高等职业教育专科信息技术课程标准（2021年版）》为基本依据，实施数字化教育教学改革。以立德树人为根本任务，注重数字人品、道德行为规范培养，注重提升学生的数字思维能力、数字安全以及绿色数字意识，以信息技术知识的学习和技术技能的掌握为基础，以综合应用能力的提升为目的,通过面向全体学生的信息技术与数字素养教育教学,达成大学生信息技术与数字素养的培养目标。

5.2.3 《信息技术与数字素养课程体系2023》的组成结构

《信息技术与数字素养课程体系2023》由三个层次的课程组成,分别为信息技术与数字素养的"基础层""进阶层""拓展层"课程。

"基础层"课程,是为数字新时代高职学生的信息技术与数字素养培养打好基础的课程类型,可主要包括"信息技术基础""程序设计""低代码程序设计"等课程。

其中"信息技术基础"课程基本上可在原高职"计算机公共基础"课程内容的基础上增加《课程标准2021》基础模块中新一代信息技术概述、社会责任和信息素养等方面内容。"程序设计"课程是在计算机高级语言学习基础上融入计算思维等方面内容,以提升学生信息素养;在"基础层"课程中开设一门新的"低代码程序设计"课程。低代码程序设计技术是一种新的软件开发技术,通过使用图形化界面、预构建的模板和组件,以及可视化的配置选项来简化编程过程。低代码程序设计技术允许非专业程序员或具有较少编程经验的人员轻松地构建应用程序,提高了开发效率和速度。低代码技术的目的是降低软件开发的技术门槛,使更多人能够参与应用程序开发,因此低代码技术也将成为高职本、专科各专业学生应掌握的信息技术之一。

"进阶层"课程是在"基础层"课程基础上进一步学习的课程,是学生掌握新一代信息技术基本知识和提升自身数字能力与数字素养的一类课程。"数字素养"是在对《课程标准2021》基础模块和拓展模块信息技术应知应会基础上,进一步培养学生数字思维和信息综合应用能力,即在数字环境中获取、处理、分析和评估信息的能力。"数字素养"部分以新一代信息技术为基础,以数字思维为导向,以提升学生数字素养为重点组织课程。"进阶层"课程主要包括"新一代信息技术应用基础"课程等。

"拓展层"课程主要是新一代信息技术与高等职业教育专业或专业群课程交叉融合的一类课程。主要涉及《课程标准2021》拓展部分中可分别单独开设的信息技术课程内容与专业课程的融合，如"人工智能""大数据""信息安全""虚拟现实"等。随着新一代信息技术在经济与社会各个领域中的应用越来越深入，融合创新的特性也越来越强。在信息技术课程的教学中培养信息技术的应用能力与数字思维能力的要求更加强烈。因此，拓展层的课程要求既要掌握某一项新一代信息技术的基本原理，又需要了解其在专业领域的应用，重点掌握该课程的基本知识体系、技术技能和应用能力。这类课程既能体现各专业学生的通用数字能力，也可作为相关专业的专业基础课程或专业群课程。

5.3 《数字新时代高等职业教育信息技术与数字素养课程体系2023》的配套教材体系

2021年全国高等院校计算机基础教育研究会电子信息专业委员会与中国铁道出版社有限公司合作成立"'十四五'高等职业教育新形态一体化教材编审委员会"，2021年以来组织编写了具有不同特点的《信息技术与数字素养课程体系2023》配套教材，其中多数教材都由校企结合或企校结合的编写组合作编写。编者从不同视角理解《课程标准2021》和《信息技术与数字素养课程体系2023》的理念、课程目标、结构等，不断编写出版了支持《信息技术与数字素养课程体系2023》各具特色的教材，支撑《信息技术与数字素养课程体系2023》中开设的课程，且已在高职院校不同专业使用。伴随人工智能等新一代信息技术的发展，以及数字新时代高等职业教育信息技术与数字素养课程体系的不断完善，教材作者们也在不断改进调整教材内容，同时新的教材作者不断涌现，相信配套教材体系也将更加完善，并有力支持高等职业教育信息技术与数字素养课程的教学。

有关《信息技术与数字素养课程体系2023》结构框架，包括与《课程标准2021》内容结构对应关系以及相应课程出版开发的教材将在第6章中呈现。

第 6 章

《数字新时代高等职业教育信息技术与数字素养课程体系暨人工智能通识课程体系2024》的提出和主要内容

以人工智能为代表的数字技术快速发展,应用领域不断扩大,为经济社会发展带来革命性的变化,未来社会的新一代智能化生态初见端倪。与此同时,我国提出了"AI+"的发展战略。这一切对高职学生信息技术与数字素养提出了新需求,《信息技术与数字素养课程体系2023》也需要不断与时俱进,升级完善。如果说2023年发布的《数字新时代高等职业教育信息技术与数字素养课程体系2023》是1.0版本,那么在此基础上,结合新技术发展的需求,必须提出2.0版本的《数字新时代高等职业教育信息技术与数字素养课程体系暨人工智能通识课程体系2024》(简称《信息技术与数字素养课程体系暨人工智能通识课程体系2024》)。

6.1 《信息技术与数字素养课程体系暨人工智能通识课程体系2024》提出的技术应用发展背景

当今数字技术的飞速发展,产业应用的国家战略不断实施,《信息技术与数字素养课程体系暨人工智能通识课程体系2024》的提出主要基于以下技术应用发展的背景。

6.1.1 通用人工智能(AGI)

通用人工智能(artificial general intelligence,AGI)意在表达一种具有与人类相

当或更高认知能力的智能系统。这种系统能够理解、学习、计划和解决问题，涵盖了广泛的认知领域。AGI的提出反映了社会对人工智能发展的期望。随着科技的进步和社会的发展，人们希望AI能够在更多领域发挥作用，解决更多复杂问题。AGI作为一种具备广泛智能的系统，具有巨大的应用潜力和社会价值。

AGI的特点包括能够执行复杂任务、完全模仿人类智能行为、实现自我学习、自我改进和自我调整等。这些特点使得AGI在理论上能够胜任各种需要人类智能的任务，为社会发展带来革命性的变化。

随着科技的进步和社会的发展，AGI有望在未来发挥越来越重要的作用，为人类社会带来更多的便利和福祉。

从AI到AGI意味着AI教育从专业到通识内容的发展。

6.1.2　生成式人工智能技术（AIGC）

生成式人工智能（AI generated content，AIGC）技术是一种利用人工智能算法生成具有一定创意和质量内容的技术。它涵盖了生成对抗网络（generative adversarial networks，GAN）、大型预训练模型等先进的人工智能技术方法。随着大数据、云计算、物联网等技术的飞速发展，人工智能技术逐渐成熟，并开始在各个领域展现其巨大的应用潜力。AIGC作为人工智能在计算领域的具体应用，它的出现标志着人工智能从1.0时代迈入了2.0时代，为人类社会打开了认知智能的大门。

随着智能化需求的不断增长，AIGC技术在各个领域的应用需求持续扩大。从智能家居到智能交通，从智能医疗到智能制造，AIGC技术正在渗透人们生活的方方面面。这种巨大的市场需求为AIGC的发展提供了广阔的空间。

AIGC技术的核心思想是利用人工智能算法生成具有一定创意和质量的内容，其内容可以是文字、图像、音频、视频等形式。它通过训练模型和大量数据的学习，能够根据输入的条件或指导，生成与之相关的内容。这种技术的出现，不仅改变了基础的生产力工具，提高了生产效率，还将改变社会的生产关系，促进产业的升级和转型。

AIGC技术已经在金融、医疗保健、智能交通、工业制造等领域得到广泛应用。随着技术的不断进步和应用领域的不断拓展，AIGC技术将在未来发挥更加重要的作用，为人类社会带来更多的便利和创新。

AIGC技术在各行各业的广泛应用，意味着各专业都应掌握其技术。

6.1.3 "AI+"国家战略

2024年《政府工作报告》中首次提出了"人工智能+"概念，标志着"AI+"正式成为国家战略。"AI+"国家战略旨在通过深化大数据、人工智能等领域的研发应用，打造具有国际竞争力的数字产业集群，推动数字经济创新发展。随着5G、云计算、人工智能、量子信息等技术的蓬勃发展，我国AI技术取得了重大突破。这些技术为"AI+"的应用提供了有力支撑，使得云网一体、云智一体、天地一体等概念逐渐成为现实。"AI+"在工业领域、农业领域、教育领域、医疗领域都有着非常广泛的应用。

"AI+"在产业领域的广泛应用意味着在各专业都要+AI，各专业对AI的共同要求将成为通识教育的组成部分。

6.1.4 "信创"国家战略

"信创"是国家为了提升信息技术自主可控能力、加快产业转型升级而提出的重要战略，涵盖了信息技术全产业链，包括芯片、操作系统、软件、服务器、网络设备等关键环节；实现"自主可控、国产替代"，减少对外部技术的依赖，提高国家信息安全保障能力；加快信息技术关键领域的自主创新，提升我国在全球信息产业中的地位和影响力。

国家对信创产业高度重视，自2019年开始陆续出台一系列政策支持其发展。国家已明确提出信创产业的发展目标，如全面替换OA、门户、邮箱等系统，并要求在2027年100%完成。至今信创技术和产品已广泛应用于政府、金融、电信、能源、交通等关键领域。

通过信创战略，这些行业可以加快数字化、智能化进程，提高行业效率和服务水平。

"信创"国家战略是我国为了提升信息技术自主可控能力、加快产业转型升级而提出的重要计划。高等教育也应积极贯彻"信创"国家战略。

6.2 《信息技术与数字素养课程体系暨人工智能通识课程体系2024》的主要特点

由于《信息技术与数字素养课程体系2023》发布后,数字技术及其应用又有了新发展,因此对《信息技术与数字素养课程体系2023》进行了补充完善,升级为《信息技术与数字素养课程体系暨人工智能通识课程体系2024》。

《信息技术与数字素养课程体系暨人工智能通识课程体系2024》与《信息技术与数字素养课程体系2023》相比具有以下主要特点。

6.2.1 打好数字技术与数字素养基础

随着AIGC等新的AI技术的发展应用,通识性计算机基础教育课程的改革调整显得尤为重要。大学生应当系统地学习计算机的基本操作和常用软件的使用方法,如办公软件、图像处理软件、统计软件等。在此基础上有必要再学习一些高级技术,如数据分析、编程语言、人工智能等,引入AIGC技术的基础知识,让学生了解其原理、应用及发展趋势。结合实际案例,展示AIGC在各行各业的应用,增加学生的兴趣和实践能力。增设与AI技术相关的前沿课程内容,如机器学习、深度学习、自然语言处理等,拓宽学生的知识面。提供足够的实训环境,支持学生进行AIGC技术的实践操作。组织学生参与科研项目、竞赛和实习等活动,让学生在实践中锻炼和提升自己的技能。鼓励学生自主设计项目,培养其创新思维和实践能力。培养信息安全意识,使学生学会保护个人隐私和敏感信息,防范网络钓鱼、恶意软件等网络安全威胁。引入AI伦理课程,让学生了解AI技术可能带来的伦理问题和社会影响。培养学生的责任意识,让他们明白作为AI技术的使用者和开发者,应该承担起相应的社会责任和道德义务。

通过将以上内容引入与补充到《信息技术与数字素养课程体系暨人工智能通识课程体系2024》中,可以帮助大学生打好数字技术与素养基础,更好地适应AGI和AIGC等新的AI技术的发展趋势,为未来的职业发展和社会进步作出贡献。

6.2.2 突出数字技术应用的方法工具作用

最新的数字技术,如AGI、AIGC和大数据技术等,为实践提供了众多创新性的应用方法和工具。

1. AIGC

AIGC技术能够生成多样化的内容模态，包括文本、音频、图像、视频、3D等，极大地丰富了应用场景和可能性。例如：

① 智能推荐系统：通过分析用户的兴趣、行为等数据，AIGC可以实现个性化的推荐服务，如商品推荐、内容推荐等，以提高用户满意度。

② 智能客服：AIGC技术可以应用于智能客服，实现智能问答、自动回复等功能，提升客户服务的效率，降低企业的运营成本。

③ 智能营销：利用AIGC技术，企业可以实现个性化营销、精准定位用户群体等功能，提高营销效果。

2. 大数据技术应用场景

① 用户行为分析：大数据技术可以帮助企业分析用户的浏览、购买、点击等行为数据，为企业提供更精准的市场分析和营销策略。

② 智能决策分析：通过大数据分析，企业可以进行数据驱动的决策，提高决策的科学性和准确性。

③ 实时监控与预警：大数据技术可以实现对网络安全、数据安全等方面的实时监控，及时发现和应对安全威胁。

3. 综合应用

典型应用场景有：

① 智能安全监控：结合AIGC和大数据技术，可以实现对数字化活动领域的安全监控，确保数据安全和网络安全。

② 智能运营管理：利用AIGC技术，企业可以实现对生产、物流、库存等方面的智能管理，提高企业的运营效率。

③ MaaS（模型即服务）与PaaS（平台即服务）：随着AIGC技术的发展，MaaS和PaaS将成为智能经济时代的重要业态，为企业提供更加灵活、高效的服务。

总之，AIGC和大数据技术等最新的数字技术为实践提供了众多创新性的应用方法和工具，将推动社会生产力和效率的提升，为企业带来新的发展机遇和挑战。

同时，也为《信息技术与数字素养课程体系暨人工智能通识课程体系2024》中的课程提供了新的实践应用场景与数字能力的新需求。

6.2.3 配备数字技术（AI）助手

为每位在校大学生（将来的新质生产者）配备"数字技术（AI）助手"是一项十分重要的系统性工作，已经成为数字技术和素养教育的核心任务之一，这需要在新的数字技术和素养课程体系设计中充分体现。

传统计算机基础教育相当于为学生配备了"计算机助手"，使其学习和工作从此离不开计算机和互联网。当前，使"计算机助手"升级为"数字技术（AI）助手"在传统计算机基础教育进阶升级中的意义是非常显著的。随着科技的快速发展，AIGC（生成式人工智能）和大模型等前沿技术已经逐渐成为推动社会进步的重要力量。将这些技术引入计算机基础教育课程，不仅可以加强学生的学习体验，提升他们的实践能力，还能为他们将来步入社会、更好地适应职场环境奠定坚实的基础。

如"数字技术（AI）助手"使智慧办公成为每位大学生和将来的职业工作者的工作助理具有重要意义。智慧办公系统能够自动化处理许多日常烦琐的任务，如文档管理、数据分析等，从而极大地减轻职业工作者的工作负担，使他们能够更专注于核心工作，提高工作效率。智慧办公系统通过智能化的手段，能够优化工作流程，减少不必要的环节和等待时间，实现工作流程的高效化和标准化。这有助于提升团队协作效率，减少沟通成本。智慧办公系统能够收集和分析大量的数据，为职业工作者提供有价值的参考信息。这些数据可以帮助他们更准确地了解市场动态、客户需求和业务状况，从而做出更明智的决策。智慧办公系统不仅能够处理日常任务，还能够提供创新性的工具和功能，激发职业工作者的创造力和想象力。通过引入新的技术和应用，智慧办公系统可以帮助职业工作者开拓新的思路和方法，推动业务创新和发展。智慧办公系统能够提供精确、可靠的数据支持，帮助职业工作者更好地掌控工作进展和质量。通过自动化的检查和校验，智慧办公系统能够减少人为错误和疏忽，提升工作质量。

随着科技的不断进步和数字化转型的加速推进，智慧办公已经成为未来办公的重要趋势。将智慧办公作为工作助理，有助于职业工作者更好地适应未来工作的发展变化。

6.3 《信息技术与数字素养课程体系暨人工智能通识课程体系2024》的实施应用

《信息技术与数字素养课程体系暨人工智能通识课程体系2024》体系结构与《信息技术与数字素养课程体系2023》基本相同，在此基础上增加了面向新质生产力需要和新技术发展的课程内容。同时《信息技术与数字素养课程体系暨人工智能通识课程体系2024》适用于高职专科、职业本科和专升本等不同层次高职教育。在高职专业人才培养方案设计中，并不要求开设《信息技术与数字素养课程体系暨人工智能通识课程体系2024》给出的框架结构中所有课程，而是依据本专业的具体情况及学时要求，参考《信息技术与数字素养课程体系暨人工智能通识课程体系2024》结构框架，从中优选课程组成本专业计算机基础教育通识课程方案。而《信息技术与数字素养课程体系暨人工智能通识课程体系2024》中的第三个层次课程也可与高职相关专业的专业群课程相互融通，作为专业基础性课程开设。

表6-1列出了在《信息技术与数字素养课程体系2023》基础上发展完善的《信息技术与数字素养课程体系暨人工智能通识课程体系2024》结构框架，包括与《课程标准2021》内容结构对应关系以及相应课程出版开发教材情况，以便清楚理解以上内容并实施应用。

表6-1 《信息技术与数字素养课程体系暨人工智能通识课程体系2024》结构框架表

性质层次分类	典型课程	涉及《课程标准2021》中内容	教材案例
基础层	信息技术基础	基础模块	《信息技术基础（WPS Office+数据思维）》主编：聂哲、林伟鹏（深圳职业技术大学） 《信息技术基础（微课版）》主编：方风波（湖北荆州职业技术学院） 《信息技术基础实训与习题》主编：钱亮（荆州职业技术学院） 《信息技术（基础模块）》主编：向春枝（郑州信息科技职业学院） 《信息技术基础（微课版）》主编：孙霞（嘉兴职业技术学院） 《信息技术基础（基础模块）——全国计算机等级考试一级MS Office 2016》主编：乐璐（南京城市职业技术学院） 《信息技术（WPS）》主编：许建豪（南宁职业技术大学）

续表

性质层次分类	典型课程	涉及《课程标准2021》中内容	教材案例
基础层	程序设计基础	拓展模块中"程序设计"	《Python 程序设计项目教程》主编：于京，胡亦（北京电子科技职业学院） 《Python 程序设计》主编：罗保山（武汉软件工程职业学院） 《Python 程序设计》主编：陈祥章（徐州工业职业技术学院） 《Java 程序设计基础与应用》主编：黄振业（浙江金融职业学院） 《JavaScript 程序设计项目开发教程》主编：刘业辉（北京工业职业技术学院） 《C 语言程序设计案例教程》主编：朱伟华（吉林电子信息职业技术学院）
基础层	低代码程序设计基础	拓展模块中"程序设计"	《低代码编程技术基础》主编：眭碧霞（常州信息职业技术学院）、杨智勇（重庆工程职业技术学院）、胡方霞（重庆财经职业技术学院）、芦星（北京久其软件股份有限公司）
进阶层	信息技术与数字素养	基础模块与拓展模块	《大学计算机基础项目化教程》《大学计算机高级项目化教程》——基于信息技术应用创新 主编：张建臣（山东电子职业技术学院）、孙宾（淄博职业技术学院）、艾尔肯·艾则孜（新疆乌鲁木齐职业技术大学） 《信息技术基础——基于生成式人工智能》主编：赫亮（北京金芥子国际教育咨询有限公司） 《数字技能基础》主编：付祥（浙江机电职业技术大学）
进阶层	新一代信息技术应用基础	拓展模块	《新一代信息技术（微课版）》主编：方风波、张魏（湖北荆州职业技术学院）
拓展（交融）层	绿色数字技术基础		《绿色数字技术基础》主编：乐璐（南京城市职业学院）、赫亮（北京金芥子国际教育咨询有限公司）
拓展（交融）层	人工智能基础及应用	拓展模块相关内容	《人工智能应用基础》主编：郭勇（福建信息职业技术学院）、赵瑞丰［随机数（浙江）智能科技有限公司］、杜辉（北京电子科技职业学院） 《人工智能应用基础》主编：胡玲（柳州铁道职业技术学院） 《人工智能导论》主编：康健（唐山职业技术学院）
拓展（交融）层	大数据基础及应用	拓展模块相关内容	《大数据技术与应用基础》主编：胡大威（湖北职业技术学院）
拓展（交融）层	信息安全基础及应用	拓展模块相关内容	《信息安全导论》主编：龙翔（湖北生物科技职业技术学院）
拓展（交融）层	物联网基础及应用	拓展模块相关内容	《物联网应用技术概论》主编：谭方勇、关辉（苏州市职业大学） 《物联网技术》主编：杨国华（无锡商业职业技术学院）
	…	…	…

《信息技术与数字素养课程体系暨人工智能通识课程体系2024》结构框架中典型课程对应开发的教材，在体现《课程标准2021》与《信息技术与数字素养课程体系暨人工智能通识课程体系2024》的理念、内容、目标等方面有一定代表性。如下对其中几本典型教材做一介绍。

教材名称：《信息技术基础（WPS Office+数据思维）》

主　　编： 聂哲、林伟鹏（深圳职业技术大学）

适用课程： 信息技术基础

教材特色：

① "学训用"一体的线上线下教学资源，夯实学生知识技能。按照课前导学（线上学）、课中助学（线下训）、课后拓学（线上线下用）三个阶段设计线上线下教学资源，线上课堂+线下课堂双联动，构建"学训用"一体化混合教学模式。

② 三阶四步教学法，助力学生探究学习。采用任务导向+问题引导的教学策略，设计"导—探—解—拓"四步教学法，通过"身临其境导入任务（任务分析）—领会所以探究原理（知识学习）—任务尝试解决问题（任务实现）—体悟试练拓展提升（高阶项目）"，引导学生主动探究学习。

③ 启发式课程思政，引导学生树立正确价值观。围绕信息意识、信息社会责任，突出介绍我国在该领域的科技创新，激发学生使命担当；围绕数字化创新与发展能力，以国产办公软件WPS作为载体，增强学生勇于探究与实践的责任感和使命感。

教材内容：

1. 教材定位

教材以"信息意识、数字化创新与发展、信息社会责任"核心素养为目标，以数据思维培养为导向，旨在培养学生科技强国、文化自信、勇于创新的思想政治与职业素养，具备办公软件应用、数据洞察以及数据思维表达能力，能在日常生活、学习和工作中综合运用信息技术解决问题的能力，为学生职业能力的持续发展奠定基础。

2. 教材结构与内容

依据课程标准，选取我国计算机领域创新案例、WPS国产软件以及与贴近学生的社团章程、奖学金评定、校园消费等项目，培养学生文化自信、使命担当及信息社会责任和信息素养。

① 以"计算机与生活"切入课程，让学生深入了解信息及信息素养在现代社会中的作用与价值。通过计算机发展过程中的典型事件及我国在此领域的科技创新，培养学生的信息意识与信息社会责任。

② 采用社团章程、奖学金评定等项目，通过"项目分析→知识点解析→任务实现→能力提升（知识拓展）"项目化教学，提升学生基于WPS的综合应用技能，注重培养学生数字化创新与发展能力。

③ 以数据思维应用能力培养为目标，通过"问题提出→数据采集→数据分析→数据表达"，培养学生用数据思考、用数据说话、用数据决策的数据思维应用能力。

教材名称：《Python程序设计项目教程》

主　　编： 于京、胡亦（北京电子科技职业学院）

副 主 编： 宋伟、陈平生

适用课程： "Python程序设计""大数据编程基础"等

教材特色：

① 以应用为导向、培养工程意识，编程思维。本教材突出应用，改变单纯以知识内容为主线的模式，将基本编程概念，如变量、数据类型、运算符、控制结构等与当前实际工程中的热点应用案例，如数据分析、Web数据获取等相结合，通过热点案例展示Python如何解决实际问题，激发学习者的兴趣，提高应用知识的能力。案例中还注重强调代码的可读性、可维护性和可扩展性。讲解如何设计高效算法和数据结构，提高代码性能。注重培养工程意识，通过分析项目结构、拆解问题，从简单的脚本编写到复杂的系统设计，项目难度逐渐提升，帮助学习者建立抽象思维和问题解决能力，培养读者的编程思维。

② "岗课赛证"融通、融合，"一体化教学"。教材虽然采用项目化教学，但教材中基本语法，如函数、类、模块等内容翔实丰富，完全涵盖全国计算机等级考试二级（Python语言）对Python语法的要求。并配有大量习题让学习者在实践中巩

固知识、提升技能。教材列出了推荐的学习资源和在线课程。教材面向实际岗位应用，案例中融汇 NumPy、Pandas 等数据处理库，涉及利用 Matplotlib 进行可视化工作，利用 Django 等框架进行数据发布和采集，同时对性能优化、错误处理等岗位实际应用也进行了讲解。

教材中的每个案例通过需求分析、结构搭建、核心算法分析等项目流程，培养学生快速应用新技术及领域创新的能力，让教育课程与职业技能等级标准相适应，同时检验课赛成效，实现"岗课赛证"互融互通。

教材内容：

教材采用项目教学方式，针对软件开发人才的知识技能与素质需求和 Python 语言所擅长的领域，精心组织 9 个教学案例，搭建从语言基本知识，数据结构的使用直至软件工程应用逐步提高的阶梯。

教材第一部分用计算面积、万年历等项目带领学习者实践 Python 编程所必需了解的基本概念，包括强大的 Python 库和工具，以及列表、字典、if 语句、类、文件和异常、代码测试等内容。

教材第二部分将理论付诸实践，用系统清理、网络数据获取、数据的图形表达项目，引领读者利用获取网络数据生成交互式的信息图表以及创建和定制简单的窗体应用，并帮助学习者建立编程思路和框架。

本教材使用 Python 3，覆盖了全国计算机等级考试二级（Python 语言）的全部知识点，并加入了文件操作、图形表达、Qt GUI 控件 Matplotlib 等内容。

教材名称：《低代码编程技术基础》

主　　编： 眭碧霞（常州信息职业技术学院）

　　　　　　杨智勇（重庆工程职业技术学院）

　　　　　　胡方霞（重庆工商职业技术学院）

　　　　　　芦　星（北京久其软件股份有限公司）

副 主 编： 吴俊、李娜、涂智、张治斌、王传合、杨功元、严丽丽、于京

适用课程： "信息技术基础" "低代码开发实践" "低代码编程实战" "信息技术导论"等

教材特色：

① 以"新作为"绘"新突破"：产业导向、应用导向、素养导向。本教材首次应用产业低代码平台于实践教学，改变单纯以内容标准为主线的模式，创设以产业素养为纲的课程体系，推动标准化与科技创新探索良性互动发展。"体验—实践—实战"三位一体，贴近实际问题和业务流程，课程设计符合认知规律，打通应用型人才培养逻辑。

产业导向：借助适应未来岗位发展变化的综合职业能力模型实践，迅速掌握完整搭建数字化系统的方法，构建"工作过程"完整的系统化学习过程，通过在综合的行动中思考和学习，增强在复杂职业情境中整体化地解决综合性问题的能力。

应用导向：凭借实景化教学案例、进阶式课程设计、高阶性创新应用等科学认知体系，构建分阶递进的模块化实践教学内容体系。既可以帮助非计算机专业、编程零基础的学生快速形成三维职业能力模型；也适合学生快速掌握程序结构、数据存储模型及前端与后台的数据流动和处理，为日后学习编程类课程打下基础。

素养导向：以数字化时代核心素养为导向，以低代码平台聚合教学生态，"以学生为中心，以产出为导向"，载体为"综合性的职业行动"，将隐性课程与实际教学相结合，直面真实生产世界，完成从明确任务、制订计划、实施计划、过程控制到评价反馈整个过程，增强在复杂职业情境中整体化地解决综合性问题的能力。既顺应了企业数字化转型中对人才底层思维能力回归的大趋势，同时也是开发者职业综合能力提升的有力工具。

② 以"岗课赛证"汇"一体化教学"：融通、融合、融创。"久其女娲杯"低代码编程大赛正式被组委会列入十四届全国大学生计算机应用能力与数字素养大赛全新赛道，以比赛为载体，校内赛为支点，让"赛堂"与"课堂"渐行渐近，让"产业世界"与"校园学习"渐行渐近。

岗赛融通：低代码平台作为新兴的数字技术工具平台，已成为众多企业在数字化转型升级中的核心引擎，低代码服务平台与多行业、多元素融合共同催生新的岗位范畴。

赛课融合：大赛与"低代码开发实践"课程相融合，搭建"以平台为基石、以教材为先导、以课程为突破、以案例为驱动"的立体化教学资源。

课证融创：通过业务需求分析、数据填报收集、数据模型构建、生产流程融合等完整项目流程的考察，培养学生快速应用新技术、探索新业务变革以及领域创新的能力，并颁发企业级能力证书。融入行业新技术、新发展、新要求，让教育课程与职业技能等级标准相适应，同时检验课赛成效，实现"岗课赛证"的相互嵌入、互融互通、四位一体的良性循环。

教材内容：

本教材将低代码平台与职业教育相融合，探索信息技术基础类课程的新模式。根据《高等职业教育专科信息技术课程标准（2021版）》中的信息技术课程的划分，该教材属于信息技术课程的基础模块，覆盖了信息意识、计算思维、数字化创新与发展、信息社会责任四个学科核心素养目标，包含了新一代信息技术概述等知识内容。同时，本教材也是《数字新时代高等职业教育信息技术与数字素养课程体系（2024）》中的"基础层"课程，以立德树人为根本任务，注重提升学生的数字思维能力，以信息技术技能的掌握为基础，提升数字新时代高职学生的综合应用能力。低代码技术是一种新的软件开发技术，允许非专业程序员或具有较少编程经验的人员轻松构建信息化系统，使更多的人能够参与应用程序开发，因此低代码技术也将成为高职专科、职业本科各专业学生应掌握的信息技术之一。

本教材分为三篇：

第一篇：认知与体验，阐述信息技术产业发展历程及现状，以不同用户或角色身份体验信息化系统的整体架构、应用模块和基本操作，使学生对信息化系统形成基本的认知与理解。

第二篇：开发与实践，讲述信息化系统开发思路，实践完成命题项目的信息化系统开发，使学生了解信息化系统的基本框架、开发流程，学会简单的信息化系统的开发应用。

第三篇：分析与实战，通过多个实战项目的业务分析及建设，掌握分析方法及理解数字化的意义，开发一个完整的应用，使学生具备一定的信息化系统开发实践能力。

教材名称：《大学计算机基础项目化教程》《大学计算机高级项目化教程》——基于信息技术应用创新

主　　编：张建臣（山东电子职业技术学院）

　　　　　孙　宾（淄博职业技术学院）

　　　　　艾尔肯·艾则孜（新疆乌鲁木齐职业技术大学）

副 主 编：王丽华、李娜、余君、高立军、刘扬、张戈

适用课程："计算机信息技术""信息技术导论""计算机基础""信息技术基础""新一代信息技术基础"等

教材特色：

为进一步加快信创教育的普及和发展，推动信创教育在院校中落地生根，提高院校师生信创教育意识，促进学校信创教育改革进程，由全国高等院校计算机基础教育研究会牵头、指导，并与龙芯中科技术股份有限公司、北京北科海腾科技有限公司合作，联合天津电子职业技术学院、山东电子职业技术学院等"双高"院校共同组织开发本教材，供高职、本科大学生使用，也可供计算机基础初学者、迁移国产信创的工作人员学习使用。本书特点包括：

教材基于教育部《高等职业教育专科信息技术课程标准（2021年版）》，按照国产信创最新的发展生态，理论结合实际操作，深入浅出按照"计算机基础—国产操作系统—办公自动化—网络与Web服务—存储与数据库管理应用—虚拟化与自动化运维"主线，充分介绍国产芯片CPU（龙芯为主体）、操作系统OS（麒麟OS为主）、数据库DB（达梦DB为主）、中间件、BIOS和办公软件WPS等系列板块的主要内容知识点与任务操作。

教材充分整合龙芯中科、北京北科海腾科技有限公司实际项目，结合北科海腾国产信创培训平台、龙芯中科学习-大赛培训平台资源服务读者，使读者能够在学习教材的同时，还能随时在线学习、实训并参与"龙芯杯"全国大学生计算机系统能力培养大赛、中国软件杯软件设计大赛-信息技术创新赛道培训指导。

教材依托学生的认知规律，在编写方法上采用"情景导入—任务驱动—知识延展"的方式展开，从企业案例、实际项目出发，将相关知识点融入各个任务中，引

领读者提出问题、分析问题、解决问题。教材在深度和广度上，针对应用型人才培养特点，介绍务实、创新、有用的技术与知识。

教材既可以作为查询所用的工具书、同时囊括了相关的实训项目，项目的选取基于经典的工作场景需求，具有很强的实用性与现实意义，符合"实用、实效"要求，也符合任务驱动的教学模式。

教材内容充分整合相关国产信创认证体系内容，学习完本书的读者可以结合线上资源培训，参加工信部"龙芯""麒麟"系列工程师认证考试，让教育课程与职业技能等级标准相适应，同时检验学习成效，实现"岗课赛证"的相互嵌入、互融互通。

教材内容：

"《大学计算机基础项目化教程》《大学计算机高级项目化教程》——基于信息技术应用创新"根据《高等职业教育专科信息技术课程标准（2021版）》中的信息技术课程的划分，该教材内容涉及信息技术课程的基础模块、拓展模块，覆盖了含文档处理、电子表格处理、演示文稿制作、信息检索、新一代信息技术、信息安全、项目管理、数据库等内容，该教材也对应《信息技术与数字素养课程体系暨人工智能通识课程体系（2024）》中的"基础层—进阶层—拓展层"相关课程，可作为高职、本科大学生计算机通识课（基于信息技术应用创新）类教材，或电子信息大类专业基础教材。该教材以立德树人为根本任务，注重提升学生的国产信创思维与实际动手能力，以信息技术技能的掌握为基础，提升数字信息化新时代大学生的综合应用能力。面对国外针对中国信息化安全的严峻态势，课程培养能力将成为当代大学生走入社会面向职场的敲门砖，也是在职工作人员实施国产自主可信系统及软件迁移要求的参考书。

该教材整体以国产信创硬软件为基础，《大学计算机基础项目化教程》《大学计算机高级项目化教程》两本教材相对独立，分别编写。但内容上是相关的，且编写风格统一按照项目任务式设计。

《大学计算机基础项目化教程》（建议48课时）：

项目一　计算机基础知识

　　任务1.1　探索国产芯片

　　任务1.2　识别计算机硬件常见设备

任务1.3　认识国产软件

项目二　国产操作系统基础与应用

　　任务2.1　操作系统概述

　　任务2.2　系统的安装与激活

　　任务2.3　桌面环境探索与定制

　　任务2.4　图形界面下的文件与用户管理

　　任务2.5　网络连接与浏览器设置

　　任务2.6　应用商店使用与软件安装实践

项目三　WPS文档操作

　　任务3.1　WPS的下载与安装

　　任务3.2　WPS文档环境的搭建与基础操作

　　任务3.3　文档的排版与美化

　　任务3.4　文档的保护与共享

　　任务3.5　文档排版的高级技巧应用

项目四　WPS表格操作

　　任务4.1　WPS表格环境的搭建与基础操作

　　任务4.2　数据的分析与处理

　　任务4.3　数据可视化与图表制作

　　任务4.4　工作表的保护与共享

　　任务4.5　WPS表格的高级技巧应用

项目五　WPS演示文稿

　　任务5.1　WPS演示文稿环境的搭建与基础操作

　　任务5.2　演示文稿的设计与美化

　　任务5.3　动画与切换效果的设计与实现

　　任务5.4　演示文稿的放映与输出

　　任务5.5　演示文稿的高级技巧应用

项目六　信息安全体系构建与加固

任务6.1 认知信息安全体系

任务6.2 国产操作系统安全设置与权限管理

任务6.3 防火墙配置及病毒防护

项目七 程序设计学习与实践

任务7.1 国产操作系统下的编程环境搭建

任务7.2 Python语言初体验

任务7.3 Python语言应用实践

项目八 常见应用软件使用

任务8.1 国产OFD文档处理软件使用

任务8.2 国产电子签章使用

任务8.3 国产大模型应用

任务8.4 国产多媒体软件使用

《大学计算机高级项目化教程》（建议32课时）：

项目一 国产操作系统管理基础

任务1.1 目录架构搭建

任务1.2 文件操作与维护

任务1.3 文本内容检索与处理

任务1.4 用户和组账户管理

任务1.5 文件权限与属性设置

任务1.6 服务器命令与Shell脚本开发

项目二 国产操作系统管理与维护

任务2.1 国产操作系统基本维护

任务2.2 熟练使用vim程序编辑器

任务2.3 学习软件包管理工具

任务2.4 配置与管理磁盘

任务2.5 配置网络与使用ssh服务

项目三 网络与Web服务应用实践

任务3.1　探索网络基础知识
任务3.2　认识系统运维概述
任务3.3　深入DNS服务
任务3.4　理解DHCP服务
任务3.5　探索HTTP服务
任务3.6　探索Nginx服务
任务3.7　实践项目搭建

项目四　存储与数据文件共享服务
任务4.1　配置与管理FTP服务
任务4.2　配置与管理NFS服务
任务4.3　配置与管理Samba服务
任务4.4　配置与管理Iscsi服务

项目五　国产数据库系统原理与使用
任务5.1　初识国产数据库
任务5.2　安装与配置达梦数据库
任务5.3　安装与配置MariaDB数据库

项目六　虚拟化环境部署与自动化运维服务搭建
任务6.1　虚拟机配置与管理
任务6.2　Docker容器部署与管理
任务6.3　自动化运维服务搭建

教材名称：《信息技术基础——基于生成式人工智能》

主　　编：赫亮（北京金芥子国际教育咨询有限公司）

副 主 编：孟宪刚

适用课程："信息技术基础""信息技术与数字素养"等

教材特色：

① 以生成式人工智能技术革新（升级）传统的教学内容。本教材为职业院校信息技术课程教材，根据《高等职业教育专科信息技术课程标准（2021版）》设置内容，

第6章 《数字新时代高等职业教育信息技术与数字素养课程体系暨人工智能通识课程体系2024》的提出和主要内容

将新一代信息技术特别是大语言模型背景下的生成式人工智能（AIGC）技术融入教材的各个环节。帮助学习者在学习各项传统计算机知识和技术的同时，潜移默化地培养人工智能素养和掌握人工智能在各个领域的应用方法。

教材采用项目式教学，以学生在日常生活、学习和工作中遇到的实际信息管理和办公实践为导向，注重帮助学生提升素养、掌握能力解决实际问题。

② 体现"岗课赛证"融通一体化教学。本教材以新质生产力的发展为导向，以职业院校学生在未来实际工作所需数字素养和技能为基础，并结合全国大学生计算机应用能力与数字素养大赛和国内外权威机构的认证标准形成"岗课赛证"融通的一体化教学模式。

岗课融通：教材内容基于目前应用最广泛的Windows 10操作系统、Microsoft Office 365办公软件、Power BI大数据分析与可视化平台、Power Automate低代码自动化流程设计平台进行知识讲解和技能训练，并将大语言模型工具全过程融入其中，帮助学生获得未来岗位所需的能力。

课赛融通：教材内容与全国大学生计算机应用能力与数字素养大赛"信息基础与素养""数据分析与可视化""人工智能应用基础"等赛项紧密结合，通过比赛帮助学生巩固已学知识，并提升综合性的方案设计和解决能力。

课证融通：教材内容参考我国教育部全国计算机等级考试、微软、金山等国内外权威认证标准设计，并提供相应认证标准的视频学习资源，为学生在完成课程的学习后，参与认证、评价自我提供更多可能。

教材内容：

该教材将大语言模型背景下的生成式人工智能技术与信息技术基础课程相结合，探索信息技术基础类课程的新模式。根据《高等职业教育专科信息技术课程标准（2021版）》中的信息技术课程的划分，该教材属于信息技术课程的基础模块内容的进阶，覆盖了信息意识、计算思维、数字化创新与发展、信息社会责任四个学科核心素养目标，包含了新一代信息技术概述等知识内容。同时，该教材也是《数字新时代高等职业教育信息技术与数字素养课程体系暨人工智能通识课程体系2024》中的"进阶层"课程，以立德树人为根本任务，注重培训学生人工智能素养，并将最新的生成式人工智能技术有意识地应用到传统的信息技术当中。

本教材分为三部分：

第一部分：认识AI与生成式人工智能，阐述人工智能的基本知识和理念，以及在大语言模型背景下生成式人工智能给工作、学习和社会生活带来的挑战，并介绍常用的大语言工具以及它们的使用方法和提问技巧。

第二部分：生成式人工智能与智慧办公。在这一部分中，重点介绍在生成式人工智能辅助下，如何管理计算机系统，如何撰写和排版文章；如何处理和分析数据；如何演示和呈现信息；如何进行图片和视频创作。

第三部分：大数据与低代码工作流程设计。在这一部分中，重点介绍如何基于Power BI大数据分析与可视化工具进行数据的加载、预计处理和可视化，以及介绍如何使用Power Automate RPA工具进行低代码程序设计以及自动化处理文件、文件夹、电子邮件和从网上获取信息等。

教材名称：《新一代信息技术（微课版）》

主　　编： 方风波、张魏（湖北荆州职业技术学院）

副 主 编： 龚五堂、余泽禹、田岭、宋仔标、夏添、张洁、侍新兰、李刚、甘隽、陈亮、董兵波

参　　编： 李金凤、袁茵、李天玉

适用课程："信息技术""信息技术导论"等

《新一代信息技术（微课版）》主要对标《高等职业教育专科信息技术课程标准2021》中的"信息技术（拓展模块）"编写，适用于该模块的课程教学。学校和专业可根据国家有关规定，结合地方资源、学校特色、专业需要和学生实际情况，自主确定开设该课程。

教材特色：

① 全面贯标：依据高职信息技术课程国家标准，反映最新技术发展。

② 精选案例：所有教学案例均来自企业真实的典型案例，便于开展案例教学。

③ 形式创新：以新型活页式教材的形式出版，便于教材内容随技术发展和软件升级及时动态更新。

第6章 《数字新时代高等职业教育信息技术与数字素养课程体系暨人工智能通识课程体系2024》的提出和主要内容

④ "双元"开发：由高职院校长期从事信息技术教学的一线教师及来自知名IT企业的工程师联合编写。

⑤ 融入思政：落实立德树人根本任务，强化学生职业素养养成，将党的二十大精神以及专业精神、职业精神、工匠精神等融入教材内容。

⑥ 立体配套：通过手机扫描嵌入教材的二维码，即可观看视频学习，教材同时还配套教案、课件、课程思政方案等教学资源。

教材内容：

教材遵照教育部《高等职业教育信息技术课程标准（2021年版）》和《数字新时代高等职业教育信息技术与数字素养课程体系暨人工智能通识课程体系2024》编写；参照教育部《高等学校课程思政建设指导纲要》融入课程思政；引入企业典型项目案例，采用案例教学、知识讲解、项目实践等形式进行介绍；按照理实结合、书码一体嵌入微课二维码；以新型活页式教材的形式出版。主要内容包括信息安全、项目管理、机器人流程自动化、程序设计基础、大数据、人工智能、云计算、现代通信技术、物联网、数字媒体、虚拟现实、区块链等12章。

教材名称：《绿色数字技术基础》

主　　编： 乐璐（南京城市职业学院）

赫亮（北京金芥子国际教育咨询有限公司）

适用课程： 绿色数字技术相关课程，包括"信息技术基础""绿色技术应用"等通识课程

教材特色：

① 全面覆盖新一代信息技术：深入讲解人工智能、大数据、物联网、云计算、边缘计算、工业自动化和数字孪生技术，强调这些技术在绿色可持续发展中的应用。

② 实践导向：提供丰富的案例分析和实践项目，结合微软等行业领先企业的资源，使学生能够将理论知识应用于实际环境中，培养解决实际问题的能力。

③ 素养导向：强调数字技术的伦理、政策和社会责任，促进学生全面理解数字技术对社会和环境的影响，树立正确的职业价值观和社会责任感。

教材内容：

第一部分：绿色数字技术概述。本部分介绍绿色数字技术的重要性及其对环境保护和可持续发展的贡献，回顾绿色数字技术的发展历程，了解其在不同领域的应用。

第二部分：数字技术基础。本部分探讨新一代信息技术在绿色可持续发展中的应用。人工智能技术通过智能算法优化能源消耗和废物管理，利用机器学习提升资源利用效率。数据分析与处理技术则借助大数据在环境科学中的应用，如预测电力需求、优化电网效率和减少碳排放。物联网技术在智能城市和智能农业中发挥重要作用，利用传感器网络进行实时环境监测和自动化资源管理。云计算与边缘计算技术支持环境数据的存储、处理和实时响应，实现即时环境管理。工业自动化和机器人技术通过自动化系统和智能制造减少资源消耗和废物产生，提升生产效率和环境保护水平。数字孪生技术则在虚拟仿真与实体同步中优化资源使用，减少试错成本。这些技术共同促进绿色数字技术在各领域的应用，为可持续发展提供有力支持。

第三部分：绿色数字技术体系。本部分介绍绿色数字技术在不同领域的应用。绿色数字监测与管理技术利用数字技术进行环境监测、资源管理和效率优化；绿色数字预警与保护技术在风险评估和灾害预防中发挥关键作用；绿色数字设计与制造技术强调生态设计和循环经济，提升能效并减少碳排放；绿色数字办公技术旨在推广节能办公和远程协作；绿色数字网络安全与隐私保护技术则强调信息安全和数据保护的重要性。这些技术共同构成了绿色数字技术体系，推动各行业的可持续发展。

第四部分：绿色数字技能实践。本部分通过实践案例分析和技能培训，使学生能够将所学知识应用于解决实际问题，培养实际操作能力和解决问题的技能。

第五部分：绿色数字基础设施。本部分介绍绿色数据中心和网络架构的建设与管理，确保数字基础设施的可持续发展，支持环境友好型数字化转型。

第六部分：绿色数字项目设计与实施。本部分介绍如何规划和管理绿色数字技术项目，包括可持续性评估和执行策略，帮助学生掌握项目的全生命周期管理。

第七部分：伦理、政策与未来趋势。本部分讨论数字技术的伦理问题、相关政策法规，并预测绿色数字技术的未来发展方向，帮助学生理解技术应用的社会影响和未来潜力。

教材名称：《人工智能应用基础》

主　　编：郭　勇（福建信息职业技术学院）
　　　　　　赵瑞丰［随机数（浙江）智能科技有限公司］
　　　　　　杜　辉（北京电子科技职业学院）

副 主 编：林励、李伟权、王亚楠

主　　审：王路群

适用课程：适用于高职专科和职业本科的电子信息大类的专业基础课或专业群课程，如"信息技术基础""人工智能基础""人工智能通识""人工智能导论"等

教材特色：

① 案例驱动教学，简化学习曲线。本教材内容全部采用产业应用的"实训项目案例"，知识点、技能点都精心包裹在具体的实训案例中。通过逐步解析与验证案例，学习者能够在实践中直观感受人工智能技术的魅力，掌握应用的技术和方法。有效降低了学习门槛，使复杂的人工智能技术变得易于理解和上手，特别适合职业教育中注重技能与应用的需求。

② 丰富教学资源，助力多元化学习。本教材提供了包括教学课件、案例源代码、数据集、详细学习视频在内的多元化教学资源。这些资源不仅覆盖了教材的全部内容，还根据职业教育特点进行了优化与拓展，帮助学生从多个角度深入理解人工智能应用。

③ 强化实践环节，培养实战能力。职业教育的核心在于培养学生的实践能力和职业素养。因此，本教材特别注重实训环节的设计与实施。通过丰富的实训案例和在线实训平台，学生可以在接近真实工作场景的环境中，反复练习与操作，提升人工智能的实际技能。这种"学中做、做中学"的教学模式，将极大地提升学生的实战能力。

④ 促进师生互动，构建学习共同体。教材结合在线实训平台还提供了便捷的师生互动功能，鼓励学生积极提问、交流心得。教师则可根据学生的学习反馈，及时调整教学策略，提供个性化指导。这种双向互动的学习模式，有助于构建一个积极向上、互帮互助的学习共同体，让学习者在轻松愉快的氛围中共同成长。

⑤ 融合线上线下，打造无缝学习体验。结合在线教学实训平台，实现了教学资源的线上线下融合与互补，不仅支持课堂内的实时互动教学，更允许学生在课后通过云端访问，继续完成未完成的实训任务，实现课内学习与课外实践的无缝对接。这种灵活的学习方式，完美契合了职业教育强调实践操作的特性，确保每位学生都能充分掌握技能，不受时间与空间限制。

教材内容：

本教材针对职业教育的特点，采用了活页式设计，便于教师根据教学进度和学生需求灵活调整教学内容，促进因材施教。同时，本书注重与产业结合，引入行业最新技术和实际项目案例，确保学生所学知识与市场需求高度契合，为未来的职业生涯奠定坚实基础。

在内容编排上，本教材遵循由浅入深、循序渐进的原则，从Python语言基础讲起，逐步过渡到机器学习、深度学习、计算机视觉和自然语言处理等领域，完整覆盖了人工智能当下主要的应用方向。通过系统学习本书内容，学生将能够全面掌握人工智能应用技术，并具备解决实际问题的能力。

章节概要：

第1章：Python篇——与机器沟通。

本章旨在为学生打开人工智能世界的大门，通过Python这一强大的编程语言，让学生初步掌握与机器沟通的基本技能。通过几个基础而实用的实训案例，学生将了解Python的基本语法、数据结构、函数与模块等，为后续学习打下坚实的语言基础。

第2章：机器学习篇——让机器能决策。

本章带领学生进入机器学习的奇妙世界，通过一系列贴近生活的实训案例，让学生理解机器学习算法的基本原理和应用场景，理解处理回归、分类、聚类问题的方法，掌握机器学习算法在日常生活中的应用。

第3章：深度学习篇——让机器会思考。

深度学习是人工智能领域的热门话题，本章将带领学生深入了解神经网络的奥秘。通过实训案例，学生将学习卷积神经网络、循环神经网络等深度学习模型的基本原理和构建方法，并探索它们在图像识别、语音识别等领域的应用。

第4章：计算机视觉篇——让机器看得见。

计算机视觉是人工智能的一个重要分支，本章将带领学生探索如何让机器"看"懂世界。通过实训案例，学生将学习图像预处理、特征提取、目标检测与跟踪等关键技术，并了解计算机视觉在自动驾驶、安防监控等领域的应用前景。

第5章：自然语言处理篇——让机器读得懂。

自然语言处理是人与机器交流的重要桥梁，本章将带领学生走进自然语言处理的世界。通过实训案例，学生将学习文本分词、词性标注、情感分析等基础技术，并了解自然语言处理在智能客服、文本生成等领域的应用。同时，学生还将了解当下先进模型在自然语言处理中的重要作用。

教材名称：《物联网应用技术概论》

主　　编： 谭方勇、关辉（苏州市职业大学）

副 主 编： 刘刚、张晶、臧燕翔

适用课程： 物联网应用技术概论（物联网技术概论）、物联网技术与应用等

教材特色

① "产业导向、数字赋能、素养提升"助推新质生产力提升。

产业导向：本教材紧密围绕产业发展趋势，以产业需求为导向。教材内容结合当前产业发展热点和市场需求，注重介绍新技术与物联网应用的融合以及物联网技术在推动产业升级和转型中的重要作用。使学生能够更好地理解物联网技术与产业发展的内在联系，为将来的职业发展做好充分准备。

数字赋能：本教材以2021年发布的《提升全民数字素养与技能行动刚要》以及2024年发布的《2024年提升全民数字素养与技能工作要点》为指导思想，通过介绍物联网技术的基本原理、关键技术以及应用案例，帮助学生理解物联网技术如何实现对传统产业的数字化赋能。

素养提升：以数字化时代核心素养提升为导向，内容上遵循技术技能人才成长规律，知识传授与技术技能培养并重，同时将职业素养、工匠精神、数字素养、团队协作、安全规范意识等元素融入教材。

②"夯基础、练技能、活应用"服务"岗课赛证"融通育人模式。

夯基础：教材从物联网的基本概念、体系结构、关键技术等基础知识入手，帮助学生建立扎实的专业基础。通过深入浅出的讲解和丰富的实例，使学生能够全面理解物联网关键技术原理和应用场景，为后续的技能训练和应用实践打下坚实的基础。

练技能：教材每个主要章节都设计了认知型、验证型以及综合型的实践项目，旨在通过实践操作来提升学生对物联网技术的认知及动手能力。

活应用：通过引入实际案例和行业应用，引导学生将所学知识和技能应用于解决实际问题中，并通过实际操作来加深对物联网技术的理解和应用，培养学生的创新思维和解决问题的能力。

教材内容：

教材内容根据物联网专业人才培养方案中涉及的物联网安装与调试、物联网应用开发、物联网运维三大职业技术领域中的典型工作任务来组织，主要介绍物联网的基本知识、物联网设备的识别和应用技能以及智能家居等物联网典型场景的简单搭建，目的是让学习者能够了解物联网，学会物联网设备的基本操作技能，能简单搭建智能家居等物联网场景。

教材的内容结构分为理论知识奠基、应用技能训练和综合能力提升3个模块，并分别通过7个单元进行介绍。

① 物联网基本理论知识模块：主要包含物联网的概念及应用领域、物联网体系结构。

② 物联网关键技术与应用模块：主要包含物联网感知层关键技术、物联网网络层关键技术、物联网应用层关键技术、物联网安全技术。

③ 物联网典型案例综合应用模块：包含物联网典型应用系统简单案例。

第三部分

高职专科人才培养

　　多年来能力导向的职业分析和课程开发方法已在高职教育教学中普遍采用，但发展至今仍存在和出现两个较大的问题：一是方法如何适应新时代对人才的新需求和中国高等教育、职业教育分类分层发展的新变化，改进创新职业分析方法；二是现在的专业教学中能力培养目标不落实，缺少对实践课程体系的设计，尤其是高职三年级的综合实战、毕业设计、岗位实习课程没有具体的课程设计、教学大纲，导致教学效率较低，能力培养目标难以达成。针对出现的实际问题，本部分进行了详细讨论并给出了解决方案。

的实现。而练好"内功"、构建"五金"又是围绕国家重大战略布局和地方产业发展现实需求，深化产教融合，推进职普融通，提高办学质量，创新职业教育人才培养模式，实实在在地把职业教育搞好，培养更多高技能人才、能工巧匠、大国工匠的基础性关键性任务。是"从人才培养的关键微观小切口，全面推动职业教育的大改革"。①

近年来，国家层面高度重视高等职业教育的发展，在高职专业教学改革方面，出台了一系列政策文件，旨在推动高职教育与国家现代化建设紧密结合，培养适应新时代发展需求的技术技能型人才。

2021年3月12日，教育部印发了《职业教育专业目录（2021年）》，对职业教育专业体系进行了系统升级和数字化改造。该目录包含了中职、专科、本科等不同层次的职业教育专业，旨在规范职业教育专业设置，提高人才培养质量。

2021年10月，中共中央办公厅、国务院办公厅发布的《关于推动现代职业教育高质量发展的意见》中强调了优化校企合作政策环境，强化双师型教师队伍建设，创新教学模式与方法，改进教学内容与教材，完善质量保证体系等方面，以提升学生的实践能力。

2022年1月，教育部等八部门发布《职业学校学生实习管理规定》，其中明确指出各地各职业学校要进一步提高站位，准确把握实习的本质，坚守实习育人初心，切实把实习作为必不可少的实践性教育教学环节，持续加强规范管理、长效治理。以保障学生的实习质量。

2022年9月7日，为贯彻落实职业教育法，实施好《职业教育专业目录（2021年）》，教育部组织研制了与新版专业目录配套的中职、高职专科、职业本科全部1 349个专业的专业简介，并予以发布。这些专业简介旨在让办学主体和社会各界更加方便准确地了解职业教育专业人才培养的基本内容。

2022年12月，中共中央办公厅、国务院办公厅发布《关于深化现代职业教育体系建设改革的意见》，其中提出了拓宽学生成长成才通道，强化政策扶持等措施，以促进职业教育与经济社会发展和技术技能人才培养需求相适应。

2023年6月，教育部发布《职业教育产教融合赋能提升行动实施方案（2023—

---

① 2024年7月30日，深化现代职业教育体系建设改革现场推进会在晋江举行，教育部副部长吴岩出席并讲话。

第 7 章
高职专科专业教学改革发展新阶段

7.1 以国家政策为指引

习近平总书记指出,发展新质生产力是推动高质量发展的内在要求和重要着力点。党的二十届三中全会《决定》指出,当前和今后一个时期是以中国式现代化全面推进强国建设、民族复兴伟业的关键时期。全会对进一步全面深化改革做出系统部署,提出高质量发展是全面建设社会主义现代化国家的首要任务。教育、科技、人才是中国式现代化的基础性、战略性支撑。必须深入实施科教兴国战略、人才强国战略、创新驱动发展战略,统筹推进教育科技人才体制机制一体改革,深化教育综合改革。随着新一轮科技革命和产业变革到来,特别是人工智能的迅速发展,生成式人工智能的不断迭代和优化,对包括教育在内的社会各领域带来深刻影响,对高素质人才和科技制高点的竞争空前激烈,推进人才链、教育链、产业链、创新链深度融合,成为培育新质生产力的必然选择。高职教育肩负着支撑中国式现代化、培养担当民族复兴的高素质技术技能人才、能工巧匠、大国工匠的重任,是源源不断培养数量充足、结构合理、质量优良的高素质技术技能人才的主阵地。必须深刻理解和把握时代发展的大环境,抢抓发展战略机遇,服务国家发展战略,适应经济社会发展新要求,加快构建高质量发展的现代职业教育体系。在当前高职教育"双高计划"验收和"新双高计划"实施的新阶段,总结成功经验,解决困扰的问题,深化产教融合,服务经济社会发展,促进学生全面发展,提升整体办学能力,是基本路径和改革的方向,且进一步推进职业教育改革的"一体、两翼、五重点"目标

2025年)》，旨在统筹解决人才培养和产业发展"两张皮"的问题，推动产业需求更好融入人才培养全过程。通过实施产教融合赋能提升行动，优化职业教育布局结构，提高职业教育服务产业发展的能力。方案还提出了完善产教融合政策体系、加强产教融合平台建设、深化产教融合校企合作等具体措施。

2023年7月11日，教育部发布《教育部办公厅关于加快推进现代职业教育体系建设改革重点任务的通知》，提出了包括打造市域产教联合体、建设开放型区域产教融合实践中心、持续建设职业教育专业教学资源库、建设职业教育信息化标杆学校、建设职业教育示范性虚拟仿真实训基地、开展职业教育一流核心课程建设、开展职业教育优质教材建设、开展职业教育校企合作典型生产实践项目建设、开展具有国际影响的职业教育标准资源和装备建设、建设具有较高国际化水平的职业学校等十一个重点任务，旨在加快推进现代职业教育体系建设改革。

2024年9月9—10日，全国教育大会召开，习近平总书记在讲话中强调："构建职普融通、产教融合的职业教育体系，大力培养大国工匠、能工巧匠、高技能人才。"职业教育作为教育体系的重要组成部分，在全国教育大会的宏阔蓝图中，被赋予了新的历史使命与时代重任。解析全国教育大会精神的精髓，首先，职业教育要有强国的战略视野：职业教育作为培养技术技能人才的主阵地，其发展水平直接影响国家经济社会的整体竞争力。因此，职业教育必须站在教育强国的高度，不断提升自身实力与影响力。其次，职业教育要有立德树人的根本追求：职业教育不仅要传授知识技能，更要注重学生的品德修养与职业素养。通过强化思想政治教育，引导学生树立正确的职业观、道德观和人生观，培养德智体美劳全面发展的社会主义建设者和接班人。第三，职业教育要有服务国家战略与民生需求的双重担当：职业教育必须紧密围绕国家发展战略和市场需求，优化专业设置与课程体系，提高人才培养的针对性和实效性。同时，还要关注弱势群体和特殊教育需求，努力让每个人都有平等接受职业教育的机会。而落实全国教育大会精神的具体实践，职业教育必须深化产教融合机制改革，推动职业院校与企业紧密合作，共同制定人才培养方案和教学标准。加强实训基地和研发中心建设，实现教育链、人才链与产业链、创新链的有效对接。深化教学改革与创新：推进教学模式改革和创新实践教学方法和手段。加强课程体系建设和教学内容更新、优化课程结构和内容、提高课程的针对性和实用性。加强实践教学环节建设、增加实验实训实习等实践课程的比重、提高学生的实践能力。将工匠精神作为职业教育的重要内容加以培育。通过校企合作、工学结合等方式让学生深入生产一线体验工匠精神的实际内涵和价值追求。同时加强对学生职业素养和职业道德的教育引导，培养他们精益求精、追求卓越的职业品质。[①]

高职教育在新时期发展的这一关键节点上，面临的挑战和机遇并存，国家一系列的政策文件精神和全国教育大会的最新精神为新时期高职教育的发展注入了新的活力和动力，指明了方向。围绕人才培养与教学改革，要务实功、出实招、求实效。新基建"五金"建设，即打造高水平专业群、建设优质一流核心课程、开发优质核心教材、培养高水平双师队伍、建设高水平实习实训基地，正是落实政策文件精神和全国教育大会精神、推动高职教育高质量发展的具体实践的落脚点。具体为：

- 专业方面，强调专业建设与区域发展、经济发展精准匹配，推动各地建立专业设置与区域产业协调联动机制，确定本地区重点建设专业清单、改造升级专业清单，重点建设一批支持产业发展的"金专业"。
- 课程方面，强调以学生能力建设为导向，组织高水平职业学校和行业龙头企业，打造一批具有世界水平、中国特色的职业教育"金课程"。
- 教材方面，强调以新方法、新技术、新工艺、新标准为基础，充分利用数字化资源、数字技术，聘请更多大国工匠、能工巧匠和技能大师参与教材编写。
- 师资方面，强调"双师型"教师队伍建设，不断提升教师实践教学和数字化教学能力，建立起职业院校教师与企业高技能人才、工程技术人员的双向聘用机制，把师资队伍打造成"金师资"。
- 基地方面，强调依托行业企业资源为学生提供更多的"真刀真枪"实践机会和岗位体验，建立或升级与产业需求相适应的实践教学环境，加强校企合作产教深度融合，共同开展实践教学和实习实训活动，共同建设一批高水平的实训基地和产教融合平台成为"金基地"。[②]

[①] 引自"全国教育大会要求职教干什么？怎么干？"；来源：现代职业教育网；作者：鲁彬之，景格研究院；时间：2024年9月18日。

[②] 引自"教育部：正在研究制定'五金'建设总体方案，引导职业院校走'以产引教、以产定教、以产改教、以产促教'的发展模式"；来源：中国教育电视台，产教融合科教融汇；时间：2024年5月17日。

7.2 以成果导向教育理念（OBE）为主导

成果导向教育理念（outcome based education，OBE）是在 1981 年由美国首先提出，并获得广泛应用，经过 10 年左右的发展，形成了比较完整的理论体系。美国工程教育认证协会全面接受了 OBE 理念，并将其贯穿于工程教育认证始终。成果导向（OBE）在美国、英国、加拿大等国家成为教育改革的主流理念。2013 年 6 月，我国被接纳为"华盛顿协议"签约成员，之后，在我国开展高等工程教育专业认证中，完全遵循了成果导向教育理念。近年来，成果导向教育理念在高职专业人才培养中逐渐成为主导理念，坚持这一理念将有力地促进以能力为本位的高职专业人才培养目标的落实。

7.2.1 OBE 教育理念核心问题的内涵

OBE 的教育理念是一种基于学习成果或者结果为导向的教育理念，以 OBE 教育理念为导向的教育清晰地聚焦和组织了教育中的每个环节，使学生在学习过程中实现预期的结果。OBE 教育理念注重对学生学习的产出进行分析，反向设计专业教学过程以及相关评价体系。

以 OBE 教育理念为导向的人才培养主要强调以下几个问题：

- 想让学生取得的学习成果是什么？
- 为什么要让学生取得这样的学习成果？
- 如何有效帮助学生取得这些学习成果？
- 如何知道学生已经取得了这些学习成果？
- 如何保障学生能够取得这些学习成果？

让学生取得什么样的学习成果是 OBE 的"目标"；为什么要让学生取得这样的学习成果则是 OBE 的"需求"，通过需求分析，利用教学过程中的信息技术，获取教学反馈、教学大数据等，帮助教师精准地掌握学生需求，做出创新的教学设计；有效地帮助学生取得学习成果是 OBE 的"过程"，通过信息技术对每一节课的教学内容开发、课程体系建设、教学环节设计等教育过程进行管理，进而提高学生学习成效以及整个教育教学的质量效率；如何知道学生已经取得了这样的学习成果是OBE的"评价"，学生学得如何，是否符合学生的教育需求，都需要进行教学评价，评价的焦点是学生学习效果与表现；怎样去保障学生能够取得这些学习成果，是OBE的"改进"方向，针对教师的课程数据、课堂数据、学生评价数据等进行教学质量的持续改进和变革。

7.2.2 实施OBE的关键点

要做到OBE，需要以"成果导向"为理念，掌握"三个关键"和"三项改革"：

一个理念是实施成果导向教育；

三个关键是反向设计、以学生为中心、持续改进；

三项改革是课程体系、课堂教学、教学评价。

1. 反向设计课程体系

传统高校教育理念是先依据学科要求建设课程体系，再根据学生的学习情况，判断学生是否能达到毕业要求，满足既定的培养目标。而OBE的反向设计是以最终目标为起点，反向进行课程设计，开展教学活动。课程设计从最终成果（顶峰设计）反向设计以确定所有迈向顶峰成果的教学的适配性。教学的出发点不是教师想要教什么，而是要达成顶峰成果需要教什么，内外需求决定目标，目标决定毕业要求，毕业要求决定课程体系。

2. 以学生为中心的教学

在OBE教育模式下，教学过程需要做到以学生为中心，以"学习结果产出"为导向，提高教学效率和教学质量。以学生为中心的教育需要从"课堂教学改革"入手，教学改革到底需要改什么？核心是要从目前主流的以"教"为中心向以"学"为中心进行转变。以"教"为中心，关注的是"培养什么，如何培养，培养得怎么样"的问题，而以"学"为中心，关注的是"学什么，怎么学，学得如何"的问题，更加注重培养学生的自我探索和自我学习等多方面能力，主要体现在教学的三个方面：教学设计（教什么）、教学过程（怎么教）、教学评价（教得如何），真正做到"以学生为中心"进行课堂教学改革，根据对学生的期望而进行教学内容设计。

实践教学改革也是以"学生为中心"理念的重要一环，特别是在高职教育方面，实践是根本，学习的认知、能力的表现、品德的养成、创新的思维等都来自实践教育。实践教学有三种形式：

依附于理论教学的实践，注重的是"学中做"；

独立于理论教学的实践，注重的是"做中学"；

融合于理论教学的实践，注重的是"做中思"。

实践教学会对学生提出挑战性结果并且让学生自主完成实践训练，充分展示其思考、处理、解决问题的实践能力，培养学生的专业技能和职业素养。

3. 持续改进的质量管理体系

从"质量监控"向"持续改进"转变。我国高校目前的教学质量管理，还停留在对教学环节进行质量监控的初级阶段，初步具备了监督、调控功能，但缺乏改进功能。一个具有完善功能的质量管理体系应该具备"闭环"特征，即形成"评价—反馈—改进"的有效闭环，并且利用信息技术促进质量管理体系现代化，提高整个教育的效率和质量。

成果导向的教育是一个持续改进的过程，它要求建立一种有效的持续改进机制，从而实现"三改进，三符合"：

持续改进培养目标，让它始终与内、外部需求相符合；

持续地改进毕业要求，让它始终与培养目标相符合；

持续地改进教学活动，让它始终与毕业要求相符合。

成果导向教育作为一种先进的教育理念，至今已形成了一套比较完整的理论体系和实施模式，强调了高等教育的三个重要转变：从课程导向向成果导向转变、从教师中心向学生中心转变、从质量监控向持续改进转变。在OBE理念以及该理念支持下的工程教育专业认证有力助推专业教学质量的提升，推动了高等教育教学改革。而高等职业教育在专业人才培养中也坚持以OBE理念为主导，是新的发展阶段转变能力本位的人才培养目标不能落实、使能力培养真正到位的关键，这也是强调以成果导向的理念为主导的重要的现实意义，坚持这一导向必将对培养高质量的技术技能人才产生重要影响。

7.3 以"专业教学标准"为基本依据

7.3.1 我国高职专业教学标准的制定与发布

我国的高职教育经过了20多年的快速发展，在学习国际先进职业教育经验和对高职教育教学实践及对教学理论研究并取得一系列研究成果基础上，开始着手研制高等职业学校专业教学标准。最早于2011年，教育部职成司印发《关于委托各专业类教学指导委员会制（修）定"高等职业教育专业教学基本要求"的通知》，委托高职教指委在专业教学规范的基础上进行专业教学标准的研究制定工作。2011年11月底，教育部46个高职教指委制定出第一批专业教学标准（送审稿），经教育部组织各方专家对标准进行审核、并征求工业和信息化部、国土资源部、交通运输部、农业部、中国机械工业联合会、中国物流与采购联合会、中国商业联合会、中国轻工业联合会、中国有色金属协会等行业主管部门、行业协会及31个省（自治区、直辖市）教育厅（教委）及新疆生产建设兵团教育局的意见后，相关高职教指委根据各方反馈意见又作了最终修订。2012年首批410个《高等职业学校专业教学标准（试行）》发布实施。对于当时高等职业学校准确把握培养目标和规格，科学制定人才培养方案，深化教育教学改革，提高人才培养质量起到了重要的指导作用。

随着经济社会快速发展，新职业、新技术、新工艺不断涌现，一些专业的内涵发生了较大变化，特别是2015年教育部印发了新修订的《普通高等学校高等职业学校（专科）专业目录》，对专业划分和专业设置进行了较大调整，410个《高等职业学校专业教学标准（试行）》亟须进行相应的修订和完善。为此，2016年11月，教育部办公厅发布《关于做好〈高等职业学校专业教学标准〉修（制）订工作的通知》（教职成厅函〔2016〕46号），开始组织新一轮《高等职业学校专业教学标准》的修（制）订工作。2019年7月31日，教育部组织完成了2015版《普通高等职业学校（专科）专业目录》下《高等职业学校种子生产与经营专业教学标准》等首批347项高等职业学校专业教学标准的修（制）订工作，并发布实施。这一标准的发布实施，进一步完善了职业教育国家教学标准体系，为更好地贯彻落实《国家职业教育改革实施方案》，提升职业学校教学质量发挥了重要作用。

职业教育质量的提升，专业建设是关键环节，而专业教学标准是专业建设的基本遵循，是开展专业教学的基本文件，是明确培养目标和规格、组织实施教学、规范教学管理、加强专业建设、开发教材和学习资源的基本依据，是评估教育教学质量的主要标尺，同时也是社会用人单位选用高等职业学校毕业生的重要参考。《高等职业学校专业教学标准》共包括9部分内容：专业名称（专业代码）、入学要求、基本修业年限、职业面向、培养目标、培养规格、课程设置及学时、教学基本条件、质量保障。

2020年10月，中共中央、国务院印发《深化新时代教育评价改革总体方案》，提出"改进结果评价，强化过程评价，探索增值评价，健全综合评价"，其评价改革的前提是标准的制定。因此，高职教育专业教学标准的颁布实施，对于完善教育质量国家标准体系、建立专业教学评价的依据，起到重要作用。2021年教育部组织对职业教育专业目录进行了全面修（制）订并发布《职业教育专业目录（2021年）》，落实职业教育专业动态更新要求，推动专业升级和数字化改造。2022年教育部又组织编制并发布了针对《职业教育专业目录（2021年）》的《职业教育专业简介（2022年修订）》。这些文件与专业教学标准以及后续发布的顶岗实习标准和专业仪器设备装备规范等，一起组成了国家职业教育教学标准体系。为贯彻落实《国家职业教育改革实施方案》，加强高等职业学校专业基本建设，将新技术、新工艺引入教学内容要求，将职业能力要求转换为人才培养目标要求，推进教育教学改革，创新人才培养模式，促进职业教育提升内涵和可持续发展，全面提高技术技能人才培养质量，具有十分重要的意义。

7.3.2 《高等职业学校软件与信息服务专业教学标准》

为了更好地了解专业教学标准的具体内容，以下给出2019年发布的347项高等职业学校专业教学标准中《高等职业学校软件与信息服务专业教学标准》的完整内容。

一、专业名称（专业代码）

软件与信息服务（610206）。

二、入学要求

普通高级中学毕业、中等职业学校毕业或具备同等学力。

三、基本修业年限

三年。

四、职业面向

本专业职业面向见表7-1。

表7-1 本专业职业面向

所属专业大类（代码）	所属专业类（代码）	对应行业（代码）	主要职业类别（代码）	主要岗位群或技术领域举例
电子信息大类（61）	计算机类（6102）	软件和信息技术服务业（65）	信息系统运行维护工程技术人员（2-02-10-08）；软件和信息技术服务人员（4-04-05）	企业信息化工程师；技术服务工程师；IT产品营销师

五、培养目标

本专业培养理想信念坚定，德、智、体、美、劳全面发展，具有一定的科学文化水平，良好的人文素养、职业道德和创新意识，精益求精的工匠精神，较强的就业能力和可持续发展的能力，掌握本专业知识和技术技能，面向软件和信息技术服务业的信息系统运行维护工程技术人员、软件和信息技术服务人员等职业群，能够从事企业信息化管理、技术服务、IT产品营销等工作的高素质技术技能人才。

六、培养规格

本专业毕业生应在素质、知识和能力等方面达到以下要求：

（一）素质

（1）坚定拥护中国共产党领导和我国社会主义制度，在习近平新时代中国特色社会主义思想指引下，践行社会主义核心价值观，具有深厚的爱国情感和中华民族自豪感。

（2）崇尚宪法、遵法守纪、崇德向善、诚实守信、尊重生命、热爱劳动，履行道德准则和行为规范，具有社会责任感和社会参与意识。

（3）具有质量意识、环保意识、安全意识、信息素养、工匠精神、创新思维。

（4）勇于奋斗、乐观向上，具有自我管理能力、职业生涯规划的意识，有较强的集体意识和团队合作精神。

（5）具有健康的体魄、心理和健全的人格，掌握基本运动知识和1~2项运动技能，养成良好的健身与卫生习惯，以及良好的行为习惯。

（6）具有一定的审美和人文素养，能够形成1~2项艺术特长或爱好。

（二）知识

（1）掌握必备的思想政治理论、科学文化基础知识和中华优秀传统文化知识。

（2）熟悉与本专业相关的法律法规以及环境保护、安全消防、文明生产、信息安全等知识。

（3）掌握面向对象程序设计理论知识。

（4）熟悉项目开发流程及软件测试相关知识。

（5）掌握信息搜索与分析等理论知识。

（6）掌握数据库、数据表、表数据的操作和数据库编程相关知识。

（7）熟悉IT产品营销策略等知识。

（8）掌握网络安装、维护的理论知识。

（9）了解电子商务的基础知识，并根据实际产品编写营销策略的设计方法。

（三）能力

（1）具有探究学习、终身学习、分析问题和解决问题的能力。

（2）具有良好的语言、文字表达能力和沟通能力。

（3）具有计算机软硬件系统的安装、调试、操作和维护能力。

（4）具有利用Office工具进行项目开发文档整理、数据处理的能力。

（5）具有阅读并正确理解需求分析报告和项目建设方案的能力。

（6）具有阅读本专业相关中英文技术文献、资料的能力。

（7）具有熟练查阅各种资料并加以整理、分析与处理，进行文档管理的能力。

（8）具有通过系统帮助、网络搜索、专业图书等途径获取专业技术帮助的能力。

（9）具有面向对象程序设计能力。

（10）具有主流关系数据库的应用能力。

（11）具有企业网络部署、实施与管理的能力。

（12）具有小型信息系统开发能力。

（13）具有电子商务、产品营销能力。

（14）具有软件需求文档和设计文档撰写、分析定位问题的能力。

（15）具有项目部署、实施与管理的能力。

（16）具有综合应用专业知识、工具解决实际问题的能力。

（17）具有一定的项目组织管理能力。

七、课程设置及学时安排

（一）课程设置

本专业课程主要包括公共基础课程和专业课程。

1. 公共基础课程

根据党和国家有关文件规定，将思想政治理论、中华优秀传统文化、体育、军事理论与军训、大学生职业发展与就业指导、心理健康教育等列入公共基础必修课，并将党史国史、劳动教育、创新创业教育、大学语文、高等数学、公共外语、信息技术、健康教育、美育、职业素养等列入必修课或选修课。

学校根据实际情况可开设具有本校特色的校本课程。

2. 专业课程

专业课程一般包括专业基础课程、专业核心课程、专业拓展课程，并涵盖有关实践性教学环节。学校可自主确定课程名称，但应包括以下主要教学内容：

（1）专业基础课程：一般设置6~8门，包括计算机应用基础、网页设计技术、软件工程与测试、计算机网络技术、电子商务基础、图形图像处理、IT产品营销、全国计算机等级考试二级实践、考证等。

（2）专业核心课程：一般设置6~8门，包括关系型数据库管理系统、面向对象程序设计、信息系统项目开发、UI前端技术、动态网站建设、GUI应用程序开发、信息检索与分析、网络安装与维护等。

（3）专业拓展课程：一般包括IT职业素养与沟通、虚拟化与云计算、信息安全、大数据技术、职业技能考试实践、考证、工程实践、项目管理等。

3. 专业核心课程主要教学内容

专业核心课程主要教学内容见表7-2。

表7-2 专业核心课程主要教学内容

序号	专业核心课程名称	主要教学内容
1	关系型数据库管理系统	关系型数据库相关的基本概念；应用关系数据库的基本知识；数据库设计方面的内容，如关系数据库模型、数据规范化等；进行T-SQL编程；应用和设计事务；使用索引和全文索引；使用视图和游标；使用存储过程；使用触发器；理解SQL Server安全策略；进行简单的安全方面的配置和管理；数据库设计、T-SQL事务处理等相关概念，以及使用索引、视图、存储过程和触发器等增强对数据的控制
2	面向对象程序设计	面向对象程序设计基础；Java基本语法；类的设计与对象的创建及使用；类的继承与多态性；接口与包；异常处理；多线程处理；基本输入与输出流
3	信息系统项目开发	管理信息系统基础概述、信息系统结构，信息系统新模式；系统平台及开发工具；系统需求分析、功能分析、业务流程分析、数据流程分析；总体设计内容、代码设计要点、存储设计技术；数据采集技术、通用管理系统简介、典型案例分析；项目设计
4	UI前端技术	HTML4/HTML5/CSS2/CSS3/JavaScript；HTML5 API规范；AJAX异步交互技术应用；JS面向对象编程思想；JavaScript主流框架jQuery、jQuery EasyUI；MVC设计原理与常用框架；移动终端前端开发规范；网站优化
5	动态网站建设	HTTP协议工作机制、HTTP请求基本结构、HTTP响应基本结构、Web服务器工作机制；接收HTTP请求、解析HTTP请求、找到指定资源、返回HTTP响应的过程；JavaScript语言基础；JavaScript函数和事件；JavaScript运算符和表；JavaScript表单处理；JavaScript的窗口和XML DTD基本语法；XML Schema基本语法；使用DOM接口访问XML文档
6	GUI应用程序开发	GUI的概念和基本组成、GUI程序的实现原理；Eclipse和Visual Editor等开发环境的安装、配置和使用方法；程序窗体、标签、按钮等可视化设计；GUI程序的事件处理机制、常用事件及其监听器接口；GUI主要容器组件和布局用法
7	信息检索与分析	信息检索方法，科技信息查询工具，总量指标分析、相对指标分析，集中趋势指标与离散程度指标分析；检索数据的指数分析；时间数列分析及工具使用；简单线性相关分析、线性回归分析
8	网络安装与维护	计算机网络基本原理；数据通信基本原理；常用通信设备；计算机网络组成和分类；ISO/OSI；局域网原理和网络互联技术；TCP/IP、Internet与Intranet；网络管理；网络安全技术等

4. 实践性教学环节

实践性教学环节主要包括实验、实训、实习、毕业设计、社会实践等。实验实训可在校内实验实训室、校外实训基地等开展完成；社会实践、顶岗实习、跟岗实习由学校组织可在软件或信息服务相关的企业开展完成。实训实习主要包括：企业认知实习、企业信息化应用实践、企业项目管理相关技术的实践、IT产品营销实践、职业证书技能实践（考证）、信息服务创新创业实践等校内外实训，以及进入软件、信息服务相关企业开展技术服务、信息化管理等岗位的跟岗实习、毕业设计（论文）与顶岗实习。应严格执行《职业学校学生实习管理规定》和《职业院校软件与信息服务专业顶岗实习标准》。

5. 相关要求

学校应统筹安排各类课程设置，注重理论与实践一体化教学；应结合实际，开设安全教育、社会责任、绿色环保、管理等方面的选修课程、拓展课程或专题讲座（活动），并将有关内容融入专业课程教学；将创新创业教育融入专业课程教学和相关实践性教学；自主开设其他特色课程；组织开展德育活动、志愿服务活动和其他实践活动。

（二）学时安排

总学时一般为2 800学时，每16～18学时折算1学分。公共基础课程学时一般不少于总学时的25%。实践性教学学时原则上不少于总学时的50%，其中，顶岗实习累计时间一般为6个月，可根据实际集中或分阶段安排实习时间。各类选修课程学时累计不少于总学时的10%。

八、教学基本条件

（一）师资队伍

1. 队伍结构

学生数与本专业专任教师数比例不高于25∶1，双师素质教师占专业教师比例一般不低于60%，专任教师队伍要考虑职称、年龄，形成合理的梯队结构。

2. 专任教师

专任教师应具有高校教师资格；有理想信念，有道德情操，有扎实学识，有仁爱之心；具有计算机相关专业本科及以上学历；具有扎实的本专业相关理论功底和实践能力；具有较强信息化教学能力，能够开展课程教学改革和科学研究；有每5年累计不少于6个月的企业实践经历。

3. 专业带头人

专业带头人原则上应具有副高及以上职称，能够较好地把握国内外软件和信息服务行业专业发展；能广泛联系行业企业、了解行业企业对本专业人才的实际需求；教学设计、专业研究能力强；组织开展教科研工作能力强；在本区域或本领域具有一定的专业影响力。

4. 兼职教师

兼职教师主要从本专业相关的行业企业聘任，具备良好的思想政治素质、职业道德和工匠精神，具有扎实的专业知识和丰富的实际工作经验，具有中级及以上相关专业职称，能承担专业课程教学、实习实训指导和学生职业发展规划指导等教学任务。

（二）教学设施

教学设施主要包括能够满足正常的课程教学、实习实训所需的专业教室、校内实训室和校外实训基地等。

1. 专业教室基本条件

专业教室一般配备黑白板、多媒体计算机、投影设备、音响设备、互联网接入或 Wi-Fi 环境，并实施网络安全防护措施。安装应急照明装置并保持良好状态、符合紧急疏散要求、标志明显、保持逃生通道畅通无阻。

2. 校内实训室基本要求

（1）企业网综合应用实训室：应配备计算机、配备网络布线等软硬件资源，安装网页制作、数据库等相关软件，用于网络安装与维护、信息系统项目开发、GUI 应用程序开发等课程的教学与实训。

数据库应用实训室：应配备计算机、安装数据库相关软件；用于关系型数据库管理系统的理论课程与实践课程，同时支持信息系统项目开发，GUI 应用程序开发等课程的项目案例部署工作。

（3）前端应用开发实训室：应配备计算机，安装图像处理、网页制作等相关软件，承担基于 HTML5、XHTML、jQuery、JS、CSS3、BootStrap 等技术平台（框架）的实训，用于网页设计技术、动态网页设计、图形图像处理等课程的教学与实训。

3. 校外实训基地基本要求

校外实训基地基本要求：具有稳定的校外实训基地，能够开展软件信息服务实践的相关企业作为校外实训基地，实训设施齐备，实训岗位，实训指导教师确定，实训管理及实施规章制度齐全。

4. 学生实习基地基本要求

学生实习基地基本要求：具有稳定的校外实习基地，能涵盖当前相关产业发展的主流技术，可接纳一定规模的学生实习，能够配备相应数量的指导教师对学生实习进行指导和管理，有保证实习生日常工作、学习、生活的规章制度，有安全、保险保障。

5. 支持信息化教学方面的基本要求

支持信息化教学方面的基本要求：具有可利用的数字化教学资源库、文献资料，常见问题解答等信息化条件，鼓励教师开发并利用信息化教学资源，教学平台、创新教学方法，引导学生利用信息化教学条件自主学习，提升教学效果。

（三）教学资源

教学资源主要包括能够满足学生专业学习、教师专业教学研究和教学实施所需的教材、图书文献及数字教学资源等。

1. 教材选用基本要求

按照国家规定选用优质教材，禁止不合格的教材进入课堂。学校应建立专业教师、行业专家和教研人员等参与的教材选用机构，完善教材选用制度，经过规范程序择优选用教材。

2. 图书文献配备基本要求

图书文献配备能满足人才培养、专业建设、教科研等工作的需要，方便师生查询、借阅。专业类图书文献主要包括：有关软件开发、企业信息项目开发、软件信息服务相关技术、标准、方法、操作规范以及实务案例类图书等。

3. 数字教学资源配置基本要求

建设、配备与本专业有关的音视频素材、教学课件、数字化教学案例库、虚拟仿真软件、数字教材等专业教学资源库，应种类丰富、形式多样、使用便捷、动态更新，能满足教学要求。

九、质量保障

（1）学校和二级院系应建立专业建设和教学质量诊断与改进机制、健全专业教学质量监控管理制度，完善课堂教学、教学评价、实习实训、毕业设计以及专业调研、人才培养方案更新、资源建设等方面质量标准建设，通过教学实施、过程监控、质量评价和持续改进，达成人才培养规格。

（2）学校和二级院系应完善教学管理机制，加强日常教学组织运行与管理，定期开展课程建设水平和教学质量诊断与改进，建立健全巡课、听课、评教、评学等制度、建立与企业联动的实践教学环节督导制度，严明教学纪律，强化教学组织功能，定期开展公开课、示范课等教研活动。

（3）学校应建立毕业生跟踪反馈机制及社会评价机制，并对生源情况、在校生学业水平、毕业生就业情况等进行分析，定期评价人才培养质量和培养目标达成情况。

（4）专业教研组织应充分利用评价分析结果有效改进专业教学，持续提高人才培养质量。

第 8 章
当前高职专业人才培养问题分析

《高等职业学校专业教学标准》(简称《高职专业教学标准》)实际也遵循着成果导向的 OBE 教育理念,强调学生经高职三年教学取得的学习成果必须达到《高职专业教学标准》中培养目标、培养规格给出的基本要求。在《高职专业教学标准》发布后,各高职院校开设的相关专业都依据教育部各专业教学标准制定本专业的人才培养方案,并实施教学,因此这里分析当前高职专业教学存在的问题,也应从结果导向出发寻找问题所在。依据这一基本考虑并从调研的结果显示,总体上企业对毕业生的满意度与企业要求还有差距,这可能也是当前高职专业教学存在的最顶层问题,用 OBE 教育理念对高职专业教学存在的这一主要问题的产生原因进行深度分析,将是当前推动高职专业教学质量进阶的重要任务。

8.1 职业分析如何面向新质生产力

面对发展新质生产力的国家战略,高职专业要培养能适应新质生产力发展的技术技能人才。首先要体现在对高职专业的职业分析中。这就要求在职业分析时,不仅要考虑当前企业对人才的要求,而且还要考虑伴随新质生产力的发展,企业对人才需求的变化,使学生毕业时能适应新质生产力发展的需求。另外,OBE 教育理念强调的五个问题中的前两个问题是:"想让学生取得的学习成果是什么?""为什么要让学生取得这样的学习成果?"问题的答案应是在校企合作对专业面向的企业用人需求进行调研基础上进行分析得出的结果,也是"想让学生取得的学习成果"。

因此，企业对毕业生的满意度应体现在专业人才培养方案给出的培养目标和培养规格中，在培养规格中规定了毕业生在素质、知识和能力等方面应达到的具体要求，而这些具体要求都是专业经企业调研并与企业共同确定的，可以说如果毕业生能达到这些要求，企业就应是满意的；如果对企业要求还有差距，就应说明教学结果还没完全达到培养目标和培养规格的要求。

但现在学校多数专业人才培养方案没有给出专业培养目标中能直接反映企业工作要求的"典型工作任务"或其他能直接反映企业工作要求的典型内容。培养规格中的知识、技能和能力要求主要来自对"典型工作任务"的分析，能力培养教学训练过程中使用的教学训练资源也主要来源于"典型工作任务"的转换。同时，这也将给后续回答"如何有效帮助学生取得这些学习成果？""如何知道学生已经取得了这些学习成果？""想让学生取得的学习成果是什么？"等问题而进行实践教学过程设计时遇到困难。

8.2 实践教学设计过于简单笼统

8.2.1 培养规格缺少对技能的要求

在《高职专业教学标准》中将培养规格分为素质、知识、能力三部分，并给出了对每部分的具体要求，但在"能力"要求中将"技能"与"能力"没有分开，实际上在学术上"技能"与"能力"是两个不同的概念，教育实践中也会采用不同的培养方式。

技能（skill）是个体运用已有的知识经验，通过练习而形成的一定的动作方式或智力活动方式，是行为和认知活动的结合，指的是掌握并能运用专门技术的能力，以动作或行为的方式为人们所掌握，带有一定的操作技术性质，由此可见，技能是通过一定的方式后天习得的。而能力（ability）是完成一项目标或者任务所体现出来的综合素质，是完成一定活动的本领。它总是和人完成一定的实践相联系，任何一种活动都要求参与者具有一定的能力。心理学上对能力的定义是顺利、有效地完成某种活动所必须具备的心理条件。也就是说技能是个体身上固定下来的复杂的动作系统，而能力则是个体顺利完成活动任务的直接有效的心理特征；技能是对动作和动作方式的概括，而能力则是对调节认识活动的心理活动过程的概括，是较高水平的概括。

知识、技能的掌握，并不意味着能力水平的高低。在学校教育中，出现所谓"高分低能"的现象，说明了在教学过程中，反映学生掌握知识、技能的分数可能很高，而他们分析问题和解决问题的能力却仍有可能很低。学校教育的任何一个教学科目，不仅要教给学生系统的知识，同时还要形成一定的技能，知识和技能都是具体的教学内容，而能力则是教育所要达到的目的。大学教育不仅传授知识，更是对学生能力的培养。因此在培养规格的能力要求中将能力和技能要求分开更有利于下面进行的实践教学过程设计。

8.2.2　实践教学设计过于简单笼统

对于《高职专业教学标准》要求理论知识教学和实践教学各占总学时一半的要求，其中理论教学部分，无论是《高职专业教学标准》还是学校制定的专业人才培养方案都给出了翔实的课程体系设计，尤其是对专业核心课程，在《高职专业教学标准》"表7-2 专业核心课程主要教学内容"中对每门专业核心课程名称、主要教学内容都给出了具体要求，从而构建了专业理论课程体系。而对于占总学时另一半的实践教学环节，则只给出了原则性要求，学校制定的专业人才培养方案往往只保证实践教学学时总数达到总学时的一半，而缺少具体的实践教学课程体系设计。众所周知，实践教学课程体系主要是保障专业人才培养能力体系达标，在能力导向的高职人才培养模式中，知识是能力的基础，而能力达标是企业对专业人才培养的最终要求，也是OBE理念的最终学习成果，而能力达标主要靠实践教学，因此缺少实践教学课程体系设计是导致毕业生不能完全达标的人才培养方案设计问题。

8.3 能力目标难以落实

8.3.1 实践教学中能力培养课程学时不足

实践教学课程体系中针对能力培养的课程学时太少，难以完成培养规格中对能力要求的达成。由于《高职专业教学标准》没有给出对实践教学中能力培养课程学时的要求，所以在现有专业人才培养方案中能力培养训练性课程（如实战课程）只占实践教学总学时（1 400）的10%左右（约150学时）。

岗位实习是实践教学体系的重要组成部分，占实践教学总学时（1 400）的40%多（约600学时），但在教学实践中主要用来熟悉企业的工作环境，其教学过程不由学校控制，没有针对培养规格的岗位实习具体要求，很难按专业人才培养规格中的能力要求设计教学过程。因此在专业人才培养方案中没有具体的教学设计，岗位实习过程中也没有对岗位实习的课程教学计划；自然更没有对岗位实习的评价标准和方法。

对于OBE要求的"如何知道学生已经取得了这些学习成果？"其本质意义是如何测量学生毕业时的学习成果是否达到培养目标和培养规格的要求。对于目前培养规格中提出的素质、知识、能力三部分内容，只有理论知识课程能够通过考试来评价学习成果，而对于素质和能力方面的学习成果是否达到培养目标和培养规格的要求，在当前实践教学中都还没有好的测评方法，因此也很难判断通过实践环节教学所取得的学习成果是否能达成培养目标和培养规格的要求。

8.3.2 缺少适应能力培养的教师队伍

在《高职专业教学标准》中虽然给出了对教师队伍结构的要求，指出：教师队伍结构包括学生数与本专业专任教师数比例不高于25∶1，双师素质教师占专业教师比例一般不低于60%，专任教师队伍要考虑职称、年龄，形成合理的梯队结构等内容。但对于能进行能力培养实践教学的教师，仅提"双师素质教师"是不够的，"双师素质教师"一般是指既要具有学校教学经验的教师素质，又要具备企业工作经历的工程师素质，而对于高职学生的能力要求，主要指的是在行业企业的工作能力。单纯的学校教师缺少企业工作经历，而工程师尽管自己具备这种企业工作能力，但没有将这种能力转换给他人的教学训练能力，将能力转换给他人的教学训练能力类似于培养运动员的教练员具备的教练型教师的能力，因此适应能力培养的教师队伍要在双师型教师队伍基础上，通过专门的培训产生。目前，在高职教师队伍建设中，缺少这种专门针对教练型教师培养的教师培训。

第 9 章
与时俱进职业分析方法

高等职业教育作为一种教育类型,职业性是其重要的属性,能力本位是其本质特征。区别于普通高等教育,高等职业教育人才培养方案的设计、专业课程体系的开发、专业教学标准的制定是以职业分析为起点的。职业分析是高职专业课程体系开发的基础性工作,是衔接真实职业世界工作内容与教育世界课程内容的桥梁。职业分析方法是高职教育课程开发区别于普通高等教育课程开发的关键技术,它不仅是确认、定义和描述工作任务和职业能力的科学分析过程,所获得的结果更是专业课程体系、专业课程标准乃至专业教学条件的依据,是高职教育课程内容开发和组织的来源。科学的职业分析方法对于高职教育人才培养的质量以及毕业生能否达到用人单位要求具有至关重要的作用。

9.1 职业分析方法概述

纵观国外职业教育发展中,以职业教育课程开发为目的进行的职业分析和提出的职业分析方法20世纪60年代产生于北美洲,之后在西方发达国家的职业教育领域又出现了若干各具特色的职业分析方法,这些方法往往都是含在课程开发方法之中以课程开发方法的名字出现并使用,如北美的DACUM、德国的BAG等。还有一些职业分析方法是独立于职业教育之外存在的,如澳大利亚的国家职业资格框架下培训包(TP)开发方法;世界银行1986年开发、2003年推出的职业和能力分类系统(O*NET)等。无论哪种职业分析方法开展的分析、调研,都为职业教育满足社会需求提供了依据、参考，并使职业教育与劳动就业结合起来。同时，也为职业资格研究、为人力资源开发与管理作出了贡献。这几种职业分析方法是在不同的经济社会发展阶段和不同的国家产生的，因此具有各自不同的特点，但都是追求如何用更准确的表现方法和恰当的方式使描述的职业具有可靠性、有效性和代表性。我国在多年的高职教育发展中，借鉴学习国外课程开发中的职业分析方法，也形成了一些职业分析方法。近年来，我们在组织一些高职专业教学标准的研制、专业人才培养方案的设计、专业课程体系的开发中使用的职业分析方法主要包括以下一些步骤环节：

1. 调研分析

（1）专业面向的产业、行业发展现状及未来发展趋势的调研分析。

（2）专业面向国家重大发展战略的调研分析。

（3）专业人才需求现状及未来发展需求调研与预期。

（4）专业发展现状改革发展研究分析。

（5）相关职业标准分析。

（6）相关职业证书分析。

采用的方法包括搜集行业报告、企业招聘信息、岗位说明、职业标准等资料；实地走访企业，与企业管理人员、技术人员访谈，了解职业岗位的具体要求、技能需求及发展趋势；发放问卷调研等。

2. 定位分析

依据调研分析确定专业的职业定位（包括专业主要面向的职业技术领域、职业岗位等）。

3. 召开专家研讨会

以行业企业专家为主、教育专家及课程开发团队成员参加的职业分析研讨会，通过专家的研讨（头脑风暴），对专业定位的职业岗位进行深入分析，提炼出典型工作任务和职业能力要求，分析支撑典型工作任务的技能与知识要求，确定典型工作任务的难度等级。

4. 职业分析汇总

汇总调研分析、定位分析、专家研讨会结果，参照国家职业标准、行业规范及企业等要求，确定最终专业的典型工作任务，知识、技能和素质的要求。

形成专业培养目标和专业培养规格。

完成以上这些步骤环节，职业分析工作基本完成，为后续专业课程开发形成了主要依据文件。而以上这一职业分析方法的主要步骤环节在我们编制的《智能时代中国高等职业教育计算机教育课程体系2021》（ICVC 2021）一书的"高职专业人才培养方案与课程开发规范"中以流程的形式进行了介绍。

9.2 职业分析方法的与时俱进

9.2.1 现状与新需求带来的思考

在百年未有之大变局的时代，科技的飞速发展，产业的快速变革，职业的快速更新、新职业在短时间内大量产生的当下，虽然高职教育领域普遍意识到了职业分析在人才培养方案设计、专业课程开发中的重要性，并将其视为不可忽视的重要基础性工作，并且，在高职专业人才培养方案制定中也已经进行了职业分析，但当前现实中对高职教育毕业生仍然反映与职业岗位要求之间存在差距。究其原因首先可能还是在专业职业分析环节存在问题，由职业分析产生的专业定位、培养目标、培养规格与行业企业实际要求有差距。尤其是在当今面对产业发展新形态，职业分析方法需要与时俱进。结合新的发展需求和当前存在的问题，在《智能时代中国高等职业教育计算机教育课程体系2021》版"职业分析"（简称2021版职业分析）的基础上，有必要进行迭代升级。具体原因主要基于以下几方面的考虑：

（1）职业分析方法要能适应科技和产业发展新形态出现的新的人才分类需求和职业岗位要求。

（2）职业分析方法要能适应高等教育分类发展要求，对普通本科尤其是应用型本科、职业本科和职业专科从整体上考虑人才需求分类，从而确定不同类型和不同层次的高等教育专业定位。

（3）从人才培养方案制定到学生毕业一般有3~5年的培养周期，在当前科技和产业转型升级快速发展阶段，职业分析方法必须跟进经济社会发展要求，考虑到未来人才需求状态。

（4）在当前高职人才培养方案中，对体现职业分析结果的培养规格中的能力表述时，能力和技能是不分的。但实际上能力和技能是两个不同概念，其培养方式和课程形式也不同，两者的课时比例随产业发展要求也会不断变化，这就要求职业分析方法必须能将两个概念区别开来，对技能和能力分别表述。

（5）职业专科教育教学已经逐步形成有特色的理论知识体系，职业专科的职业分析方法也能支持这种有特色的理论知识体系的形成。但职业本科的理论知识体系与职业专科会有所不同，职业本科的职业分析方法也会与职业专科有所不同，以支持职业本科的理论知识体系建设。

9.2.2　职业分析方法2024

在《智能时代中国高等职业教育计算机教育课程体系2021》版"职业分析"的基础上，结合新的需求进行与时俱进升级的主要有以下方面，我们将此概括称为"职业分析方法2024"。

1. 职业分析工作的组织者与实施者

由于在高职专业人才培养方案制定中职业分析是一个较复杂的环节，涉及的人力、财力、物力较多。同时在职业教育领域，近年来成立了大量的产学合作组织，如××领域职业教育集团或联盟、××产教融合共同体、××市域联合体等，其目的在于促进职业教育与产业界的深度融合，为培养高素质技术技能人才、推动经济社会发展贡献力量。这些组织中包括行业企业、职业学校以及本科院校专家等。此外，还有教育部组织成立的众多专业领域的行业职业教育教学指导委员会（简称行指委）。这些组织中有进行职业分析工作所需的各个方面人员。所以，建议由这些行指委、职业教育产学合作组织牵头组织进行相关专业的职业分析工作，成立专门的专业职业分析项目组进行，保证人员投入与工作实施的可靠性与有效性，并将职业分析结果公布，供院校相关专业在制定人才培养方案时参考使用，或依据地方实际情况适当调整。

2. 调研分析

在"2021版职业分析"的"调研分析"基础上，增加专业涉及技术和产业新质生产力发展趋势分析、面向未来（3~5年）的新质生产场景及其职业岗位状态分析，为确定专业培养目标奠定基础。

（1）分析面向未来（3~5年）的新质生产场景。

（2）分析适应新质生产场景的职业岗位状态，预判、畅想可能出现的新职业岗位（3~5个）。

3. 定位分析

在"2021版职业分析"的"定位分析"——找出适应该专业高职专科人才的技术领域与职业岗位的基础上，进一步分析典型职业场景中新质生产者典型岗位类型，并对新质生产者典型岗位类型与教育类型层次对应关系进行分析，区分出高职本、专科、应用型本科、研究型本科对应的职业岗位，以及相关教育类型层次专业的培养目标。为准确把握该专业的职业定位与人才培养目标、培养规格的确定奠定坚实基础，找准下一步专家研讨会进行职业分析的方向。

4. 召开专家研讨会

在"2021版职业分析"中"召开专家研讨会"的内容基础上，注意：

（1）专家研讨会由专业职业分析项目组组织并聘请专家进行，专家组应包括相应的行业企业专家、科技专家、教学和职业教育专家，由职业教育专家主持。

（2）从专业对应的职业岗位特别是新质生产场景中的专业职业岗位进行典型工作任务的提取。分析典型工作任务及其能力、素质要求，提取支持典型工作任务及其能力要求所需的专业知识和专业技能要求。初步归纳专业培养规格：素质、能力、技能、知识。

（3）人工智能助手分析：助手涉及技术应用可能的重点领域（大模型、智能机器人、数据处理分析、信息安全等）分析，大学生人工智能通用助手和专业助手分析，开设人工智能通识课程初步分析，确定配备助手后的专业培养规格。

（4）分析专业融合的人工智能技术应用、绿色数字技术以及信息技术创新应用（简称：AI+、绿色+、信创+）要求，用知识、技能、能力、素质表述。

5. 职业分析汇总

召开专业职业分析项目组会议，汇总研讨以上调研分析、定位分析、专家研讨会的成果，明确确定职业分析的结果：包括专业定位、典型工作任务，初步提出的"AI+、绿色+、信创+"要求，专业培养目标和培养规格，并用知识、技能、能力、素质进行培养规格的表述，以及预计达成培养规格（知识、技能、能力）所需培养和训练的教学时间（建议学时）。

专业职业分析项目组将最终确认的专业职业分析结果形成规范文件，交由后续人才培养方案设计、专业课程体系开发人员使用。

第 10 章
实践教学体系设计与教学实施

从前面对高职专业人才培养问题分析可见,当前高职专业教学存在的问题主要表现在实践教学方面,尤其是能力本位的专业人才培养目标和规格难以达成,能力本位的理念难以实现。从职业分析、教学设计、教学实施、教学评价以及教师队伍建设等方面看,实践教学都显薄弱,而实践教学又是保障在技能、能力、素质方面达成专业人才培养目标和规格的重要方面和教学过程的最终环节,因此问题导向,解决实践教学问题应是当前提升高职教学质量的关键。

10.1 能力培养的课程形式和实践教学的教学法

教学法是为了完成教学任务而采用的一系列方法,它包括教师教的方法和学生学的方法,是教师引导学生掌握知识技能、获得身心发展的途径。

实践教学的教学法主要是通过实践活动作为教学内容和教学手段,旨在提高学生的实际操作技能和专业能力。实践教学法是相对于理论教学法的总称,它涵盖了一系列的教学活动,如实验、实训、实习、项目任务、技术技能竞赛、社会调查等。实践教学法的主要目的是使学生获得感性知识,掌握技能,培养工作能力。实践教学法以学生为主体,是一种有目的、有计划地为学生提供实际操作机会的教学方法,让学生在实践活动中找到问题的答案,解决实际问题。

实践教学法分为面向所有学生和培养拔尖创新人才的教学法两种。面向所有学生的实践教学法指的是在教学过程中,针对所有学生采用的一种实践教学方法。这种方法强调全体学生的亲身参与和实际操作，通过实践活动帮助学生理解和应用所学知识，提高学生的动手能力和解决问题的能力。全体学生的实践教学法适用于广泛的学生群体，确保每个学生都能通过实践活动获得实际经验和技能的提升。培养拔尖创新人才的实践教学法是一种专注于发掘和培育具有卓越创新能力和潜力的学生的教学方法。这种教学法强调通过实践活动来激发学生的创新思维，提升他们的创新能力和实践能力，进而培养出能够在学术、科研、职业工作、创新创业等领域取得突出成绩的拔尖创新人才。

将面向全体学生的实践教学法与培养拔尖人才的实践教学法相结合，可以确保每个学生都能在实践中获得成长，同时为重点培养学生提供更为深入和专业的指导。将面向全体学生的实践教学法与培养拔尖创新人才的实践教学法相结合，既确保每个学生都能在实践中获得成长，又为重点培养学生提供更为深入和专业的指导应是我们的目标。

对于高职教育，在专业知识和专业技能基础上，进一步培养专业能力经常采用的实践教学课程形式和教学方法可以有项目课程和技术技能竞赛等。

10.1.1　项目课程

项目课程是高职能力培养最重要的实践教学课程形式，在项目课程教学训练过程中通常由学生个人或与团队协作完成项目，以提高实践能力和沟通协调能力。项目实践能够锻炼学生的团队协作能力、问题解决能力、创新能力和项目管理能力，同时也有助于他们理解专业知识和专业技能的实际应用场景。

项目课程教学实施要采用项目教学法，项目教学法是一种以项目为核心的教学方法，通过让学生参与一个完整的项目来培养他们的专业能力。项目教学法通常包括以下几个步骤：

（1）明确项目任务：教师以项目任务书的形式提出项目任务，明确项目目标和要求。

（2）制订计划：学生根据项目任务书中的项目任务，制订详细的工作计划和时间安排。

（3）项目实施：学生在教师指导下，按照计划进行项目实施。在实施过程中，学生需要运用所学知识和技能，解决遇到的问题。

（4）检查评估：项目完成后，教师组织学生进行成果展示和评估。通过评估，学生可以了解自己的不足之处，以便进行改进和提高。

10.1.2　技术技能竞赛

技术技能竞赛能够激发学生的竞争意识和团队合作精神，组织学生参加各类竞赛，学生可以锻炼自己的创新思维和团队协作能力，专业技术技能和解决问题的能力，同时也有助于他们发现自己的不足并加以改进。

在高职教育中较早提出的"岗课赛证融通"教学法是在2021年4月的全国职业教育大会上首次提出的。这一教学法旨在推动职业教育、课程教学、竞赛活动和职业资格证书的相互融通，以提高教育质量并增强学生的职业能力、实践能力和创新能力。《岗课赛证融通》教学以高职技术技能竞赛（地区赛和国赛）为基础，对培养拔尖创新人才起到积极作用。

具体来说，"岗课赛证融通"教学法包含了以下几个核心要素：

岗：指的是工作岗位和岗位需求，教学法强调教学内容和方式应紧密围绕实际工作岗位的需求进行设计和调整。

课：指的是课程教学，岗课赛证融通教学法要求课程内容与职业标准、行业发展和企业需求紧密对接，确保学生所学即所用。

赛：指的是竞赛活动，教学法鼓励学生积极参与各类技能竞赛和创新创业大赛，通过竞赛检验和提升学生的职业技能和职业能力。

证：指的是职业资格证书，教学法鼓励学生通过学习和实践获得相应的职业资格证书，以证明其具备从事相关职业的能力和素质。

在提出"岗课赛证融通"教学法后，国家相关部门也出台了一系列政策文件来推动其落地实施。例如，2021年10月，中共中央办公厅、国务院办公厅联合发布的《关于推动现代职业教育高质量发展的意见》中，就明确提出了要完善"岗课赛证"综合育人机制，为职业教育育人方式改革指明了新的方向。

"岗课赛证融通"教学法实施以来，基本体现出的是对拔尖创新人才的培养，而专业培养目标和规格的要求是对全体学生的要求，"岗课赛证融通"教学法对此帮助不大。究其原因关键在"赛"，"岗课赛证融通"教学法实施中的"赛"主要指国家和省市教育主管部门组织的"职业技能大赛"，该赛事参加者对学校相关专业全体学生而言是极少数，起不到惠及全体学生的作用，对专业培养目标和规格的达成帮助不大。所以使"岗课赛证融通"教学法惠及全体学生关键在"赛"，如果使"赛"能惠及全体学生，将成为高职教育中除"项目训练课程"外又一以培养能力为主的教学法。

但由于"岗课赛证融通"竞赛未能普及到每一位学生，所以还不能称其为高职教育中普适性教学方法。全国高等院校计算机基础教育研究会近年组织的全国大学生计算机应用能力与数字素养大赛分院校赛、地区赛和总决赛几个阶段进行，使大赛既具有惠及全体学生功能，又有助于培养拔尖创新人才，也使"岗课赛证融通"成为高职教育教学能力培养的重要教学方法。

10.2　实践教学体系设计规范

实践教学问题是当前提升高职教学质量的关键，首先要发扬工匠精神，在人才培养方案制定中，对于占总学时一半的实践教学也要进行精益求精的设计，应完成培养规格中对技能、能力、素质等具体的目标要求，构建专业实践教学体系，类似于《高职专业教学标准》中"表7-2 专业核心课程主要教学内容"，像理论教学一样，对实践教学课程的主要教学内容做出翔实的设计。

为此下面给出一个包括从适应新质生产力的职业分析开始的《专业实践教学设计规范》，可以加入新专业的人才培养方案制定中，也可以作为加强专业建设和提高教学质量的措施，补充进现在已制定的人才培养方案中。

专业实践教学设计规范

专业名称：

修业年限：

一、专业-职业分析

1. 职业分析

典型工作任务（10个左右）：

2. 确定培养目标

3. 确定培养规格

素质：

知识：

技能：

能力：

4. 预估能力培养（训练）所需课时

说明：依据教育部专业标准要求及专业领域新的科技发展、新质生产力对职业岗位的新要求，重新或补充进行职业分析，确定或调整人才培养方案中的培养目标和培养规格，将技能、能力作为两项分别列出，并增加典型工作任务。

二、专业实践教学课程体系

1. 实践教学课程体系设计

（1）明确（能力训练）目标

（2）运用（能力训练）方法

（3）优化（能力训练）资源

（4）创设（能力训练）环境

2. 填写实践教学课程体系表（见表10-1）

表 10-1 实践教学课程体系表

实践教学目标	实践教学环节	实践教学内容	实践训练资源	实践训练环境	学期安排	学时安排
综合职业能力（培养规格达成）	实习					
综合职业能力	项目训练					
技术应用能力	项目训练					
基本技能	技能实训					
理论知识掌握	实验					

三、典型能力培养项目课程设计

1. 课程名称

2. 开课学期

3. 学时

4. 训练目标

5. 训练资源描述

训练难度、项目难度、项目任务书等。

6. 训练过程描述

7. 训练环境描述

训练环境、技术平台等。

8. 结项形式

9. 考核方式

10.3 典型实践教学课程体系设计案例

10.3.1 "工业互联网应用"专业实践教学课程体系[①]

专业名称：工业互联网应用

修业年限：三年

一、职业分析与培养目标确定

1. 职业分析

在新形势下，随着工业互联网的快速发展和广泛应用，对相关专业人才的需求呈现出多样化和高技能化的特点。工业互联网专业典型岗位的分析显示，这些岗位不仅需要专业知识和技术能力，更需要跨领域的综合素质和创新能力。因此，高职专业人才的培养必须紧密结合行业发展趋势，明确各专业-职业岗位的定位及其对应的能力要求，以满足新质生产力的发展需求。

针对工业互联网涉及的几大典型岗位——机电工程师、测控工程师、数据处理工程师、低代码开发工程师、ICT工程师，进行职业分析，并据此确定培养目标：

（1）工业互联网-机电工程师：该工程技术人员属于跨学科的复合型人才，需要融合机械工程、电子技术和自动化控制等知识，结合工业互联网技术，负责设备智能化改造、系统集成与调试。他们不仅要熟悉传统机械设备的设计与维护，还需掌握工业互联网环境下的设备互联、数据采集与远程监控技术。

（2）工业互联网-测控工程师：该工程技术人员专注于测量与控制系统的设计与优化，确保生产过程中的数据准确性与系统稳定性。需要精通传感器技术、信号处理技术以及控制算法，结合工业互联网平台实现远程监控、数据分析和预测性维护。

（3）工业互联网-数据处理工程师：该工程技术人员负责从工业数据中提取有价值信息，为生产决策提供支持。需要掌握大数据处理、数据挖掘与机器学习技术，能够构建数据模型，实现数据可视化与智能分析。

[①] 此典型案例由天津电子信息职业技术学院刘松、刘振昌老师提供。

（4）工业互联网-低代码开发工程师：该工程技术人员利用低代码/无代码平台快速开发工业互联网应用，降低开发门槛，提高开发效率。需要熟悉低代码平台操作，理解业务需求，并能将业务需求转化为功能实现。

（5）工业互联网-ICT工程师：该工程技术人员是信息通信技术（ICT）与工业深度融合，负责工业互联网网络架构的设计、实施与维护。需要精通网络通信协议、云计算与边缘计算技术，确保工业互联网系统的安全、稳定与高效运行。

通过上述职业分析，可以明确各个岗位的能力要求，从而为高职院校的专业设置、课程开发和教学方式提供依据，更好地培养符合工业互联网发展需要的高素质技术技能人才。

2."工业互联网应用"专业培养目标

本专业旨在培养思想政治坚定、德技并修，德、智、体、美、劳全面发展的高素质技术技能人才，以适应工业互联网行业快速发展的需求。学生将具备较高的文化水平、良好的人文素养、职业道德和创新意识，以及精益求精的工匠精神，旨在塑造其强大的就业能力和可持续发展能力素质。

在课程设置上，紧密结合行业发展趋势，涵盖工业互联网的核心理论、关键技术和前沿应用，明确各职业岗位（如规划设计、技术研发、测试验证、工程实施、运营管理和运维服务）的定位及其对应的能力要求。通过系统化学习与实践训练，学生将掌握工业网络互联、标识解析、平台建设、数据服务、应用开发、安全防护等关键领域，并能够在通用设备制造业、专用设备制造业和软件信息服务行业中，展现出良好的专业知识和技术技能。

3."工业互联网应用"专业培养规格

本专业毕业生应具备的素质、知识和能力等方面的要求如下：

1）素质要求

通过学习马克思列宁主义、毛泽东思想、邓小平理论、"三个代表"重要思想、科学发展观、习近平新时代中国特色社会主义思想，树立正确的世界观、人生观和价值观。坚定拥护中国共产党领导和我国社会主义制度，崇尚宪法、遵法守纪、崇德向善、诚实守信、尊重生命、热爱劳动，具备一定的人文素养与科学素养。

（1）坚定拥护中国共产党领导和我国社会主义制度，在习近平新时代中国特色社会主义思想指引下，践行社会主义核心价值观，具有深厚的爱国情感和中华民族自豪感。

（2）崇尚宪法、遵法守纪、崇德向善、诚实守信、尊重生命、热爱劳动，履行道德准则和行为规范，具有社会责任感和社会参与意识。

（3）具有质量意识、环保意识、安全意识、信息素养、工匠精神、创新思维。

（4）勇于奋斗、乐观向上，具有自我管理能力、职业生涯规划的意识，有较强的集体意识和团队合作精神。

（5）具有健康的体魄、心理和健全的人格，掌握基本运动知识和1～2项运动技能，养成良好的健身与卫生习惯，以及良好的行为习惯。

（6）具有一定的审美和人文素养，能够形成1～2项艺术特长或爱好。

2）知识与技能要求

（1）掌握必备的思想政治理论、科学文化基础知识和中华优秀传统文化知识。

（2）熟悉与本专业相关的法律法规以及环境保护、安全消防等相关知识。

（3）了解工业互联网网络体系架构、标准体系知识。

（4）掌握电气工程识图绘制的基础知识。

（5）掌握本专业所需的电工电子、电气控制、传感器等专业知识。

（6）掌握可编程逻辑控制器的专业知识。

（7）掌握智能制造控制系统的集成与运行维护技能。

（8）掌握计算机网络、工业网络相关知识。

（9）了解现场总线通信协议、工业以太网通信协议。

（10）掌握程序设计基础语言及数据库应用知识。

（11）掌握工业数据采集与分析相关技能。

（12）掌握工控安全、维护相关技能。

（13）熟悉工业互联网标识解析相关技能。

（14）掌握工业App应用与开发的技能。

（15）掌握工业互联网网络、数据、应用安全知识。

（16）了解工业互联网工程相关行业标准、国家标准、国际标准。

3）能力要求

（1）具有探究学习、终身学习、分析问题和解决问题的能力。

（2）具有良好的语言、文字表达能力和沟通能力。

（3）具有识读、绘制电气图纸的能力。

（4）能进行智能制造控制系统的安装、调试、故障诊断与维护。

（5）具有工业数据采集、上云、处理、分析、管理的能力。

（6）能够配置、调试、运维工业互联网网络系统。

（7）能够对工业互联网进行监控、管理，并能诊断和排除常见故障。

（8）具有传感器设备选型、安装、调试的能力。

（9）具有工业互联网标识解析应用的能力。

（10）具有常用工业软件使用的能力。

（11）具有工业互联网平台应用的能力。

（12）具有工业互联网应用场景的集成、维护能力。

4. 能力培养（训练）**所需课时**

1）一般性问题解决能力培养（约占总课时的15%）

涵盖能力：探究学习、终身学习的初步引导；基本分析问题能力；沟通表达能力、专业性基础知识自主学习能力。

课时预估：约180课时。通过基础课程、导论课、小组讨论和简单案例分析，培养学生形成基本的学习习惯、思考模式和表达能力。

2）常规性问题解决能力培养（约占总课时的35%）

涵盖能力：深入的语言、文字表达和沟通能力；识读、绘制电气图纸；智能制造控制系统的基本安装、调试与故障诊断；工业数据采集与处理的基础。

课时预估：约420课时。包括专业课程的理论讲解、实验实训、模拟项目等，通过反复练习和实际操作，使学生熟练掌握这些常规技能。

3）复杂性问题解决能力培养（约占总课时的40%）

涵盖能力：智能制造控制系统的复杂故障诊断与维护；工业数据的高级处理、分析与管理能力；工业互联网网络系统的配置、调试与运维；工业互联网网络的监控与管理；传感器设备的高级选型、安装与调试；工业互联网标识解析应用；常用工业软件的中高级使用。

课时预估：约480课时。通过综合实训项目、企业实习、课程设计、科研项目等方式，让学生在解决复杂问题的过程中，综合运用所学知识和技能，提升综合能力。

4）疑难性问题解决能力培养（约占总课时的10%）

涵盖能力：工业互联网应用场景的集成、维护；工业互联网平台的高级应用；解决高度复杂的工业互联网技术问题。

课时预估：约120课时。主要通过毕业设计、创新项目、高级培训课程、行业专家讲座等方式，让学生面对和解决具有高度挑战性的疑难问题，培养其创新能力和深入研究能力。

二、专业实践教学课程体系

1. 实践教学课程体系设计

1）明确（能力训练）目标

工业互联网应用专业实践教学课程体系能力训练目标：

（1）技术能力训练目标：

智能制造系统操作能力：学生能够熟练进行智能制造控制系统的安装、调试、故障诊断与维护，掌握相关设备的操作与管理技能。

数据处理与分析能力：具备工业数据采集、上云、处理、分析、管理的能力，能够运用数据分析工具解决实际问题。

网络配置与运维能力：能够配置、调试、运维工业互联网网络系统，确保网络系统的稳定运行与高效管理。

标识解析与应用能力：掌握工业互联网标识解析技术的应用，能够实现标识的注册、解析与管理。

工业软件应用能力：熟练使用常用工业软件，提高工作效率与自动化水平。

（2）问题解决能力训练目标：

一般性问题解决：能够迅速识别并解决一般性技术问题，具备基本的故障排查与处理能力。

常规性问题解决：熟练掌握处理工业互联网领域常规问题的方法与技巧，能够独立完成常规任务。

复杂性问题解决：具备综合分析问题、制定解决方案并实施的能力，能够应对复杂的技术挑战。

疑难性问题研究：培养对疑难性问题的研究兴趣与能力，鼓励学生参与科研项目，提升解决高难度问题的能力。

（3）综合素质能力训练目标：

沟通表达能力：具备良好的语言、文字表达能力和沟通能力，能够清晰、准确地表达技术观点与解决方案。

团队协作能力：在团队中能够积极贡献自己的力量，与团队成员有效沟通与协作，共同完成任务。

持续学习能力：树立终身学习的理念，具备自主学习与持续发展的能力，能够适应工业互联网技术的快速发展与变化。

职业素养与责任意识：培养高度的职业道德与责任意识，遵守行业规范与法律法规，为企业的稳定发展贡献力量。

通过实现上述能力训练目标，旨在全面提升学生的专业素养与实践能力，为工业互联网行业的快速发展提供有力的人才支持。

2）采用的（能力训练）方法、路径

能力训练的总体思路如图10-1所示，企业从实际应用项目中提炼并明确能力目标，作为需求导向；学校则作为实施主体，依据这些能力目标制定并适时调整课程内容，细致总结对应的技能要求。双方紧密合作，共同设计课程模块与任务，确保教学内容贴近行业实际。学生通过课程学习后，再次参与企业的实际项目，以此检测教学效果。这一过程构成一个闭环管理系统，通过不断的实践反馈与课程迭代，持续优化教学与能力培养，确保教育成果与企业需求的高度契合。

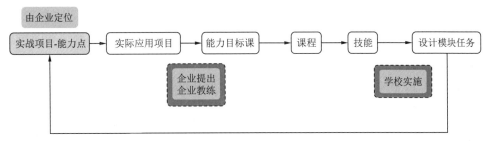

图 10-1　能力训练的总体思路

以下是工业互联网专业实践教学课程体系中可能采用的（能力训练）方法和路径：

（1）能力训练方法：

项目驱动教学法：设计与实际工业互联网应用场景相关的项目，让学生在完成项目的过程中，训练各项能力。例如，构建一个小型的工业互联网数据采集与分析系统项目。

案例教学法：引入实际企业的成功案例和失败案例，进行分析和讨论。帮助学生了解在真实环境中如何应用所学知识解决问题。

模拟实训法：利用仿真软件和模拟设备，创建接近真实的工业互联网工作环境。让学生进行操作和实践，熟悉工作流程和技术要求。

社团合作法：系部学生内部成立不同的社团，由教师带着学生完成如横向课题、创新创业大赛等实践任务。培养学生的团队协作、沟通和问题解决能力。

竞赛激励法：组织学生参加各类工业互联网相关的竞赛。激发学生的创新思维和竞争意识，提升综合能力。

（2）能力训练路径：

校内实训基地实践：建立配备先进设备和软件的校内实训基地，提供基础和综合的实践训练。涵盖网络配置、数据处理、系统调试等方面。

企业实习：安排学生到相关企业进行实习，参与实际项目。了解企业的工作流程和文化，积累实践经验。

产学研合作：与企业和科研机构合作，开展联合项目。让学生参与前沿技术的研究和应用开发。

双师型教学：邀请企业的技术专家和工程师走进课堂，与校内教师共同指导学生。传授最新的行业知识和实践技能。

在线学习与实践平台：利用在线学习资源和实践平台，让学生随时随地进行学习和实践。提供丰富的案例、教程和虚拟实验环境。

通过以上方法和路径的综合运用，能够有效地提升学生在工业互联网领域的能力，使其更好地适应未来的职业发展需求。

3）优化（能力训练）资源

（1）硬件资源优化：

升级实训设备：确保实训设备与技术发展同步，引入先进的智能制造控制系统、数据采集与分析设备、网络配置与智能网关等，满足学生实践训练的需求。

构建校企合作实训基地：与企业合作，共建实训基地，实现资源共享、优势互补，为学生提供更多接触实际生产场景的机会。

（2）软件资源优化：

行业软件：引入工业互联网行业常用的软件工具，如数据采集与分析软件、工业控制系统软件、网络配置与管理软件等，供学生实践使用。

丰富教学资源库：建设工业互联网教学资源库，收集并整理行业最新的技术资料、案例分析、教学视频等资源，供师生查阅和学习。

（3）师资力量优化：

引进专业人才：积极引进具有工业互联网行业背景和丰富实践经验的教师，充实教学团队，提升教学质量。

加强教师培训：定期组织教师参加工业互联网领域的培训、研讨会和学术交流活动，提升教师的专业素养和教学能力。

聘请行业专家：邀请工业互联网领域的行业专家、企业高管和技术骨干来校授课或举办讲座，分享最新技术动态和行业经验。

4）创设（能力训练）环境

在创设工业互联网专业实践教学课程体系的（能力训练）环境时，有以下一些具体措施：

（1）构建真实或模拟的工业场景。

建立校内实训基地：在校内建设具有工业互联网特色的实训基地，模拟真实的工业生产环境，配备先进的设备和技术，使学生能够在实际操作中学习和掌握相关技能。

引入企业合作项目：与企业合作，引入真实的工业项目，让学生在教师的指导下参与项目的开发、实施和维护，从而深入了解工业互联网的应用场景和技术要求。

（2）强化校企合作与产教融合。

建立校企合作关系：积极寻求与工业互联网领域的企业建立合作关系，通过共建实训基地、共同开发课程、联合培养学生等方式，实现资源共享和优势互补。

推动产教融合：将企业的实际需求和教学资源有机结合，根据企业的人才需求和技术发展方向，调整和优化教学内容和教学方法，使教学更加贴近实际、更具针对性。

（3）提供丰富多样的学习资源。

建立教学资源库：整合工业互联网领域的优质教学资源，包括教材、课件、案例、视频等，形成系统的教学资源库供学生查阅和学习。

鼓励自主学习：引导学生利用课余时间进行自主学习和深入研究，鼓励学生参加各种形式的学术竞赛和实践活动，以拓宽视野、提升能力。

（4）完善实践教学体系。

加强实践教学管理：建立健全实践教学管理制度，加强对实践教学的过程监控和质量评估，确保实践教学的质量和效果。

优化实践教学环节：根据实践教学的需要，合理设置实践课程、实训项目和实习环节等，确保实践教学的系统性和连贯性。

通过以上措施的实施，可以创设一个有利于工业互联网专业学生能力训练的环境，使学生在实践中学习、在学习中实践，不断提升自己的专业素养和实践能力。

2. 填写实践教学课程体系表

填写实践教学课程体系表，见表10-2。

表 10-2　实践教学课程体系表

实践教学目标	实践教学环节	实践教学内容	实践训练资源	实践训练环境	学期安排	学时安排
综合职业能力（培养规格达成）	实习	（1）工业互联网设备安装与调试岗位实习； （2）工业互联网平台应用集成与调试岗位实习； （3）工业互联网平台运行维护岗位实习	企业实践项目	企业生产线	5、6	600
综合职业能力	项目训练	工业互联网平台综合应用	实训指导	学院智能产线车间		48
技术应用能力	项目训练	（1）工业 App 开发； （2）工业互联网数据处理与分析； （3）工业标识解析； （4）工业管理系统； （5）工业控制网络项目开发与实践； （6）工控组态项目综合开发	实训指导	学院实训室	2、3、4	288
基本技能	技能实训	（1）低压电气设备安装与调试； （2）PLC 编程与应用； （3）边缘数据采集； （4）工业互联网安全技术； （5）MySQL 数据库技术应用； （6）JavaScript 程序设计	实训指导	企业参观与学院实训室	2、3	288
理论知识掌握	实验	（1）电路基础； （2）C 语言程序设计； （3）工业互联网基础	实训指导	学院实训室	1、2	144

三、典型能力培养实践课程设计——岗位实习课程设计

"工业互联网应用"专业岗位实习课程设计见表10-3。

表 10-3　"工业互联网应用"专业岗位实习课程设计

序号	工业互联网岗位	工作内容	培养核心技能	岗位培训课程	课时数
1	工业互联网 - 机电工程师	（1）三维模型设计及工程图绘制	识图、设计能力	CAD 制图	16
				Solidworks 制图	20
		（2）设备预防性、预见性维护	振动数据采集	振动监测、频域、时域	8
			预测维护	振动报警分析	16

续表

序号	工业互联网岗位	工作内容	培养核心技能	岗位培训课程	课时数
1	工业互联网-机电工程师	（3）数字孪生开发	全生命周期管理	常用总线协议及OPC通信	16
				数字孪生仿真	16
		（4）运动控制、非标自动化控制	维护、设计非标设备	运动控制	48
2	工业互联网-测控工程师	（1）仪表及自动化上云	PLC编程及数据上云	PLC综合应用及MQTT上云	48
		（2）物联网平台及云组态	IoT平台、Web-scada	IoT平台实操	16
				云组态开发及应用	36
		（3）APC先进控制	先进过程控制	基于AI预测PID应用实践	36
		（4）云化PLC	下一代PLC	IEC 61499开发及应用	48
3	工业互联网-数据处理工程师	（1）掌握常用现场总线协议	常用总线协议数据采集	规则引擎-常用总线协议采集	24
		（2）异构数据处理	Java Script编程	规则引擎-Java Script脚本编程	32
		（3）掌握互联网总线协议	udp\tcp\http、mqtt	规则引擎-常用互联网通信	24
		（4）API调用	HTTP编程	规则引擎-API接口调用	16
4	工业互联网-低代码开发工程师	（1）数字孪生展示	dashboard	低代码平台开发dashboard及三维应用	20
		（2）全场工艺	工艺管理	低代码平台开发自动化应用开发	20
		（3）先进控制及一键控制	优化控制	低代码平台算法调用	20
		（4）业务系统	业务系统	低代码平台mes开发	48
5	工业互联网-ICT工程师	（1）融合网络SDN	融合网络SD-WAN	SD-WAN基本配置	16
		（2）5G关键技术	5G专网	5G通信关键技术及实操	16
		（3）私有云、公有云	融合计算	容器技术及实操	20
		（4）网络安全	网络安全	网络安全技术基础	20

10.3.2 "人工智能技术应用"专业实践教学课程体系[①]

专业名称：人工智能技术应用

修业年限：三年

一、专业-职业分析

1. 职业分析与确定培养目标

1）从新质生产力分析

新质生产力对人才培养提出了新的要求，即需要具备新类型、新结构、高技术水平、高质量、高效率、可持续的生产力。因此，人工智能专业的培养目标应当紧密围绕创新这一核心，培养具备高科技、高效能、高质量特征的专门人才。

（1）培养掌握人工智能理论与工程技术的专门人才，具备扎实的专业知识和技能。

（2）培养学生的科技创新能力，包括机器学习、深度学习、自然语言处理、计算机视觉等核心技术的掌握与应用，以及跨学科融合创新的能力。

（3）培养学生的综合素质，包括团队协作能力、沟通能力、解决问题的能力等，以适应新质生产力对人才的需求。

（4）培养学生的前瞻性思维，关注人工智能领域的前沿技术和应用，以及未来社会生产力的发展趋势。

（5）鼓励学生参与科研项目和实践活动，提高实践能力和创新能力，为未来的职业发展打下坚实的基础。

2）本专业领域新质生产者结构中专、本科培养目标对比分析

（1）学科基础：专科层次更注重对专业技术技能应用性理论知识的掌握，本科层次则更强调专业理论知识的系统性理解。

（2）专业基础：专科层次注重培养学生的实践操作能力和技术应用能力，本科层次则要求学生具备较高的专业技能和独立完成项目的能力。

（3）综合素质：两个层次都强调培养学生的职业道德、团队合作精神和创新能力，但本科层次在综合素质教育方面更为全面，包括人文素养和科学精神的培养。

[①] 此典型案例由北京电子科技职业学院杜辉、张萍老师提供。

总体来说，专科层次的人工智能专业培养目标更注重学生的职业技能和实践应用能力培养，而本科层次则更强调学生的理论素养、跨学科思维和创新能力培养。这种差异使得两个层次的新质生产者结构在人工智能领域具有不同的特点和优势。

3）明确培养目标

高职专科人工智能专业的培养目标旨在培养具备人工智能专业基础理论知识、应用技术和职业素养的高素质技术技能人才，能够适应人工智能产业及其相关应用领域的需求，具备实践能力和创新能力，同时注重职业道德和团队协作能力的培养。结合新质生产力的特色目标，该专业还强调创新驱动、产教融合和跨界协同等能力的培养。

2. 确定培养规格

（1）知识：掌握人工智能基本理论知识，能够依据客户需求的分析制定人工智能解决方案。

① 掌握人工智能编程和数学基础知识，掌握机器学习、神经网络、深度学习基础知识。

② 掌握人工智能产品调试、测试、部署和技术支持的知识。

③ 掌握深度学习模型应用，具备的训练模型、模型优化的知识。

④ 掌握人工智能项目方案执行过程有效跟踪方法。

（2）技能：掌握方法、工具、规则。掌握如下AI开发技能：

① 掌握使用Python语言对深度学习、机器学习、自然语言处理等人工智能核心模块的开发技能。

② 数据分析技能：具备对数据进行分析和处理的能力，包括数据清洗、数据预处理、数据可视化等方面的技能。

③ 模型设计技能：能够根据实际问题设计合适的模型，包括选择合适的算法、优化模型参数等方面的技能。

（3）能力：

① 系统开发能力：人工智能系统往往需要与其他系统进行集成，因此，人工智能专业人员需要具备系统开发的能力，包括软件开发、数据库设计等方面的能力。

②实践应用能力：能够将所学知识应用于实际场景中，解决实际问题，具有规划项目开发目录、文件的组织结构的能力。

③自主学习能力：具备自主学习和不断更新的能力，能够跟进人工智能领域的最新发展。

④团队合作能力：能够与团队成员协作，共同完成任务。

3. 基于能力目标的训练时间（学时）估计

理论知识学习：约占总学时的30%，包括课堂讲授、在线课程、学术讲座等形式。

技能训练：约占总学时的30%，包括职业技术技能课程、专业模块化课程等，以提升学生的动手能力和实践经验。

能力提升与综合实践：约占总学时的40%，包括专业模块化实战课程、综合实训、课程设计、毕业设计、顶岗实习等，以培养学生的问题解决能力、项目管理能力和团队协作能力。

二、"人工智能技术应用"专业实践教学课程体系

1. 实践教学体系设计

1）明确（能力训练）目标

能力重点侧重于在专业工作领域发现、分析、解决问题的能力，能力训练目标应该与培养方案中的技能和能力目标相呼应，主要包括AI开发技能、数据分析技能、模型设计技能、系统开发能力、实践应用能力、自主学习能力和团队合作能力。

2）运用（能力训练）方法

问题分为一般、常规、复杂、疑难四个等级，可通过以下方法由易到难、由浅入深进行能力训练。

项目式学习：以项目为驱动，让学生在真实情境中解决实际问题。通过项目实践，学生可以将所学知识应用于实际，提高实战能力。

案例教学：通过分析成功和失败的人工智能案例，帮助学生理解理论知识，

并从中吸取经验教训。案例教学可以使学生更深入地理解人工智能的应用场景和挑战。

实践操作：提供充足的实践机会，让学生在操作中理解概念，并通过实验验证理论。实践操作可以帮助学生巩固所学知识，提高动手能力。

翻转课堂：课前提供预习材料，课堂时间用于讨论、实践和答疑。翻转课堂可以增强学生的自主学习能力，提高课堂效率。

3）优化（能力训练）资源

教材与课程：选择适合学生的教材和课程，确保内容的前沿性和实用性。同时，可以邀请行业专家参与课程设计和教材编写，提高教学质量。

实验设备与软件：提供符合实际需求的计算设备、服务器和存储设备，以及主流的人工智能开发平台和工具（如Python编程环境、TensorFlow、PyTorch等深度学习库）。这些设备和软件可以支持学生进行大规模数据处理和模型训练等任务。

在线学习平台：建立在线学习平台，提供实验环境和项目管理工具，方便学生进行自主学习和项目管理。在线学习平台可以为学生提供更多的学习资源和交流机会。

AI开发资源库：收集、整合和管理各种与AI开发相关的资源，按照资源类型（如数据集、算法库、开发工具等）、应用领域（如计算机视觉、自然语言处理、推荐系统等）或技术难度等维度进行分类，以便支持AI项目的顺利进行。

4）创设（能力训练）环境

实验室建设：建立专门的人工智能实验室，配备先进的实验设备和软件，为学生提供良好的实践环境。

校企合作：加强学校与企业、行业的合作，共同开展实践教学项目。通过校企合作，学生可以接触到真实的企业项目和需求，提高实战能力。

学术氛围：营造浓厚的学术氛围，鼓励学生参与学术交流和科研活动。可以举办学术讲座、研讨会等活动，让学生与专家学者面对面交流，拓宽视野。

团队建设：鼓励学生组建团队进行项目实践，培养他们的团队协作能力。同时，可以设立导师制度，为学生提供指导和帮助。

2. 填写实践教学课程体系表

填写实践教学课程体系表，见表10-4。

表 10-4　实践教学课程体系表

实践教学目标	实践教学环节	实践教学内容	实践训练资源	实践训练环境	学期安排	学时安排
综合职业能力（培养规格达成）	实习	（1）项目需求分析：了解并分析实际项目需求，明确项目目标和任务；（2）模型选择与构建：根据项目需求，选择合适的算法和模型，并进行构建；（3）数据预处理：学习如何收集和处理数据，包括数据清洗、标注、增强等；（4）模型训练与优化：使用训练数据对模型进行训练，并根据验证数据进行模型优化；（5）结果评估与报告：对模型进行评估，包括准确率、召回率等指标，并撰写实习报告	（1）数据集：提供多个领域的数据集，如图像识别、语音识别、自然语言处理等；（2）软件工具：提供主流的人工智能编程框架和工具，如 TensorFlow、PyTorch、Keras 等，以及数据预处理和分析工具；（3）在线教程：提供丰富的在线教程和文档，供学生自学和参考	校企合作基地：与人工智能龙头企业建立合作关系，提供企业内部的实习机会，让学生在实际工作环境中学习和实践	6	600
综合职业能力	项目训练	（1）参与实际的人工智能项目，如图像识别、自然语言处理、推荐系统等；（2）学习如何根据项目需求进行数据收集、预处理、模型构建、训练和评估；（3）学习如何在团队中协作，分配任务，解决问题。如何与项目干系人沟通，理解需求，反馈进度	（1）数据集：提供多个领域的数据集，如图像识别、语音识别、自然语言处理等；（2）软件工具：提供主流的人工智能编程框架和工具，如 TensorFlow、PyTorch、Keras 等，以及数据预处理和分析工具；（3）在线教程：提供丰富的在线教程和文档，供学生自学和参考	（1）校内实训中心：提供高性能计算设备、专业软件和实验环境，满足学生的实践需求；（2）企业合作基地：与人工智能企业建立合作关系，提供企业内部的实习机会，让学生在实际工作环境中学习和实践	5	200
技术应用能力	项目训练	通过实际项目，应用所学知识，实现一个完整的人工智能应用。项目可以涵盖计算机视觉、自然语言处理、语音项目、推荐系统等领域	（1）数据集：提供多种类型的数据集，如图像、文本、语音等；（2）软件工具：提供人工智能编程框架、数据分析工具等；（3）项目资源库：收集、整合和管理各种与 AI 开发相关的资源	（1）校内实训中心：提供高性能计算机、专业软件和实验环境；（2）设立特色实训室，如人工智能体验中心、技术技能中心等；（3）建设项目资源库	4	400

续表

实践教学目标	实践教学环节	实践教学内容	实践训练资源	实践训练环境	学期安排	学时安排
基本技能	技能实训	（1）人工智能技术：掌握深度学习、机器学习、自然语言处理等人工智能相关的技术；（2）数据分析能力：具备对数据进行分析和处理的能力，包括数据清洗、数据预处理、数据可视化等方面的技能；（3）模型设计能力：能够根据实际问题设计合适的模型，包括选择合适的算法、优化模型参数等方面的技能	（1）数据集：提供多种类型的数据集，如图像、文本、语音等；（2）软件工具：提供人工智能编程框架、数据分析工具等；（3）项目资源库：收集、整合和管理各种与AI开发相关的资源	（1）提供高性能计算机、专业软件和实验环境；（2）设立特色实训室，如人工智能体验中心、技术技能中心等；（3）建设项目资源库	3	700
理论知识掌握	实验	（1）人工智能编程和数学基础知识，掌握机器学习、神经网络、深度学习基础知识和基本技能；（2）人工智能产品调试、测试、部署和技术支持；（3）深度学习模型应用，具备的训练模型、模型优化	（1）数据集：提供多种类型的数据集，如图像、文本、语音等；（2）软件工具：提供人工智能编程框架、数据分析工具等；（3）项目资源库：收集、整合和管理各种与AI开发相关的资源	（1）提供高性能计算机、专业软件和实验环境；（2）建设项目资源库	1、2	700

三、"人工智能技术应用"专业典型项目训练课程设计

1. 课程名称

人工智能框架开发实战技术。

2. 开课学期

开设在第三学期，确保学生已经掌握了人工智能和Python编程的基础知识。

3. 学时

本课程共计64学时，其中理论授课32学时，实践操作32学时。

4. 训练目标

（1）使学生掌握至少一种主流的人工智能框架（如TensorFlow、PyTorch、Keras等）的基本使用方法和原理。

（2）培养学生利用人工智能框架解决实际问题的能力，如图像识别、自然语言处理等。

（3）提高学生的项目实战能力，包括团队协作、项目管理等。

5. 训练资源描述

（1）训练难度：中等偏上，需要学生具备一定的编程和人工智能基础知识。

（2）项目难度：根据学生实际情况和教学目标，设计不同难度的项目任务，确保学生能够在挑战中学习和成长。

（3）项目任务书：详细描述项目的背景、目标、需求、任务分配、时间计划等，确保学生明确项目要求和进度。

6. 训练过程描述

（1）理论授课：介绍人工智能框架的基本原理、使用方法、应用场景等。

（2）项目分组：学生根据项目任务书进行分组，每组3~5人。

（3）项目需求分析：学生根据任务书进行项目需求分析，明确项目目标和需求。

（4）项目设计：学生根据项目需求进行系统设计，包括算法设计、模型选择、数据预处理等。

（5）项目实施：学生按照项目设计利用AI实验平台进行编码实现，并进行测试和调试。

（6）项目展示与答辩：学生完成项目后进行展示和答辩，展示项目成果和心得。

7. 训练环境描述

（1）训练环境：提供充足的计算机设备和网络支持，搭配AI软硬件开发平台，确保学生能够顺利进行实践操作。

（2）技术平台：提供主流的人工智能框架和必要的开发工具，如TensorFlow、PyTorch、Keras、Python等。

（3）结项形式：学生需提交项目报告、代码、演示视频等成果材料。

（4）项目报告：需包括项目背景、目标、需求分析、系统设计、实施过程、测试结果、总结与展望等内容。

8. 考核方式

采用AI+教育的考核方式。深入调研企业人力资源绩效考核标准与工作规范，创建AI胜任力模型，围绕知识、技能与能力三维教学目标，基于学习过程设计提取评价观测点，融合取证和技能大赛等内容，形成过程、结果、综合和增值评价相结合的多元全时评价体系，覆盖项目理论知识、操作技能以及多项职业关键能力。利用大数据评价平台实现学生行动学习过程中个体增量和学习小组整体表现的全时跟踪反馈，从任务完成进度、质量与时效性多方面立体呈现学生学习的过程与结果性评价，切实反映学生学习进步全貌。

10.4 典型能力培养项目课程设计案例

10.4.1 "电气自动化技术"专业典型项目训练课程设计[①]

一、课程名称

自动化生产线装调实战。

二、开课学期

第5学期。

三、学时

8周。

四、训练目标

本课程的目标是巩固已学的知识和技能（包括机械、气动、电子电路、电气控制与PLC等），通过自动化生产线设备的装调实战，使学生具备表10-5所示的能力和素养；最终能胜任中小企业生产设备电气控制系统设计、改造、维修和保养岗位的实际需要。

---

① 此典型案例由福建水利电力职业技术学院兰嵩、闫蕴霞、陈丹老师提供。

表 10-5　自动化生产线装调实战训练目标

序号	训练目标	类型
1	有使用电工工具和仪器仪表进行电路故障检测与排除的能力； 具有低压电气控制系统、可编程控制系统分析、设计、安装与调试的能力； 具有调速系统设计、安装与调试的能力； 具有自动化生产线分析、装调与运维的能力	专业能力
2	具有适应产业数字化发展需求的数字技术和信息技术的应用能力； 具有探究学习、终身学习和可持续发展的能力； 具备良好的沟通与协作的能力	通用能力
3	具有与电气工程技术人员、自动控制工程技术人员等职业发展相适应的职业素养	职业素养

五、训练资源描述

1. 训练难度

在项目训练中，难度的合理划分对于提高训练效果、满足不同学习者的需求至关重要。自动化生产线装调是一项复杂且多面的技能，其训练难度的划分涉及多个方面。表 10-6 从基础知识掌握、技能操作要求、故障诊断能力、优化创新能力、团队协作与沟通、设备复杂度以及培训资源与支持等方面，对自动化生产线装调的训练难度进行划分。

表 10-6　自动化生产线装调实战训练难度划分

难度等级	基础知识掌握	技能操作要求	故障诊断能力	优化创新能力	团队协作与沟通	设备复杂度	培训资源与支持
I	要求学员掌握自动化生产线的基本概念、原理和组成，了解常见的机械、电气和控制知识	要求学员能够进行基本的装调操作，可以在别人的指导下完成自动化生产线的单站调试工作	要求学员能够识别常见的故障现象，了解基本的故障排查方法	鼓励学员在装调过程中提出简单的改进建议，培养创新意识	要求学员能够积极参与团队协作，与团队成员进行有效沟通	适用于较为简单的单元模块，如加工单元、装配单元，涉及的机械部件、控制系统和工艺流程相对单一	提供详细的培训材料、教学视频和在线支持，帮助学员掌握基础知识和技能
II	要求学员深入理解自动化生产线的工作原理和关键部件的功能，熟悉常用的传感器、执行器	要求学员能够独立完成自动化生产线的单站装调工作，具备单站的调试和校准能力	要求学员能够深入分析故障原因，提出有效的解决方案，并具备基本的维修技能	要求学员能够结合实际情况，提出具有一定针对性的优化方案，并具备一定的实施能力	要求学员能够在团队中发挥积极作用，协调各方资源，推动项目进展	适用于稍微复杂的单元模块，如分拣单元、输送单元，涉及较多的机械部件和工艺流程	提供案例分析和实践机会，加强学员的实操应用能力

续表

难度等级	基础知识掌握	技能操作要求	故障诊断能力	优化创新能力	团队协作与沟通	设备复杂度	培训资源与支持
Ⅲ	要求学员掌握自动化生产线的高级理论和前沿技术，能够熟悉常用的控制系统	要求学员能够处理复杂的装调任务，具备对整个生产线进行调试和校准能力	要求学员能够对复杂的故障问题进行深入研究，具备独立的故障诊断和修复能力	要求学员具备较高的创新能力和前瞻性思维，能够针对生产线性能瓶颈提出有效的优化策略	要求学员具备领导能力和团队管理经验，能够带领团队解决复杂问题	适用于高度复杂的全套自动化生产线，涉及工业网络与组态技术和控制系统	提供完整实验设备、研究平台和专家指导，为学员提供深入学习和研究的机会

2. 项目难度

本课程以自动生产线实训考核设备为载体，该设备包含送料、加工、装配、输送、分拣五个工作单元，每个工作单元既可各自成一个独立的系统，同时又是自动化生产系统的一部分；根据设备安装调试过程按照送料单元装调、加工单元装调、装配单元装调、分拣单元装调、输送单元装调和系统联调的顺序分为6个项目，按训练的难度等级每个单元的项目难度划分见表10-7。

表 10-7　任务难度等级表

序号	任务名称	难度等级
1	送料单元的装调	Ⅰ
2	加工单元的装调	Ⅰ
3	装配单元的装调	Ⅰ
4	分拣单元的装调	Ⅱ
5	输送单元的装调	Ⅱ
6	系统联调	Ⅲ

3. 项目任务书

1）项目名称

自动化生产线实战项目。

2）任务情境

组装、编程、调试一条小型自动化生产线。

现有一条小型自动化生产线，其生产任务是将供料单元料仓内的工件1（有白色塑料、黑色塑料和金属三种类型），通过输送单元的机械手将其运送到装配单元，装配单元将工件2（有白色塑料、黑色塑料和金属三种类型）装配到工件1上，然后将装配好的工件1和工件2运送到加工单元，加工单元对装配好的工件进行冲压，加工完成的成品最后送到分拣单元按工件1和工件2的种类进行分类；学生需要按生产的工艺要求对自动化生产进行组装、编程、调试。其中包括设计、安装、调试机械部件和电气系统，并能完成设备控制系统和人机界面编程，对自动化生产线进行维护、维修、系统集成与技术改进等工作。

3）项目任务及时间安排

本课程的任务内容设计主要是按照自动化类岗位和职业能力培养的目标，以任务驱动的项目教学法进行授课，确定培养能力所需的内容，设计基于行动导向的教学方法。通过对自动化生产线中常见的基本模块单元逐一进行设计、分析、组装、编程、调试和讲解，该生产线使学生具备工作岗位相适应的职业能力。

自动化生产线由送料、加工、装配、输送、分拣五个单元组成。本课程为期8周，完成37个工作任务，并实现生产过程自动化，由4名学生以团队方式进行完成。自动化生产线实战项目的工作任务、内容及时间分配见表10-8。

表10-8　项目任务时间分配表

实践项目	供料单元	加工单元	装配单元	分拣单元	输送单元	全站
机械部分及气动系统的安装	Ⅰ	Ⅲ	Ⅳ	Ⅴ	Ⅵ	Ⅶ
电气元件的安装与接线	Ⅰ	Ⅲ	Ⅳ	Ⅴ	Ⅵ	Ⅶ
PLC控制系统的设计安装与调试	Ⅱ	Ⅲ	Ⅳ	Ⅴ	Ⅵ	Ⅶ
故障检修	Ⅱ	Ⅲ	Ⅳ	Ⅴ	Ⅵ	Ⅶ
材料整理及汇报	Ⅱ	Ⅲ	Ⅳ	Ⅴ	Ⅵ	Ⅷ

附件：供料单元安装与调试项目任务书见表10-9。

表 10-9 供料单元安装与调试项目任务书

学习领域	项目1：供料单元安装与调试		
学习情境	传感器、电磁阀、气缸、气动回路、机械安装、电气接线、编程调试		
班　　级		指导教师	
学习团队	第　　组	工作时间	2周
训练地点	李冰园1-403 自动化生产线装调实训室		
工作目标	系统启动后，若供料单元的物料台上没有工件，则应把工件推到物料台上，并向系统发出物料台上有工件信号。若供料单元的料仓内没有工件或工件不足，则向系统发出报警或预警信号。物料台上的工件被输送单元机械手取出后，若系统启动信号仍然为ON，则进行下一次推出工件操作。供料单元各部件的具体工作顺序，可自行设计，但应保证推料过程的可靠性		
能力目标	有使用电工工具和仪器仪表进行电路故障检测与排除的能力； 具有低压电气控制系统、可编程控制系统分析、设计、安装与调试的能力； 具有适应产业数字化发展需求的数字技术和信息技术的应用能力； 具有探究学习、终身学习和可持续发展的能力； 具备良好的沟通与协作的能力； 具有与电气工程技术人员、自动控制工程技术人员等职业发展相适应的职业素养		
实训要求	训练前，必须认真查阅设备指导书和任务书，明确任务和要求，复习有关知识和技能，明确实训的注意事项，以免发生差错。 训练时，要先检查仪器仪表是否齐备、完好、适用，了解其型号、规格和使用方法，按实训要求和实训内容合理安排设备仪表位置，接好线路。经指导老师检查无误方可通电。 做好实训过程的记录，由于实训中要操作和记录，所以同组同学要适当分工，互相配合，以保证实训的顺利进行。 在实训过程中要注意气路、电路无异常现象发生。如发现异常，应立即切断电源、气源，发现原因，待故障排除后再进行实训，特别要注意安全，防止发生机械模块的碰伤及电气电路的触电事故。 实训完成后，要认真检查实验数据是否合理和有无遗漏。拆除实训设备前，必须先切断气源、电源。实训结束后，应将设备、仪表、工具复归原位，并清理好配件、工具和实训桌面，做好周围环境的清洁卫生		
工作过程描述	完成供料单元的机械组装（见下图）、气路连接、电气接线等工作，并能够按照如下控制要求实现供料单元的控制。 （a）正视图　　（b）侧视图		

续表

工作过程描述	本项目只考虑供料单元作为独立设备运行时的情况,工作方式选择开关 SA 置于"单站方式"位置。控制要求如下: ① 设备上电和气源接通后,若工作单元的两个气缸均处于缩回位置,且料仓内有足够的待加工工件,则"正常工作"指示灯 HL1 长亮,表示设备准备好。否则,该指示灯以 1 Hz 频率闪烁。 ② 若设备准备好,按下启动按钮,工作单元启动,"设备运行"指示灯 HL2 长亮。启动后,若出料台上没有工件,则应把工件推到出料台上。出料台上的工件被人工取出后,若没有停止信号,则进行下一次推出工件操作。 ③ 若在运行中按下停止按钮,则在完成本工作周期任务后,各工作单元停止工作,HL2 指示灯熄灭。 ④ 若在运行中料仓内工件不足,则工作单元继续工作,但"正常工作"指示灯 HL1 以 1 Hz 的频率闪烁,"设备运行"指示灯 HL2 保持长亮。若料仓内没有工件,则 HL1 指示灯和 HL2 指示灯均以 2 Hz 频率闪烁。工作站在完成本周期任务后停止。除非向料仓补充足够的工件,工作站不能再启动		
教学和学习资源	学习资料	学习软件	实训地点
	教材、训练手册、任务书、工作单、课程网站	博图 TIA Portal 编程软件	自动化生产线实训室
教学组织	教师指导学生分组,下发任务书与工作单,阐述本次任务,并对相关知识和技能在本项目中如何应用进行讲解; 指导学生制订学习计划、与学生讨论确定最终的训练方案; 对学生在训练过程中遇到的问题进行答疑解惑; 考核学生对本项目中知识和技能的应用情况,并对学生的能力进行测评; 请学生分组演示自己制作的作品,并进行讲解,学生互评		
考核要点	机械安装牢固可靠、电气接线无松动、电气图纸绘制标准、供料站动作准确无误; 软件的使用:上传、下载、运行、通信设置、I/O 地址分配、硬件接线、程序的编写、调试		
考核方式	小组的自我评价、教师对小组的评价、教师对个人的评价、专业能力考核、学生职业素养考核、操作规范考核		
其他说明	所有团队及成员务必严格遵守任务书的时间安排进行,按时完成学习任务		

六、训练过程描述

"自动化生产线装调实战"主要针对电气技术员、施工员、产线安装调试员等岗位的核心职业能力进行培养,以岗位实际需求为出发点,以核心职业能力培养为主线,以学生为主体,实施以"任务驱动,项目导向"为行动导向的基于工作过程的教学模式。培养学生自动化生产线分析、设计、安装与调试的基本能力、产线管控和排故能力、技术创新能力,以及良好的职业素养和团队合作精神,提高学生的工作能力,真正做到学校与企业在能力要求上的无缝连接。表10-10以装配单元安装与调试项目中的PLC控制系统的设计安装与调试任务为例详细描述训练过程。

表 10-10 装配单元 PLC 控制系统的设计、安装与调试

子任务	训练过程	能力目标	任务时长	训练方法
掌握装配单元 PLC 控制系统的控制要求	学生查阅实习指导书以及工作页需要分析出装配单元的三个指示灯的动作情况，分析出装配单元落料机构、旋转物料台、装配机械手的动作过程以及动作条件，分析落料机构与旋转物料台互锁的要求，分析落料机构与装配机械手的动作过程相互配合的要求，分析装配单元停止的要求以及紧急情况下的急停要求	查阅资料的能力，探究学习能力以及团队协作能力	2学时	自主探究
根据实际的元器件接线编写 I/O 分配表	学生操作实验台上电后，按照工作页的要求编写 I/O 分配表。对于输入元件地址，学生采用手动的方式操作按钮和传感器，按下按钮，观察 PLC 的输入点灯光，PLC 输入点点亮即为该按钮的地址，传感器采用手遮挡的方式使其动作和不动作，同时观察 PLC 的输入点灯光，PLC 输入点点亮即为该传感器的地址。对于输出点的元件地址，学生利用博图软件使 PLC 的输出点动作，观察气缸或灯光是否动作，若某一输出元件动作，则该 PLC 的输出点即为该元件的地址。此任务两人配合完成，一人操作，一人记录 I/O 分配表	锻炼学生探究学习能力，可编程控制系统的分析、调试能力，良好的沟通与协作能力	2学时	小组合作讨论
绘制 PLC 控制系统的顺序功能图	学生根据子任务一与子任务二绘制 PLC 控制系统的顺序功能图。该系统的顺序功能图分为两个，学生根据前面已经掌握的气缸动作顺序以及控制要求将落料机构与装配机械手的动作分若干步，并结合 I/O 分配表来编写落料机构的顺序功能图和装配机械手的顺序功能图	探究学习能力，知识总结归纳的能力	2学时	自主探究
编写 PLC 控制程序并进行调试	学生根据前三个子任务进行 PLC 控制系统的编写及调试。学生首先按照控制要求在博图软件中进行 PLC 设备的组态，输入 I/O 分配表。然后进行主程序的编写，主程序编写要进行设备初始状态的判断，满足控制要求后，方可调用子程序，还要进行停止以及急停等紧急情况下的程序编写。接着编写落料机构子程序，根据子任务三的顺序功能图进行 PLC 梯形图的编写，注意落料机构的动作条件以及与回转物料台之间互锁。然后是装配机械手子程序的编写，根据子任务三的顺序功能图进行 PLC 梯形图的编写，注意装配机械手的动作条件以及装配机械手与落料机构之间的配合。最后进行灯光子程序编写，灯光子程序需要与落料机构子程序进行配合。学生编写完 PLC 程序后，将程序下载至 PLC 进行调试，此时可打开计算机的监控模式，观察程序的运行情况，若不符合控制要求，则调整程序或调整传感器排除故障，直至装配单元满足控制要求	探究学习能力，可编程控制系统分析、设计、安装与调试能力，良好的沟通与协作能力	6学时	自主探究、小组合作讨论

七、训练环境描述

1. 训练环境

本课程的实施在自动化工程学院自动化生产线实训场、工业控制实训室和智慧

教室进行，自动化生产实训场有8套自动生产线实训考核装备，该装备包含送料、加工、装配、输送、分拣等工作单元，构成一个典型的自动生产线的装调设备，如图10-2所示。工业控制实训室（见图10-3）内设置26套可编程控制设备，52台计算机，学生可以进行编程技术、变频技术和伺服控制的训练，也可进行图纸绘制能力的训练；智慧教室有多媒体设备和讨论桌椅，方便小组讨论，方便学生技术文档写作和团队沟通能力的提升。

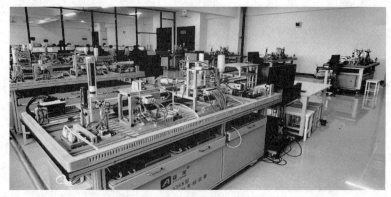

图10-2　自动化生产线装调设备

图10-3　工业控制实训室

自动化生产线综合应用了多种技术知识，如装配技术、电器/电气技术、气动技术、传感器（检测技术）、控制技术（PLC）、通信技术、步进电动机位置控制和变频器技术、故障排除及设备维护等。利用自动化生产线设备，可以模拟一个与实际生产情况十分接近的控制过程，使学生得到一个非常接近于实际生产的教学设备环境，从而缩短了理论教学与实际应用之间的距离，大大提高了实训效果。图10-4所示为训练装备外观。

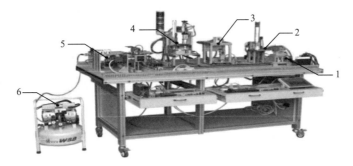

1—输送单元；2—送料单元；3—加工单元；4—装配单元；5—分拣单元；6—气泵。

图10-4　训练装备外观

2. 技术平台

在本课程采用"线上线下混合式"教学模式，线下教学在实训场和智慧教室进行，线上教学依托"学习通"技术平台，教师在管理端进行资源整合与共享，包括课程视频、项目任务书等资料，方便学生在线浏览和下载。除此之外，学习通平台还支持在线课堂，教师可以实时进行教学，发布课程通知，任务布置和批改；学生可以在平台上参与讨论、提问、完成任务和测试文档的提交，实现与教师的实时互动。

除了课堂教学的使用，"学习通"平台还能够记录学生的学习进度和成绩，方便教师对学生的学习进行跟踪，教师可以根据学生的学习情况，及时调整教学策略，提供个性化的指导；而学生可以随时查看自己的学习进度和成绩，进行自我管理和调整。学习通平台还支持在线评分功能，方便教师在教学过程中评估学生的学习成果。

八、结项形式

课程结项的形式基于课程的教学目标、学生的实际需求以及项目的具体特点综合设计，主要由项目成果展示与汇报、团队协作与分工报告、知识与技能应用评估、问题解决能力评价、项目文档整理与归档和教师评价组成。

项目成果展示与汇报主要通过实物与演示文稿来展示项目的最终成果，学生需要直观地呈现自己在项目中所取得的成就；同时，结合口头汇报与项目的实施过程、遇到的挑战以及解决方案的详细介绍。

团队协作与分工报告主要是强调团队合作，结项时学生要提交团队协作与分工报告，报告中需要记录团队成员在项目中的具体职责、合作过程以及相互之间的贡献。

知识与技能应用评估主要针对项目中所涉及的知识与技能进行应用评估。通过实践操作和案例分析的方式，检验学生对知识的理解和技能的掌握程度，以及他们在实际情境中的应用能力。

问题解决能力评价针对学生在项目实施过程中遇到问题时所采取的策略和方法进行评价。

项目文档整理与归档要求学生整理项目过程中产生的所有文档，包括项目计划、进度报告、会议纪要、数据资料等，并进行归档。

教师评价是对学生的表现进行综合评价，包括对项目成果的评价、对学生知识与技能应用能力的评价以及对团队协作能力的评价。

九、考核方式

除了专业技能知识的考核，本项目更注重学生的职业素养和专业能力的考核。采用多元化的考核方式，以任务为载体选取考核内容，制定考核评分标准，科学地确定考核权重。

1. 考核方式

"自动化生产线装调实战"项目课程考核方式为"过程考核+终结性考核"，考核内容详见表10-11。

表 10-11 考核项目与考核内容

考核项目		考核内容
过程考核	专业能力考核	在实训场分配任务，考核学生小组对项目任务"构思—设计—实施—运行"的完成情况和结果
	绩效考核	引入企业实际生产对效益的要求，根据小组完成项目的时间进行加减分
	教师评价与小组互评	针对小组任务回答其他学生小组和教师提出的问题，小组内各成员可以进行补充回答

续表

考核项目		考核内容
过程考核	学生职业素养考核	对小组在工作过程中的团队合作、责任心、承压能力、自学能力、创造思维、运用方法、组织管理、获取信息、口头表达、职业道德等进行评价
	操作规范考核	对照行业企业在实际生产过程中的规范，参考国际技能大赛对选手的要求，如安全问题、运行环境等，对小组在完成项目任务的整个过程进行考核
终结考核	项目报告	对报告的内容、格式以及项目功能质量进行评价
	能力检验	学生以"个人"形式进行考核，主要考核学生个人对项目中特定任务的独立完成的能力
增值考核	学生成长	课程开始前对学生之前的能力进行考核，每个任务结束后再对学生进行考核，对比每次的考核结果形成学生的成长度

2．考核内容及权重设置

以YL-335B装置为载体，以其生产任务作为考核内容，同时增加平时考核（见表10-12）并记录成绩，使考核不仅是检验学习效果的手段，而且成为学生再学习与培养训练的组成部分。学生的平时表现、成果展示、项目报告、心得体会和自我评价等也是重要的考核内容。

表 10-12 平时考核

平时考核类型	平时表现	成果展示	项目报告	绩效考核	小组互评
权重/%	20	30	20	20	10

强化技能考核，关注职业素质和专业能力；加强平时考核，降低最终考核（见表10-13）的比例。"自动化生产线装调实战"项目课程平时考核占总成绩的60%，最终考核（期末考核）占总成绩的40%，学生总成绩为"平时考核成绩+最终考核成绩"。

表 10-13 最终考核

最终考核类型	项目成果展示与汇报	团队协作与分工报告	知识与技能应用评估	问题解决能力评价	项目文档整理与归档	教师评价
权重/%	20	10	20	20	10	20

10.4.2 "软件技术"专业典型项目训练课程设计[①]

一、课程基本情况

课程名称：Android移动应用开发。

开课学期：第三学期。

学时：90学时。

二、训练目标

通过影视分享App项目的实战开发，使学生能够将所学的Android移动应用开发理论知识与实际操作相结合，培养学生的项目实践能力和团队协作能力，同时提高学生的创新思维和问题解决能力。

具体目标如下：

1. 知识应用与深化

（1）使学生能够熟练运用Android开发基础知识，如Java编程语言、Android SDK、Android Studio等开发工具。

（2）深入理解Android应用开发中的UI/UX设计原则，能够设计出符合用户习惯且美观大方的应用界面。

（3）掌握Android网络编程技术，实现数据的网络传输与获取。

（4）学会使用第三方库和API，提高开发效率。

2. 实践能力提升

（1）通过项目的需求分析、设计、编码、测试等完整流程，提升学生的项目开发实践能力。

（2）培养学生解决实际问题的能力，包括性能优化、异常处理、兼容性调试等。

（3）锻炼学生的代码规范性和可读性，培养良好的编程习惯。

3. 团队协作与沟通

（1）培养学生在团队中协作开发的能力，学会分工合作、代码共享与版本控制。

（2）提高学生的沟通技巧，包括需求理解、技术讨论、进度同步等。

[①] 此典型案例由南宁职业技术学院段仕浩老师提供。

4. 创新思维培养

（1）鼓励学生在项目中实现创新点，如引入新技术、优化用户体验、设计新功能等。

（2）培养学生的创意思维能力，激发其对移动应用开发的兴趣和热情。

5. 职业素养与规范

（1）引导学生遵循软件开发流程和规范，增强项目管理的意识和能力。

（2）培养学生的职业道德和责任感，注重知识产权保护。

三、训练资源描述

1. 训练难度

本课程的训练难度设定为中级偏上，旨在让学生在掌握Android开发基础知识的基础上，通过影视分享App项目的实战开发，进一步提升其应用开发和问题解决能力。训练难度主要体现在以下几个方面：

（1）技术深度

项目将涉及Android开发中的多个关键技术点，如UI/UX设计、网络编程、数据库操作、多线程处理等。学生需要深入理解这些技术，并能够在实际项目中灵活运用。

（2）项目复杂度

影视分享App项目具有一定的复杂度，包括多个功能模块、用户角色、数据交互等。学生需要全面考虑项目的各个方面，确保项目的顺利实现。

（3）创新能力

鼓励学生在项目中实现创新点，如引入新技术、优化用户体验、设计新功能等。这将对学生的创新思维和问题解决能力提出较高的要求。

2. 项目难度

影视分享App项目的难度适中，既能够让学生充分运用所学知识，又不会过于复杂以至于难以完成。项目难度主要体现在以下几个方面：

（1）功能需求

项目功能需求明确，包括用户注册登录、影视信息浏览、评论互动、搜索推荐等。学生需要按照需求进行开发,确保功能的完整性和正确性。

(2)技术实现

项目将涉及多种技术实现方式,如使用第三方库简化开发、利用网络API获取数据等。学生需要根据实际情况选择合适的技术方案,并确保技术的可行性和稳定性。

(3)用户体验

项目将注重用户体验,要求界面美观、操作流畅、响应迅速。学生需要在保证功能实现的基础上,不断优化用户体验,提高用户满意度。

3. 项目任务书(见表10-14)

表10-14 "影视分享App"项目任务书

项目名称	影视分享App
项目背景	随着移动互联网的快速发展,人们对于影视内容的需求日益增加。为了满足用户对影视信息的获取和分享需求,开发一款影视分享App具有重要的现实意义和应用价值
项目目标	通过开发一款影视分享App,让学生综合运用所学知识,提高应用开发和问题解决能力。同时,培养学生的团队协作和创新精神
项目任务	①需求分析:对影视分享App进行功能需求分析和非功能需求分析,明确项目目标和约束条件。 ②系统设计:设计应用的整体架构、数据库结构、界面布局等,确保系统的可扩展性和可维护性。同时,注重用户体验和界面美观度。 ③编码实现:按照系统设计进行编码实现,包括UI界面开发、网络编程、数据存储等。在开发过程中,注意代码的规范性和可读性,确保代码质量。 ④测试与调试:对应用进行单元测试、集成测试和用户测试,确保应用的质量和稳定性。同时,根据测试结果进行调试和优化,提高应用性能。 ⑤上线与发布:将应用发布到各大应用市场,供用户下载使用。同时,关注用户反馈和市场需求,不断迭代和优化应用
项目成果	提交一份完整的影视分享App项目报告,包括需求分析文档、系统设计文档、代码实现、测试报告和用户反馈等。同时,展示项目成果并进行交流和分享
签领人	×××、×××、×××
签领时间	年 月 日

四、训练过程描述

本课程采用"校企互通,实践基于岗位工作过程的团队项目化教学模式",以影视分享App项目为载体,让学生在模拟真实企业工作环境中,通过团队协作,完成项目的需求分析、设计、开发、测试与发布等全过程，以提升学生的实践能力和职业素养。"影视分享App"项目训练过程如图10-5所示。

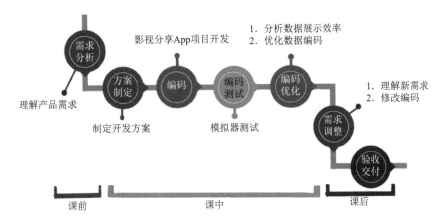

图10-5　校企互通，实践基于岗位工作过程的团队项目训练过程图

五、训练环境描述

本课程为学生提供了完善的训练环境，确保学生能在实践中深入掌握Android应用开发技能。学生将在配备高性能计算机和Android设备的实验室中进行项目开发，使用Android Studio等专业工具进行应用设计与开发。课程还提供了丰富的在线资源和教学案例，帮助学生理解Android应用开发的最佳实践。此外，学生还将通过团队协作工具进行代码管理和版本控制，锻炼团队协作能力。整个训练环境旨在模拟真实的工作场景，让学生在实践中提升技能，为未来的职业发展打下坚实基础。

六、结项形式

项目最终交付成果将包括一个功能完备的影视分享App，涵盖用户注册登录、影视内容浏览、互动评论、搜索推荐等核心功能。此外，学生还需提交项目文档，记录项目从需求分析到设计、开发、测试的全流程，展现对Android开发知识的理解和应用。同时，学生还需展示项目成果，并接受评审，以检验项目完成度、团队协作能力和创新思维。这些交付成果将全面体现学生的学习成果和实践能力。

七、考核方式

采用"校+企+智慧平台"三核心多维评价体系,包含平台智慧评价100分(平台过程评价)(40%)、综合评价100分(大作业多维评价)(60%)、增值性评价(积分制),重点突出大作业考核方式,联合企业导师,从完成度、质量、答辩、团队、文档、职业素养等多维度进行评价。

10.5 "岗课赛证融通"能力培养典型案例

10.5.1 全国大学生计算机应用能力与数字素养大赛——"久其女娲杯"低代码编程赛项探索"岗课赛证融通"促进能力提升(见图10-6)

图10-6 2024年"久其女娲杯"低代码编程大赛截图

随着科技创新和产业变革的脚步不断加快,低代码技术将是数字经济、数字化转型重要的基础设施,学习、掌握、应用前沿的低代码技术,正成为数字时代的"必修课"。低代码编程大赛以电子信息产业发展的人才需求为依据,以低代码开发员岗位真实工作过程为载体,考查学生信息化建设思路、数据应用与管理思维、软件工程过程管理等相关信息技术基础知识和实践技能,提升学生解决实际问题的能力,以及快速应用新技术、探索新领域的创新能力。提升学生的学习能力、协作能力、创新能力、计划能力等综合素质。

大赛分为校内个人赛、区域团队赛、全国总决赛。低代码编程赛道竞赛规程见表10-15。

表 10-15 低代码编程赛道竞赛规程

竞赛阶段	主要内容	奖项设置
校内个人赛	• 个人阅读竞赛说明，根据《系统需求说明书》对要求建设的系统进行分析； • 使用低代码平台建设系统； • 测试建成后的业务系统； • 提交项目后，系统自动给出竞赛成绩	• 竞赛成绩满 60 分的选手，获得校内个人赛优秀选手证书一份； • 竞赛成绩满 90 分的选手，获得校内个人赛"一等奖"证书一份； • 所有参赛选手都有参赛证明电子文件一份
区域团队赛	• 团队阅读竞赛说明，根据《系统需求说明书》对要求建设的系统进行分析； • 团队三人自行任务分工； • 使用低代码平台建设系统； • 测试建成后的业务系统，并编写《测试报告》； • 编写《项目开发报告》； • 提交项目后，系统自动给出"系统功能实现成绩"； • 最终成绩由专家组评审后给出	• 区域团队赛"一等奖"10%； • 区域团队赛"二等奖"20%； • 区域团队赛"三等奖"30%
全国总决赛	• 团队阅读竞赛说明，根据《系统需求说明书》对要求建设的系统进行分析； • 团队三人自行任务分工； • 编写《概要设计》《数据字典》； • 使用低代码平台建设系统； • 测试建成后的业务系统，并编写《测试报告》； • 编写《项目开发报告》； • 编写《系统用户手册》； • 提交项目后，系统自动给出"系统功能实现成绩"； • 编写系统建设 PPT，10 min 系统答辩； • 最终成绩由专家组评审后给出	• 全国总决赛"一等奖"15%； • 全国总决赛"二等奖"35%； • 全国总决赛"三等奖"50%； • 指导教师一、二、三等奖； • 院校优秀组织奖：10%

1. 推进"岗课赛证融通"的专业人才培养方案改革（见图 10-7）

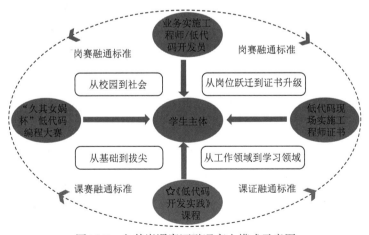

图 10-7 久其岗课赛证融通育人模式示意图

1）以"业务实施工程师/低代码开发员"为起点

由于数字经济和数字化社会建设的推动，软件行业在稳步发展的同时，出现了从业人员数量和增速下滑的趋势，IT人才供不应求的现象愈加严峻。随着企业对系统和流程的灵活性和敏捷性的更高要求，低代码服务平台与多行业、多元素融合共同催生众多职业范畴，如低代码平台产品经理、低代码业务实施工程师等。2024年5月，为顺应数字经济发展需求，人力资源和社会保障部增设"低代码开发员"新职业工种。

2）以《低代码开发实践》课程的打造为核心和载体

久其软件依托深厚的技术及产业积淀，将低代码平台与教育实践相融合，联合十一所高职院校共同出版《低代码编程技术基础》教材，与常州信息职业技术学院共研《低代码开发实践》课程，作为专业基础课（必修）加入软件技术专业群专业人才培养方案中，同时在湖南信息职业技术学院等院校落地实施，"以平台为基石、以教材为先导、以课程为突破、以案例为驱动"打造立体化教学资源，推进人才高质量培养目标的达成。

3）以"低代码编程大赛"为熔点，探索"课赛"融通新路径

"课赛融通"是久其"岗课赛证"融通育人模式落地的突破口。自2022年始，久其软件已成功为首届"久其女娲杯"海南省大学生低代码编程大赛、海南省职业院校技能大赛（高职组）"低代码编程"赛项等赛事提供赛事平台、技术支持、赛前培训、赛事实施协助和评判工作等赛事服务。

低代码编程赛道与《低代码开发实践》课程，实现了竞赛内容与课程内容、竞赛培训与教学方法、竞赛群体与教学群体等要素的相融相通、同频同步，探索出"以赛促学、以赛代评"的"课赛"融通落地路径。

4）以"低代码现场实施工程师证书"为落点，打造"课赛证"融通标准

久其软件"低代码现场实施工程师"认证证书分为初级和高级（见图10-8），融入行业新技术、新发展、新要求，使得标准、课程、评价相互融合，让教育课程与职业技能等级标准相适应，同时检验课赛成效，实现"岗课赛证"的相互嵌入、互融互通的良性循环。

第 10 章 实践教学体系设计与教学实施

图 10-8　低代码现场实施工程师证书样例

2. 完善"岗课赛证"一体化教学评价体系（见图 10-9）

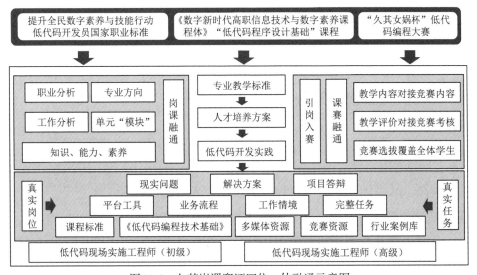

图 10-9　久其岗课赛证四位一体融通示意图

低代码编程赛道评分标准与《低代码开发实践》课程考核相对接，在教学评价过程中可完整兼顾大赛项目要求、实践训练情况、成果达成情况等评价指标，亦赛亦评，让"课堂"与"赛场"充分反映人才发展性目标和职业规范的共同要求。"低代码开发实践"三维螺旋评价体系见表10-16。

表10-16 "低代码开发实践"三维螺旋评价体系

评价类别	主要内容	评价分值
知识评价	① 统门户实践基本概念、原理及实操要点 ② 系组织机构管理实践基本概念、原理及实操要点 ③ 基础数据实践基本概念、原理及实操要点 ④ 数据建模实践基本概念、原理及实操要点 ⑤ 业务表单实践基本概念、原理及实操要点 ⑥ 业务列表实践基本概念、原理及实操要点 ⑦ 用户权限实践基本概念、原理及实操要点 ⑧ 工作流模型实践基本概念、原理及实操要点	40%
能力评价	① 系统需求分析 ② 系统概要设计 ③ 低代码平台功能实现与测试（数据建模、表单设计、工作流程设计、用户管理、权限管理、业务流程审批等） ④ 系统功能实施报告编写 ⑤ 根据需求自行设计测试数据，模拟业务应用 ⑥ 自行定义规范标准并遵循规范进行应用	40%
素养评价	① 挖掘数据规律、展示数据规律、理解数据规律、运用数据规律的数据思维 ② 融入数据要素、应用数据管理、体悟数据价值，培育数字创新，发展数字素养 ③ 以完整项目为独立单元，项目间分级分层递进，激活链式成长思维，激发终身学习意识	20%

3. 遵循"从基础到拔尖"卓越技术技能型人才选拔路径

低代码编程赛道使用反映典型工作任务的竞赛题目并给予真实性评价反馈，引导选手有意识地、整体化地认识世界，分层分级考察参赛选手的"综合职业行动能力"，让选手既动脑又动手，遵循"从基础到拔尖"能力素养递进路径，区域团队赛、全国总决赛助力卓越技术技能型人才选拔。低代码编程赛道人才进阶选拔路线见表10-17。

表 10-17 低代码编程赛道人才进阶选拔路线

项目		校内赛	区域赛	总决赛
竞赛时长		2小时	4小时	6小时
竞赛特点		①个人赛，工作量小； ②知识点为核心内容； ③业务较简单	①团队赛，工作量适中； ②文档手册为考核核心内容； ③业务复杂度适中	①团队赛，工作量较大； ②系统建设内容的完整性为核心考核内容； ③业务复杂度较高
考核目标		①训练能够自主完成简单信息化系统建设的能力； ②训练根据《需求说明书》分析、设计系统的能力； ③遵循命名要求	①训练团队配合，分工协作； ②训练能够自主完成信息化系统建设的能力； ③训练根据《需求说明书》分析、设计系统的能力； ④遵循命名要求； ⑤训练编写文档资料的能力	①训练团队配合，分工协作； ②训练信息化系统建设前期的规划能力； ③训练标准化命名规范定义的能力； ④训练完整建设系统的能力； ⑤训练编写文档资料的能力； ⑥训练对系统的总结及讲解能力
项目难度区分	知识点数量	40	40	50
	业务复杂度	2	4	6

4. 推动"数字教育化"，助力数字素养普慧教育落地

2023年12月17日，第14届全国大学生计算机应用能力与数字素养大赛"'久其女娲杯'低代码编程大赛"首场校内赛在重庆电子工程职业学院圆满落下帷幕，本次校内赛吸引了重庆电子工程职业学院大数据技术、云计算应用技术、密码技术应用、移动互联应用技术、工业软件开发技术、物联网应用技术、卫星通信与导航技术、通信软件技术、医用电子仪器技术等25个专业、80余个班级，三百余人报名参赛，产业赛道新、参赛选手多、覆盖院系广，亦赛亦学、亦训亦乐，在凛冬掀起了学习低代码编程技术的热潮。

久其女娲平台作为此次低代码赛道的技术支持平台，是久其软件面向政府和企业客户应对数字化转型浪潮，而开发的新一代云原生、分布式的开放技术平台，通过久其女娲平台提供的核心能力，久其能快速支撑行业中的业务应用创新，并将具备共性和复制性的新应用再沉淀回女娲平台，正如女娲抟土造人一般，助力高校学子拥抱数字化浪潮，创造出更多优秀的数字化应用，以"科技数字化、数字教育

化、教育实践化、实践生产化"路径，助力数字素养普慧教育落地，实现"协同育人、数智未来"。

（此典型案例由北京久其软件股份有限公司软件研究院芦星院长提供）

10.5.2 全国大学生计算机应用能力与数字素养大赛——"随机数杯"人工智能产业应用赛道探索"岗课赛证融通"促进能力提升

在当今的数字化时代，人工智能（AI）技术正以前所未有的速度和规模改变着我们的生活和工作方式。随着机器学习、深度学习等AI技术的不断进步，它们在医疗、金融、交通、教育等领域的应用日益广泛，推动了产业的数字化转型和智能化升级。这一转型不仅为经济发展带来了新的增长点，也对人才结构和技能要求提出了新的挑战。

在人才培养方面，不少院校都纷纷开设了"人工智能技术应用"专业，但毕业生却不能很好地满足快速变化的行业企业用人需求，其面临的困境与存在的主要问题有：

① 教学内容滞后：AI技术更新速度快，传统教材和教学内容难以跟上最新的技术发展，导致学生所学知识与行业需求脱节。

② 实践能力不足：AI技术高度依赖实践应用，然而，很多高校的教学更多偏重理论，学生缺乏实际项目经验，难以应对真实工作场景。

③ 师资力量不足：AI是一个跨学科领域，需要既懂计算机科学、人工智能技术又懂应用领域的复合型人才，然而，很多高校在这方面的师资力量相对薄弱，难以提供高质量的教学。

为了解决上述问题，构建一种通过竞赛将岗位真实需求与课程教学内容紧密结合起来，并通过证书认证获得评价与认可的新型人才培养模式成为解决人才培养困境的有效途径，"岗课赛证融通"应运而生。这一模式强调岗位需求、课程学习、竞赛实践和证书认证的一体化设计，旨在通过产教融合、校企合作，培养符合产业需求的高素质技术技能人才。全国大学生计算机应用能力与数字素养大赛——"随机数杯"人工智能产业应用赛道的竞赛牵头将职业岗位、院校课程教学与相关证书认证有机串联融合起来，进行了"岗课赛证融通"的有益探索。

一、"随机数杯"人工智能产业应用赛道竞赛

全国大学生计算机应用能力与数字素养大赛——"随机数杯"人工智能产业应用赛道竞赛是由全国高等院校计算机基础教育研究会等单位主办,随机数(浙江)智能科技有限公司承办的一项面向全国高等院校和高职院校本专科所有专业大学生的赛事。

该竞赛是岗课赛证融合模式在人工智能领域的具体实践,竞赛以人工智能产业的关键岗位需求为导向,通过设计贴近实际工作场景的竞赛任务,激发学生的学习兴趣和创新潜能,提升学生的实践能力和团队协作能力。同时,竞赛成绩与职业资格证书认证相结合,为学生的就业和职业发展提供了有力支持。通过这一竞赛,学生不仅能够展示自己的专业技能,还能够获得行业认可,增强就业竞争力。

1. 大赛背景和宗旨

面对新一轮科技革命和产业变革,数字技术成为驱动人类社会思维方式、组织架构和运作模式发生根本性变革的重要力量。数字素养成为提升国民素质、形成新质生产力的重要组成部分。"随机数杯"人工智能竞赛旨在进一步增强大学生的AI应用和实践综合能力,全面提升数字素养。

2. 大赛特色

立足行业,结合实际,实战演练,促进就业。

企业、协会、院校联手构筑的人才培养、选拔平台。

以赛促学,竞赛内容基于所学专业知识。

以院校为单位,线上+线下比拼,灵活便捷,公正公平。

3. 大赛设计

团队赛:参赛者以团队形式参赛,每队需配备一名指导教师。

大赛内容:竞赛内容涵盖Python编程基础与进阶、数据分析与处理、机器学习、深度学习、计算机视觉等知识点。赛题分为客观题和编程题,各占50%,包括简单任务、中等任务和困难任务,旨在考查参赛者在人工智能编程方面的综合能力。

比赛平台:比赛全程使用随机数公司自主研发的人工智能自动评分系统进行判定,参赛选手在派课堂平台上进行比赛。

比赛形式：以院校为单位组织参加竞赛，初赛为院校赛、复赛为省或区域赛、最终全国总决赛。为了推动人工智能领域的交流与合作，随机数（浙江）智能科技有限公司在全国范围内设置了省赛赛点。

二、"随机数杯"人工智能产业应用赛道竞赛探索"岗课赛证融合"

1. 明确岗位真实需求

岗课赛证融合模式是一种创新的教育策略，旨在通过紧密结合岗位需求、课程内容、竞赛实践和证书认证，培养符合人工智能产业发展需求的高素质技术技能人才。岗课赛证融合模式是一种以岗位需求为导向，以课程体系为支撑，以竞赛活动为实践平台，以证书认证为评价标准的教育模式。该模式的核心在于实现教育内容与产业需求的无缝对接，通过课程学习、实践训练、技能认证等环节，培养学生的专业知识、实践技能和创新能力。

在人工智能领域，这一模式的目标是培养能够在数据科学、机器学习、自然语言处理等关键技术领域工作的人才，如数据分析师、机器学习工程师、算法测试工程师等。以下是一些典型的人工智能产业岗位及其技能需求：

数据标注员：负责对文本、图像、视频等数据进行标注，为机器学习模型的训练提供高质量的训练数据。需要具备细致的观察力和一定的数据处理能力。

算法测试工程师：负责对机器学习算法进行测试和验证，确保算法的准确性和稳定性。需要具备软件测试的基础知识和数据分析能力。

自然语言处理工程师：专注于开发和优化自然语言处理技术，如语言识别、语义理解等。需要掌握自然语言处理的基本理论和算法。

机器学习工程师：负责设计、开发和实施机器学习模型，解决实际问题。需要具备扎实的数学基础和编程能力。

2. "随机数杯"人工智能产业应用赛道的探索

"随机数杯"人工智能产业应用赛道作为岗课赛证融合模式的一个重要组成部分，随机数智能在该竞赛的设计实施上，都紧密围绕人工智能产业的实际需求。通过竞赛实现与课程体系的深度融合，以及通过竞赛成果与证书认证的关联，促进学生的职业技能发展。

（1）竞赛设计与岗位需求的对接

"随机数杯"人工智能产业应用赛道竞赛的设计初衷是响应人工智能产业对于具备实际操作能力和创新思维人才的需求。竞赛题目通常来源于企业的实际问题，或是模拟未来可能遇到的技术挑战，确保学生在参与竞赛的过程中，能够接触到最前沿的技术和应用场景。通过这种方式，竞赛不仅为学生提供了一个展示自己技术能力的平台，而且帮助他们理解并准备好未来职业生涯中可能遇到的各种问题。

（2）竞赛内容与课程体系的融合

竞赛内容与课程体系的融合是实现岗课赛证融合模式的关键，如图10-10所示。在"随机数杯"人工智能产业应用赛道的竞赛中，我们可以看到课程中学习的理论和技术在竞赛项目中得到应用。例如，学生在课程中学习的机器学习算法、自然语言处理技术或计算机视觉技术，都可以在竞赛中找到实际应用的机会。这种融合不仅增强了学生对课程内容的理解和掌握，而且提高了他们将理论知识转化为实践技能的能力。

图10-10　竞赛内容与课程体系融合

（3）竞赛成果与证书认证的关联

竞赛成果与证书认证的关联是岗课赛证融合模式的另一个重要方面。在"随机数杯"人工智能产业应用赛道中，优秀的竞赛成绩可以作为学生获得相关职业资格证书的依据，如图10-11所示。这种认证不仅证明了学生在特定领域的专业技能，而且增加了他们在就业市场上的竞争力。此外，竞赛中的优秀项目还有机会被企业采纳或进一步开发，为学生提供了实际参与产业项目的机会。

图10-11　获奖证书

3. "随机数杯"人工智能产业应用赛道的实践

在实施"随机数杯"人工智能产业应用赛道的过程中，采取了以下措施来确保竞赛与岗课赛证融合模式的有效结合：

- 与行业专家合作：邀请来自人工智能行业的专家参与竞赛题目的设计和评审，确保竞赛内容的实用性和前瞻性。
- 课程与竞赛的同步更新：根据人工智能技术的最新发展，定期更新课程内容和竞赛题目，保持教育内容的时效性。

- 提供竞赛培训和指导：为学生提供竞赛前的培训和指导，帮助他们更好地准备竞赛，提高竞赛成绩。
- 建立竞赛与认证的桥梁：与工信部、中国人工智能学会等机构合作，建立竞赛成绩与职业资格证书的对应关系，为学生的职业发展提供支持。

通过这些措施，我们希望能够最大化"随机数杯"人工智能产业应用赛道在岗课赛证融合模式中的作用，为学生的职业技能发展和就业竞争力提升作出贡献。

四、推动"人工智能+教育"，助力数字教育化落地

截至2024年8月1日，"随机数杯"人工智能产业应用赛道已举办13场（见图10-12），共计547人参与。"随机数杯"人工智能产业应用不仅是一个竞技平台，更是推动人工智能教育普及和提升学生数字素养的重要途径。

图10-12 "随机数杯"人工智能产业应用比赛现场图

随着数字化时代的到来，人工智能技术正成为推动社会进步的关键力量。"人工智能产业应用赛道"竞赛，作为岗课赛证融合模式的实践典范，不仅为学生提供了一个展示技术才能和创新思维的平台，而且通过与产业需求的紧密结合，为学生的职业技能培养和数字素养提升提供了有力支持。

竞赛平台，作为教育与产业之间的桥梁，为学生提供了实际操作和创新应用的机会与舞台，使他们能够在真实的工作环境中锻炼和提升自己的能力。通过这一过

程，学生们不仅学习了人工智能的理论知识，更通过实践深化了对技术的理解，增强了解决复杂问题的能力。

岗课赛证融合模式的实施，确保了教育内容与产业需求的同步，使得学生在完成学业的同时，也能获得行业认可的证书，为他们的未来就业和职业发展打下坚实的基础。我们期待，通过这一模式的持续推进，能够培养出更多具备实战经验和创新能力的人工智能专业人才，共同迎接数字化转型带来的挑战和机遇。

展望未来，我们将继续优化竞赛平台，加强与产业界的合作，不断推动岗课赛证融合模式的发展，以实现教育与产业的深度融合，培养出更多能够适应未来社会需求的高素质技术技能人才。让我们携手共进，共创人工智能教育的美好未来。

（此典型案例由随机数（浙江）智能科技有限公司总经理葛鹏及技术总监戚喜义、市场部总监余杭、产教融合部总监邹益香提供。）

第四部分
职业本科人才培养

　　职业本科快速发展，但对职业本科人才培养模式研究相对滞后，本部分将重点讨论涉及职业本科人才培养模式构建须解决的几个主要问题，包括：如何适应新时代，人工智能技术应用和新质生产力发展对职业本科人才需求确定专业人才培养目标、培养规格，以及职业本科专业的理论知识体系特征、构建方法和教学设计。

第 11 章 职业本科人才培养中的问题

11.1 职业本科人才培养

11.1.1 职业本科发展探索

2014年6月,国务院发布《关于加快发展现代职业教育的决定》,首提"探索发展本科层次职业教育";2019年1月,《国家职业教育改革实施方案》提出开展本科层次职业教育试点;同年6月,教育部批准了首批本科职业教育试点高校,它们由"职业学院"正式更名为"职业大学",同时升格为本科院校,设置本科专业招生;2021年,《关于推动现代职业教育高质量发展的意见》提出,到2025年,职业本科教育招生规模不低于高等职业教育招生规模的10%;同年,《关于做好本科层次职业学校学士学位授权与授予工作的意见》更是将职业本科纳入现有学士学位工作体系,按学科门类授予学士学位,职业本科教育彻底实现"破冰起航"。

迄今教育部发布的关于职业本科教育的文件众多,其中比较重要的有《关于深化现代职业教育体系建设改革的意见》和《关于加快发展职业本科教育 完善职教高考制度的答复》。《关于深化现代职业教育体系建设改革的意见》是在2022年12月由中共中央办公厅、国务院办公厅印发的,该意见旨在推动现代职业教育体系的建设改革,加快完善制度标准体系,并提升职业本科教育的质量。《关于加快发展职业本科教育 完善职教高考制度的答复》是教育部对十四届全国人大一次会议第7413号建议的回应,发布于2024年1月17日。该文件强调了加快发展职业本科教育的重要性，并提出了一系列完善职教高考制度的措施。

概括起来教育部针对职业本科提出了以下指导性意见：

首先，强调职业教育作为高等教育的一部分，应当以服务国家战略需求和经济社会发展为宗旨，培养适应时代和产业发展需要的高素质技术技能人才。这一定位明确了职业本科教学的核心目标，即培养具备实际操作能力和创新精神的技术技能人才。

其次，在课程设置和教学改革方面，教育部要求职业本科坚持以专业为核心，以能力培养为导向，科学规划和设置课程体系。这包括加强实践教学和实习实训环节，提高学生的综合素质和实际操作能力。同时，推动产学研深度融合，促进校企合作，为学生提供更多的实践机会和就业渠道。

此外，教育部还强调提升职业教育质量建设，包括加强师资队伍建设、完善教学评价体系、推进教育信息化等方面。通过提升教学质量，进一步提高学生就业竞争力，满足社会对高素质技术技能人才的需求。教育部鼓励职业教育开展国际合作与交流，引进国外优质教育资源，提升我国职业教育的国际影响力。通过国际合作，可以推动职业本科教学模式的创新与发展，培养更多具有国际视野和竞争力的高素质人才。

总的来说，教育部关于发展职业本科教育的文件精神主要体现在完善教育体系、加快发展、提升质量以及推进产教融合等方面，旨在推动职业本科教育的高质量发展，为经济社会发展提供更多高素质的技术技能人才。

11.1.2 职业本科专业人才培养存在的问题

当前职业本科评审重点在办学的基本条件是否符合本科的要求方面，对于职业本科的教学模式及专业人才培养方案制定等教学方面的具体问题尚需在本科办学过程中探索，这里首先对职业本科专业人才培养存在的问题进行分析，主要包括以下几个方面：

1. 职业本科专业培养目标和规格

职业本科的出现使我国高等教育之本科教育又多了一种新的类型，即在原研究型本科和应用型本科基础上又多了一类职业本科。面对当前高等教育适应新质生产力发展所需人才类型与这三类本科如何对应，形成相互分工、互相促进的职业本科专业培养目标和规格，从而明确职业本科专业定位是职业本科需解决的首要问题。

而当前部分职业本科在制定专业人才培养方案时，未能充分调研和分析当前及未来的市场需求，这可能导致培养出的学生不符合行业发展的实际需求，出现人才供需错位的现象，这也反映了职业本科尚未形成科学的职业分析方法。

2. 职业本科要坚持以能力培养为导向

当前高职升本以后，一些培养方案过于注重理论知识的学习，而忽视了实践能力的培养。教育部要求职业本科教育与职教专科相同，也要坚持以能力培养为导向。就是说职业本科同样存在与高职专科相同的问题，即构建实践教学体系和实践教学课程设计问题。尤其是职业本科的课程设计与高职专科不同的是职业本科的能力培养目标要高于高职专科，必须依据职业本科的能力培养目标构建实践教学体系和进行实践教学课程设计。尤其是在解决专业中的复杂性问题和创新能力培养方面，这要求在专业职业能力培养的同时，更注重学生思维能力的培养，特别是系统性思维和批判性思维能力培养。

3. 科学构建适应职业本科的理论知识体系

高职专科教育的课程设计中，专业知识的体现形态是个有一定深度的话题。首先要明确的是，高职专科教育的课程设计确实是以需求为导向，并反向构建课程体系。这意味着课程的设计紧密围绕职业岗位的实际需求展开，旨在培养学生具备满足这些需求所需的知识、技能、能力和素养。在这样的设计理念下，专业知识并不是孤立存在的，而是融入整个需求导向的课程体系中。专业知识不再是单一的、独立的体系，而是与其他课程内容相互交织、相互渗透，形成一个有机的整体。通过反向构建课程体系，我们可以根据职业岗位的需求，逆向推导出所需的专业知识、技能和素养，并将其融入相应的课程模块中。这样，学生在学习过程中，不仅能依据职业需求掌握专业知识，还能够了解这些知识在实际工作中的应用场景，从而更好地理解和应用所学知识。此外，专业知识在融入需求导向的课程体系的过程中，还需要注重与其他课程内容的衔接和协调。要确保各课程模块之间的逻辑关系清晰、层次分明，避免内容重复或遗漏，确保学生能够全面获得职业所需知识和技能。所以，在高职专科教育的课程设计中专业知识是融入需求导向课程体系中的，而不是构成独立的专业知识体系，这样的设计方式更有利于培养学生的综合职业能力和满足职业岗位的需求，这也是由高职专科教育的培养目标所决定的。

但职业本科的知识体系是否应与高职专科课程体系一致，或者学习普通本科按学科体系构建职业本科的知识体系，或是盲目增加理论课程学时数，总之如何科学构建适应职业本科的理论知识体系是职业本科必须面对的问题。

4. 评价体系不完善

现有的评价体系过于注重学业成绩，而忽视了对学生综合能力的评价。这导致学生在学习过程中过于追求分数，而忽视了对自身综合能力的提升。完善评价体系，注重对学生综合能力的评价。通过这些措施，可以更有效地培养出符合市场需求的高素质技能人才。

11.2　职业本科人才培养目标和规格

明确职业本科人才培养目标和规格是职业本科专业建设的首要任务，职业教育专业培养目标和规格确定主要取决于产业对人才的需求。当前中国产业发展目标是高端化、数字化、绿色化，从而形成新质生产力，因此确定职业本科人才培养目标和规格必须首先结合当前和未来产业发展进行人才需求分析。这里将以制造业为背景，在高等教育和高职教育的比较中确定职业本科人才培养目标和规格。

伴随人工智能技术和智能机器人的应用，先进制造业人才需求主要是工程师，但产业对工程师的需求是分类的。面向当前和未来产业发展，工程师大体可分为三大类型：现场工程师、专业工程师和研发工程师，这些虽然都是工程领域的职业，但他们的职责和关注点有着显著的区别：

① 现场工程师主要负责在项目实施现场进行技术指导和问题解决。他们的工作重点在于确保项目的顺利进行，处理现场出现的各种技术问题，并与客户或相关

方进行有效的沟通。现场工程师通常需要具备丰富的实践经验和良好的沟通协调能力,以便在复杂的现场环境中迅速应对各种挑战。

② 专业工程师则更侧重于某一特定领域或技术的深入研究和实践。他们通常需要对所在领域的技术发展有深入的了解,并具备扎实的专业知识。专业工程师的工作可能涉及产品设计、系统开发、性能测试等方面,他们需要不断跟踪行业最新动态,提升自己的专业水平,以满足不断变化的市场需求。

③ 研发工程师则主要负责新产品的开发和现有产品的改进。他们的工作涉及市场调研、需求分析、产品设计、测试验证等环节,需要具备较强的创新能力和解决问题的能力。研发工程师通常需要具备深厚的理论基础和丰富的实践经验,以便在研发过程中不断突破技术瓶颈,推动产品的升级换代。

总的来说,现场工程师、专业工程师和研发工程师在职责和关注点上各有侧重。他们共同构成了工程领域的专业团队,通过各自的努力和协作,推动项目的顺利进行和技术的不断进步。

对于高等职业教育,现在已经明确的是现场工程师主要由高职专科培养,当前各高职院校都在结合现场工程师项目具体化专业培养目标和规格,制定现场工程师专业人才培养方案和组织教学实施。而一些普通本科高校传统上就以研发工程师培养为目标进行专业建设,因此高职本应结合新质生产力对专业工程师的需求,将培养目标确定为专业工程师,进行职业分析,确定专业工程师的培养目标和规格。

11.3 职业本科的专业理论知识体系

11.3.1 学科形态的分类及其知识体系的差异

职业本科需要怎样的知识体系支持是由其培养目标决定的,高职专科的知识体系实际上是依托职业工作需求而构建的,而普通本科专业设计一般强调以学科导向,这是两种不同的专业设计思想,而讨论职业本科的知识体系,首先要搞清学科的概念和分类。

首先学科是一个与知识紧密相关的学术概念，学科是按照学问的性质和学术的性质而划分的科学门类，这些学科门类是知识系统的集合，是人类对自然界、社会和人类自身认识的重要工具。学科也可以指学校教学的科目。这些科目是根据学科分类和教学目标而设立的，旨在帮助学生掌握系统的知识和技能。这些教学科目是学校教育的核心内容，也是学生获取知识、培养能力的重要途径。所以学科是一个涵盖广泛、内涵丰富的概念，它既是科学研究的领域和对象，也是学校教育的核心内容，同时也是人类认识世界、改造世界的重要工具。

学科有多种不同的形态，每种形态都体现了其独特的知识体系和研究方法。为弄清职业本科应具有的知识体系，下面给出不同形态的学科及其包含的主要内容。

1. 科学学科

科学学科是探索自然规律、研究宇宙万物变化规律的知识体系。如数学、物理、化学等，都是科学学科的基础。科学学科的任务是认识世界，探寻物质世界变化的规律。

科学学科的主要特点体现在以下几个方面：

① 客观真理性：科学以存在的事实为研究对象，其内容是对客观事物本身所具有的本质及其规律性的真实反映。

② 社会实践性：科学是人类社会实践的产物，它既是社会实践的总结，又指导并服务于社会实践。

③ 理论系统性：科学是以科学概念、科学理论等逻辑地组织起来的知识体系，具有理论性和逻辑系统性。

④ 动态发展性：科学作为认识的结果，是时间的函数，是发展着的知识体系。它随着实践的深入而不断发展，具有动态性和发展性。

2. 技术学科

技术学科是将科学理论应用于物质生产中的技术、工艺性质的科学。技术学科的研究对象通常很具体，比如土木工程、水利工程、机械工程等。技术学科的任务是利用和改造世界，将科学转化为技术。

技术学科的主要特点体现在以下几个方面：

① 实践性和应用性：技术学科非常注重实践性和应用性。它不仅仅是纸上谈兵，更是要动手实践，将理论知识转化为实际的技术和产品。所以，技术学科的学生们都要经过各种实验和实习，锻炼自己的动手能力。

② 多学科交叉融合性：技术学科是多学科交叉融合的。它不仅仅是某一个领域的知识，而是要结合数学、物理、化学、计算机科学等学科的知识来解决问题。这种交叉融合的特点，使得技术学科在解决问题时，能够更加全面、深入地思考和探索。

③ 创新性和前瞻性：技术学科还非常注重创新性和前瞻性。因为技术总是在不断发展和进步的，所以技术学科的学生们要时刻保持敏锐的洞察力和创新精神，不断探索新的技术和方法，为未来的技术发展作出贡献。

3. 工程学科

工程学科是将数学、物理学、化学等基础科学的原理通过各式各样的途径（如各种结构、设备、信息及物质等）应用于人类的日常生活、探索实践中。工程学科的任务是设计和实施工程项目，使得人类的生活变得更加便捷。它涉及众多领域，如机械、电子、建筑、航空等，每个领域都有其特定的技术和工具，这使得工程学科具有非常多样化的特点。

工程学科的主要特点包括：

① 多样性：工程学科涵盖了从微观到宏观的多个尺度，涉及多个不同的专业领域，每个领域都有其特定的技术挑战和解决方案。

② 创造性：工程学科需要不断创新和创造性思维，以解决人类面临的问题。工程师们需要设计新的产品和技术，以满足社会发展和人类生活的需求。

③ 系统性：工程学科是一种系统性的活动，需要将各种不同的因素综合考虑，如材料、设计、制造、安装等。工程师们需要掌握各种数学知识、物理定律和工程原理，以设计出高效、可靠、安全的工程系统。

④ 实用性：工程学科的目的是满足人类的生存和社会的需要，因此它非常注重实用性。工程技术按照人的用途，去选择、强化和维持客观物质的运动为人类造

福，限制、排除那些不利于人类和社会需要的可能性。

4. 工程技术学科

工程技术学科是一个以应用数学、物理学、化学等自然科学为基础，结合工程实践经验，涉及各类设施、装备、系统等的设计、制造、运行、维护等领域的综合性学科。它涵盖了计算机科学与技术、机械工程、电气工程、土木工程、化学工程、生物医学工程等领域。工程技术学科是一个既注重实践又充满创新精神的学科，它不断推动着社会和技术的发展，为人类的生活和工作带来了极大的便利。

工程技术学科的主要特点包括以下几个方面：

① 实践性：工程技术学科非常注重实践应用，强调理论与实践相结合。学生在学习过程中需要进行大量的实验和实践操作，通过解决实际问题来提高自己的技能水平。

② 跨学科性：工程技术学科与其他学科（如物理学、数学、计算机科学等）有着密切的联系。工程技术学科的发展需要借鉴其他学科的理论和方法，以应对复杂的技术挑战。

③ 创新性：工程技术学科要求学生具备创新思维和解决问题的能力。在面对新的技术需求和挑战时，工程师需要能够提出新的解决方案，并进行创新实践。

此外，工程技术学科还具有实用性和经济性。实用性体现在人们改造客观自然界的活动，都需要运用工程技术的手段和方法。而经济性则要求工程技术必须把促进经济、社会发展作为首要任务，并要有好的经济效果，达到技术先进和经济效益的统一。

科学学科是技术学科和工程学科的基础：没有科学理论的指导，技术和工程就难以有突破性的进展。技术学科是科学学科和工程学科之间的桥梁：它将科学理论转化为具体的技术，为工程实践提供技术支持。工程学科是科学学科和技术学科的实践应用：它将科学理论和技术知识应用于实际项目中，解决人类生活中的问题。

工程技术学科更侧重于技术和技能的培养，而工程学科则更注重系统的设计和管理。工程技术学科更关注在特定领域内技术和技能的发展，以解决现实问题和提高效率。工程技术学科的研究成果更直接地应用于工程实践中，而工程学科则更多地关注整个工程项目的规划、设计、实施和管理。

从应用出发，构建工程技术学科体系，可以参考以下几个方面：

① 明确目标：工程技术学科体系的建设应围绕改造客观世界这一目标进行，即实现特定的目标。

② 整合科学理论与工程思维：以科学理论为指导，以工程思维为方法，通过一定的手段完成实现的过程。

③ 注重实践内容：避免内容狭窄固定，应重视专业框架，证实专业基本原理和推理，同时注重内容的确定性、标准性和理性格式化。

④ 优化教学模式：改变以时间片区为主体的教学模式，根据学时数合理分割实践内容，并规定学生在指定时间按照规定步骤完成实践任务。

此外，还可以组建工程技术教学团队，凝练实践工程技术的核心任务和项目，完善项目任务相关情境等，以进一步推动工程技术学科体系的建设与发展。

11.3.2　职业本科的专业理论知识体系

高职专科的知识体系构建，不是基于传统学科知识，而是紧密围绕专业对应职业工作的实际需求来展开的。这种知识体系的核心在于实用性和职业导向性，旨在帮助学生掌握与未来职业工作密切相关的知识和技能。具体来说，这种知识体系应该具备以下特点：

① 以职业需求为导向：高等职业教育专科的知识体系设计，首要考虑的是相关职业的实际需求。通过深入研究和分析行业发展趋势、企业用人需求等信息，确定学生需要掌握的核心知识和技能。

② 任务驱动的知识提取：从多个职业工作的典型工作任务中提取所需知识，这种"从实践中来，到实践中去"的提取方式，确保了知识的实用性和针对性。每个任务所需的知识都被视为一个知识单元，通过整合这些单元，形成完整的知识体系。

③ 知识的系统性和层次性：虽然知识体系是基于职业工作任务构建的，但它仍然需要保持一定的系统性和层次性。这种系统性和层次性有助于学生更好地理解和

掌握知识，同时也便于教学和评估。

④ 实践性和应用性：高等职业教育专科的知识体系强调实践和应用。学生不仅要学习理论知识，更要通过实训操作、案例分析、项目实践等方式，将所学知识应用于实际工作中，从而培养解决实际问题的能力。

⑤ 持续更新和发展：随着科技的发展和社会的进步，职业需求也在不断变化。因此，高等职业教育专科的知识体系需要保持持续更新和发展的态势，以适应行业和社会的发展需求。

高职专科的知识体系应该是一种基于职业需求、任务驱动、具有系统性和层次性、强调实践和应用性、并持续更新和发展的知识体系。这种知识体系能够更好地满足高等职业教育专科培养高素质技术技能型人才的目标需求。然而，高等职业教育专科的知识体系在培养更高层次人才方面也存在一些不足之处：

① 理论深度不足：高等职业教育专科的教育更侧重于实践和应用，因此在某些领域的理论深度上可能不及本科或更高层次教育目标的要求，这可能会限制学生在深入研究和创新方面的能力。

② 学科交叉融合有限：虽然高等职业教育专科也强调多学科交叉融合，但相比于本科及以上层次的教育，其交叉融合的广度和深度可能有所不足。在解决复杂问题时，需要综合运用多学科知识，高职专科的知识体系可能无法满足这一需求。

③ 创新能力和研究能力培养不足：高等职业教育专科的教育更注重职业技术技能和解决当前工作中实际问题能力的培养，而在创新能力和研究能力的培养上可能相对较弱。这可能会限制学生在未来从事高层次工作时的创新和研究能力。

所以高职专科的知识体系在培养更高层次人才方面存在一些不足，主要体现在理论深度、学科交叉融合、创新能力和研究能力培养等方面。为了培养更高层次的职业人才，需要更系统的理论知识体系的支撑。

在新质生产力逐步形成的现代制造业企业中，工程师队伍可以大致分为现场工程师、专业工程师和开发设计工程师三类：

① 现场工程师是负责在生产现场进行技术支持、故障排查、设备维护以及生产过程优化的专业技术人员。他们需要确保生产线的正常运行和产品质量。现场工程

师需要具备丰富的实践经验和技术知识，能够迅速解决现场遇到的各种技术问题。

② 专业工程师是专注于某一特定领域或技术的研发和应用的专业技术人员，具备深厚的专业知识储备和创新能力。专业工程师专注于某一特定领域或技术的研发和应用。他们负责研究新技术、制定技术标准以及提供专业技术咨询等服务。专业工程师需要具备深厚的专业知识储备和创新能力，能够持续跟踪技术发展动态，为企业带来竞争优势。他们通常需要在特定领域有深入的研究和丰富的实践经验。

③ 开发设计工程师是负责新产品的设计、开发、测试以及优化的专业技术人员，具备创新思维和跨学科的知识背景。他们需要理解市场需求，制定产品设计方案，确保产品的性能和可靠性。开发设计工程师需要具备创新思维和跨学科的知识背景，能够运用各种设计工具和技术手段，将市场需求转化为具体的产品设计。

这三类工程师在现代制造业企业中各自扮演着不同的角色，共同推动着企业的发展和创新。现场工程师关注生产现场的技术支持和优化，专业工程师专注于某一领域的技术研发和应用，开发设计工程师则负责新产品的设计和开发。这三类工程师的工作相互衔接、相互支持，共同构成了现代制造业企业强大的工程师队伍。

在高等职业教育中现已明确专科主要培养现场工程师，且已设置重点项目在全国高职院校试点实践。而本科则应定位于培养专业工程师。

高等职业教育本科专业的理论知识体系需要以工程技术学科为支撑，这主要是出于以下几个方面的考虑：

① 技术与工程的紧密联系：随着现代工程项目的大型化和复杂化，工程领域不仅需要解决技术问题，还涉及环境、社会、管理等多方面的问题。技术与工程之间的同源性及密切联系，使得高等工程教育与高等职业教育在哲学基础、教学过程、教学方式等方面具有同质性。这种紧密联系决定了高等职业教育本科在构建其理论知识体系时，需要充分考虑工程技术学科的基础性和支撑性。

② 技术知识的重要性：技术知识在职业教育中具有重要地位。随着工业4.0时代的到来，先进技术的作用日趋凸显，技术知识将成为职业本科教育知识建构的新主题。技术知识的高等性和递归性特征，决定了其同样具有高等性特征，能够支撑职业本科教育知识体系的完善和发展。

③ 适应职业发展的需求：高等职业教育本科定位于培养专业工程师，属于高层次技术技能型人才，这些人才需要具备扎实的工程技术理论知识和实践能力。以工程技术学科为支撑的理论知识体系，能够更好地满足这一需求，使毕业生在职业发展中更具竞争力。

④ 提升教育教学质量：以工程技术学科为支撑的理论知识体系，有助于职业本科教育在教材建设、课程设置、教学方法等方面实现创新和发展。通过引入先进的工程技术理论和方法，可以提升教育教学的质量和效果，培养出更多符合社会需求的高素质人才。

高等职业教育本科专业的理论知识体系需要以工程技术学科为支撑，这有助于实现技术与工程的紧密联系、发挥技术知识的重要性、适应职业发展的需求以及提升教育教学的质量。

构建支持职业本科专业教育的工程技术学科体系是一项综合性的任务，需要综合考虑多方面因素：

① 要明确职业本科专业教育的目标和定位。这包括确定教育目标，即培养具备职业能力和创新精神的高素质专业人才，在现代制造业具体定位为专业工程师。

② 进行职业需求与学科发展分析。深入了解相关行业的发展趋势和人才需求，以及学科领域的前沿动态和研究成果。这有助于确定学科体系应涵盖的核心知识和技能，以及需要强化的实践能力和创新精神。

③ 构建学科体系框架。根据职业需求和学科发展分析，设计合理的学科结构，包括基础学科、专业学科和实践教学等环节。确保学科体系既能够覆盖职业所需的基本知识和技能，又能够体现学科的前沿性和创新性。

④ 优化课程设置与教学资源配置。根据学科体系框架，制订具体的课程计划和教学大纲，确保课程内容与职业需求紧密对接。同时，合理配置教学资源，包括师资力量、教学设施和实践基地等，以支持学科体系的有效实施。

⑤ 加强实践教学环节，提高学生的实践能力和创新精神。积极与企业合作，开展实习实训、项目合作等活动，促进学校与企业之间的资源共享和优势互补。

⑥ 建立质量保障与持续改进机制。制定完善的教学质量评估体系，定期对学科

体系进行评估和反馈。根据评估结果，及时调整和优化学科体系，确保其始终与职业需求和学科发展保持同步。

总之，构建支持职业本科专业教育的工程技术学科体系需要综合考虑多个方面，包括明确教育目标和定位、进行职业需求与学科发展分析、构建学科体系框架、优化课程设置与教学资源配置、强化实践教学与校企合作以及建立质量保障与持续改进机制等。通过这些措施的实施，可以构建出既符合职业需求又体现学科前沿性的工程技术学科体系，为职业本科专业教育的发展提供有力支持。

第 12 章　职业本科人才培养方案设计

12.1　职业本科专业人才培养方案设计的几个特点

12.1.1　职业本科职业分析的特点

职业本科属于职业教育体系，因此职业本科专业人才培养方案设计也必须进行职业分析。同时由于职业本科专业人才培养可以概括为：以OBE理念为导向，面向新质生产力和"人工智能+"人才需求，以工程技术学科为支持，以能力培养为本位的职业本科专业人才培养。所以职业本科的职业分析有以下特点值得我们在实际的职业分析中注意。

1. 以OBE理念为导向

首先，"以OBE理念为导向"是高职专科、应用型本科（高等工程教育）共同遵循的教育理念，也是职业本科应遵循的教育理念。OBE理念强调教育应该聚焦于学生的学习成果，也就是说，教育模式应该始终围绕着学生毕业后能够具备什么样的能力和素质来展开。这样，教育就能更好地与市场需求对接，培养出更符合社会需要的人才。

2. 面向新质生产力和"人工智能+"人才需求

"面向新质生产力和'人工智能+'人才需求"是考虑到新质生产力和"人工智能+"的快速发展，我们需要关注这些领域对人才的需求。这些领域不仅需要人才掌握扎实的工程技术知识,还需要他们具备创新思维、跨界融合的能力以及持续学习的精神。因此,职业本科专业人才培养模式应该注重这些能力的培养。因此在职业分析中要以新质工作场景中专业工程师(工程技术工程师)的工作要求为基础,提取典型工作任务。

3. 以工程技术学科为支持

"以工程技术学科为支持"是由于工程技术学科不仅为职业本科学生提供了丰富的理论知识,而且同时提升了他们的实践技能。我们可以通过优化课程设置、加强实践教学、开展校企合作等方式,让学生在学习过程中更好地掌握工程技术学科的核心知识和技能。

同时在职业分析中还要注意从典型工作任务中提取的知识点、技能点中有哪些跨学科而该专业工程技术学科又缺少的知识点要及时补充进专业知识体系,以及数字技术能力和素养对工程技术人员的通识要求也要形成专业人才培养方案一体化设计。

4. 以能力培养为导向

"以能力培养为导向"是要求学生在掌握理论知识和专业技能的基础上,要以专业能力培养为导向,注重加强本科学生解决较复杂工程技术问题的能力和创新创造能力;培养学生逻辑思维、批判性思维能力,以及绿色理念、创新理念等。同时也要注重学生的全面发展,除了专业能力的培养,还要关注学生的沟通能力、团队协作能力、管理能力等通用能力的提升,这些能力对于学生在未来的职业生涯中取得成功同样至关重要。

综上所述,以OBE理念为指导,面向新质生产力和"人工智能+"人才需求,以工程技术学科为支持,以能力培养为导向的职业本科专业人才培养模式,应该是一个注重学习成果、关注市场需求、强化能力培养、全面发展的教育模式。

12.1.2 工程技术学科建设是职业本科建设的重难点

在我国高等教育专业中学科建设始终是其基础,研究型教育多以科学技术学科为基础,工程教育(如新工科)则以工程学科为基础。而工程学科与工程技术学科还有所不同，职业本科依托的工程技术学科以及其课程建设还需我们在实践中创新。下面仅以软件工程和软件工程技术专业为典型案例分析两者之间的不同。

软件工程专业通常按照工程学科体系进行划分，包括公共基础课、专业基础课、专业课、专业选修课、集中实践课和课外实践课等。其中专业基础课注重计算机科学和数学的基础知识，如离散数学、数据结构、算法分析等；专业课则涵盖软件工程的核心知识体系，如软件设计、软件项目管理、软件测试等。软件工程也可能包含一些专业方向的课程，但通常不会作为主要的分类方式。软件工程虽然也包含实践课程，但通常作为课程体系的一部分。

软件工程技术专业除包含软件工程专业课程的基本内容外，更侧重于技术的实际应用和软件工程实践。其课程体系可能包括公共基础课、专业基础课、专业课（按技术方向划分）、专业选修课以及更为丰富的实践课程。软件工程技术更加注重按技术方向划分专业课，如动漫与数字媒体艺术、数据库应用技术、嵌入式软件技术、网络与通信软件技术等，旨在培养学生在特定技术领域的深入理解和应用能力。软件工程技术更加注重实践能力的培养，因此实践课程的比重可能更大，包括项目课程、课程设计、实习实训等实践环节，旨在提高学生的实践能力和团队协作能力。

综上软件工程专业课程更注重学科体系的完整性和理论知识的深度，而软件工程技术专业则更加注重技术的实际应用和工程实践，以及按技术方向划分的专业课设置。

而就一门课程与教材编写来说，软件工程课程与教材通常包含软件工程的基本概念、原理、方法、技术和工具等方面的全面介绍。它涵盖了软件工程的整个过程，包括需求分析、设计、编码、测试、维护等阶段，并强调了软件开发的规范化和标准化。强调软件工程的理论体系和实践应用，旨在培养学生全面的软件工程素养和综合能力。它注重软件开发的规范性、可维护性和可扩展性，强调软件质量的重要性。

软件工程技术课程与教材则更侧重于软件工程技术方面的具体实现和应用。它可能深入讲解某种特定的软件工程技术或工具，如敏捷开发、持续集成与持续交付、DevOps 等，并提供了丰富的实践案例和实战指导。软件工程技术教材：则更侧重于软件技术的深入学习和实践应用，旨在培养学生掌握某种特定的软件工程技术或工具，并能够将其应用于实际项目中。它注重技术的细节和实现方式，以及技术的最新发展和应用趋势。

软件工程课程与教材可能会以软件生命周期为主线，系统地介绍软件工程的各个阶段和相关知识。而软件工程技术课程与教材则可能更侧重于按照技术方向进行划分，深入讲解某种特定的技术或工具。

总体来看，软件工程课程与教材与软件工程技术课程与教材在内容、侧重点以及应用目标上存在明显的区别。软件工程课程与教材注重全面的软件工程知识和技能培养，而软件工程技术课程与教材则更侧重于某种特定技术的深入学习和实践应用。这也是工程学科与工程技术学科的异同点所在，工程学科与工程技术学科都涉及工程的全过程，但工程学科更侧重工程的设计，而工程技术学科则更侧重于工程的实施。

12.1.3 职业本科实践课程体系和实践课程设计

实践课程体系设计和实践课程设计是职业本科人才培养方案设计的重要组成部分，包括专业理论课程、实验课程、专业技能实训课程、专业能力培养的项目课程、实习课程等。由于职业本科对能力要求明显高于高职专科，在实践课程体系设计中能力提升更为重要，所以实践课程体系设计中要注意以下几点。

1. 保证能力培养的训练时间

对于专业技能实训课程与专业能力培养项目课程的学时分配比例可适当调整，保证能力培养的训练时间。

2. 保证能力培养的训练质量

能力培养项目课程的训练质量取决于训练资源（项目）开发的水平和结构，训练资源（项目）开发应更突出解决复杂工程技术问题和创新创造能力，所以项目任务书等训练资源不能只是简单的开发，而应更注重项目设计的质量，如案例的选择优化等设计方面的问题。

3. 基于全面工作能力的实习课程设计

以全面适应专业工程师的工作以及达成培养目标和规格为目标设计实习课程，并保证基于全面工作场景的实习环境建设。

4. 毕业设计突出工程技术学科特点

选择工程实施过程中可能遇到的难题作为毕业设计的选题，培养学生解决工程技术中问题的能力和思维能力，以及能将在解决具体工程技术实践问题的同时能将其深化提升到具有普遍意义的理论高度的能力。

12.2 职业本科人才培养方案设计

职业本科人才培养方案设计的基本架构是一个系统性、综合性的框架，旨在确保人才培养的质量与效果。其主要内容可以包括以下几个方面：

1. 基本信息

专业名称及专业代码：明确人才培养的具体专业及其对应的代码，以便进行统一管理和识别。

招生对象、学制与学历：说明该专业的招生范围（如高中毕业生、中职毕业生等）、学制年限（如四年制本科）以及毕业后授予的学历学位层次等。

2. 培养目标与规格

培养目标：明确该专业人才培养的总体目标，包括政治方向、面向的产业或行业、能够从事的主要工作岗位以及人才的层次和类型等。这些目标应紧密结合职业岗位（群）的需要，体现高技能应用型人才的基本特征。

培养规格：依据培养目标所规定的具体标准，包括学生应具备的学科基础和应掌握的知识、技能、能力、素质等方面的要求。这些要求应全面、具体、可操作性强。

3. 课程体系

（1）理论课程体系

理论课程体系主要包括必修课和选修课两大类，以及公共基础学习领域、专业

基础学习领域、专业核心学习领域及专业拓展学习领域的相关课程。

公共基础学习领域：包括政治理论、应用数学、形势与政策教育、计算机与人工智能技术应用基础、体育与健康、实用英语、学业指导等课程。这些课程旨在培养学生的基本素质、职业素质和综合能力。

专业基础学习领域：涵盖该专业所需的学科基础知识课程，为学生后续的专业学习打下基础。

专业核心学习领域：是该专业的核心课程，旨在培养学生的专业核心能力和职业素养。

专业拓展学习领域：提供一系列选修课程，以满足学生个性化发展和职业拓展的需求。

（2）实践课程体系

实践课程体系主要包括实验课程体系、技能实训课程体系、项目能力训练课程体系、工程技术实习课程体系以及毕业设计等几部分组成。

实验课程体系：实验是一种基础教学形式，主要通过在控制条件下进行科学实验以验证理论、探索未知或培养实验技能。实验课程旨在加深学生对理论知识的理解，培养学生的观察力、动手能力和科学思维能力。通过实验，学生可以学会如何设计实验方案、收集数据、分析结果，并撰写实验报告。

技能实训课程体系：技能实训是针对具体职业技能进行训练的教学形式。它强调在真实或模拟的工作环境中，通过反复练习来掌握和熟练职业技能。技能实训的主要目的是使学生熟练掌握某一职业领域所需的各项技能，包括动手操作技能、心智技能等，为未来的职业生涯打下坚实的基础。

项目能力训练课程体系：项目训练是以项目为载体的教学形式。它通过组织学生参与一个或多个实际项目的设计、实施和评估过程，来培养学生的综合能力和团队协作精神。项目训练旨在培养学生的创新创造能力、问题解决能力、团队协作能力和实践能力。通过参与项目训练，学生可以学会如何运用所学知识解决实际问题，并积累宝贵的项目经验。

工程技术实习课程体系：工程技术实习是学生在毕业前进行的一种综合性实践

教学活动。它要求学生到企业或模拟仿真实习场景进行的实习，以了解职业环境、熟悉工作流程、积累工作经验。毕业实习的主要目的是使学生将所学知识与实际工作相结合，提高其实践能力和职业素养。

毕业设计：毕业设计是学生在毕业前完成的一项综合性实践教学任务。它要求学生综合运用所学知识和技能，独立完成一个具有实际应用价值的项目或课题，并撰写相应的毕业设计论文或报告。毕业设计的主要目的是全面检验学生的综合素质和创新能力。通过毕业设计，学生可以展示自己的学术水平、实践能力和创新思维，为未来的学术研究和职业生涯奠定坚实的基础。

课程结构比例：合理设置各类课程的比例关系，确保学生既能掌握扎实的专业知识，又能具备广泛的人文素养和综合能力。

学时学分分配：明确每门课程的学时和学分要求，确保学生按照既定计划完成学习任务。

4. 教学进程与安排

教学周数安排：根据学制年限和课程设置，合理安排各学期的教学周数。

课程设置与教学进程：制订详细的教学计划表或教学进程表，明确每门课程的开课时间、授课教师、考核方式等信息。

5. 实施保障

师资队伍：建设一支高素质、专业化的师资队伍，确保教学质量和人才培养目标的实现。

教学条件：提供完善的教学设施、实践环境和训练资源、教学资源等教学条件，为学生的学习和实践提供有力保障。

质量监控：建立健全教学质量监控体系，定期对教学质量进行评估和反馈，及时发现问题并采取措施加以改进。

6. 毕业要求

明确学生毕业所需达到的条件和要求，包括学分要求、毕业论文（设计）要求、职业资格证书要求等。这些要求应与专业培养目标和规格相一致，确保学生毕业后能够胜任相关职业岗位的工作。

12.3 职业本科人才培养方案典型案例

12.3.1 "智能网联汽车工程技术"专业人才培养方案
——职业分析与专业实践课程设计[①]

1. 智能网联汽车产业调研与职业分析

1）我国汽车产业发展，正由新能源汽车向智能网联汽车演进

国务院《新能源汽车产业发展规划（2021—2035）》指出："十二五至十三五期间我国坚持纯电驱动战略取向，新能源汽车产业发展取得了巨大成就，成为世界汽车产业发展转型的重要力量""提出'三纵三横'布局，坚持电动化、网联化、智能化发展方向，以融合创新为重点，突破关键核心技术，优化产业发展环境，实施以新能源汽车为载体的智能网联技术创新工程。"标志着我国顺应汽车产业"新四化"变革趋势，统筹技术创新、市场培育、基础设施建设等工作，推动新能源汽车产业发展已经取得举世瞩目的成就，2023年我国新能源汽车产销分别完成958.7万辆和949.5万辆，连续9年位居全球第一。而今后汽车产业的核心竞争，将由新能源向智能网联转变（见图12-1）。

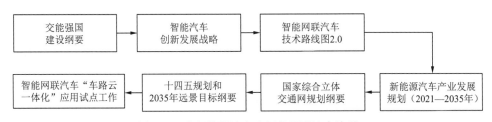

图12-1　由新能源汽车向智能网联汽车演进

2020年2月，国家发改委、工信部、科技部等11个部委联合发布《智能汽车创新发展战略》，抓住新一轮科技革命和产业变革的重大机遇，推动汽车与先进制造、信息通信、互联网、大数据、人工智能深度融合，建设智能汽车强国。

2021年2月，国务院印发《国家综合立体交通网规划纲要》，推进智能网联汽

[①] 此典型案例由浙江机电职业技术大学陈宁老师提供。

车（智能汽车、自动驾驶、车路协同）应用，推动智能网联汽车与智慧城市协同发展。

2024年1月，工业和信息化部等7部委联合印发《智能网联汽车"车路云一体化"应用试点工作通知》，推动智能化路侧基础设施和云控基础平台建设，提升车载终端装配率，开展智能网联汽车"车路云一体化"系统架构设计和多种场景应用，推动智能网联汽车产业化发展。

继电动化之后，以智能驾驶为代表的汽车智能化趋势已经渐成主流，2023年我国乘用车智能驾驶渗透率达到54.7%，自主品牌乘用车NOA（navigate on autopilot，自动辅助导航驾驶）渗透率达到8.7%，为高阶智驾的发展提供了大量的数据支撑。我国汽车产业正由新能源汽车向智能网联汽车演进，智能网联汽车已实现"由点到面"的突破，车、路、网、云、图等高效协同的自动驾驶技术多场景应用进入快车道。

智能网联汽车行业技术趋势具有如下特征：

（1）AI大模型赋能自动驾驶，让自动驾驶向最终形态持续迭代

以BEV+transformer技术路线为标志，自动驾驶下一幕已经来临。城市NOA普及，意味着汽车能够在更复杂的场景下自主驾驶，向L3等级自动驾驶持续推进。汽车智能驾驶真正从高阶辅助驾驶逐步迈向自动驾驶。打通低阶车和高阶智能驾驶的数据通路，成为自动驾驶公司推动规模化量产数据的新路径。

（2）数据的积累是高级自动驾驶迭代的必经之路，云服务高效驱动自动驾驶

数据闭环发展自动驾驶已进入"下半场"，高等级自动驾驶将逐步迈进现实，海量数据处理及高效挖掘成为企业必须解决的头等难题，数据闭环因此越来越受到重视，主机厂及Tier1纷纷搭建数据闭环体系。与此同时，大模型的爆发赋予了自动驾驶更多想象空间，并成为数据闭环发展的充要条件。然而，无论是高效数据闭环构建还是大模型赋能，都仍处在发展初期，技术演进留有空白，竞争格局未有定数。自动驾驶数据闭环发展主要面临海量数据处理能力弱、基础设施研发成本高和数据安全合规保障难三大挑战。云服务技术目前凭借高效的计算、存储、训练、网络通信等能力赋能数据闭环，为自动驾驶研发提供完整有效的解决方案。

(3）车路协同自动驾驶是自动驾驶的高阶发展形态和必然趋势

C-V2X、边缘计算、云计算等技术的发展和应用，车路协同技术可以有效补充单车智能面临的安全问题，兼顾设计运行范围和经济性。车路协同自动驾驶（VICAD）为智能汽车引入了一套更高维的智能要素，数据、算力和算法都不再局限于单体智慧，而是演变为协同智慧，不同级别的自动驾驶、智能网联汽车均可以参与到道路交通信息的交互中。高维视角，实时信息传递，智能汽车的"感官"将进一步增强，在错综复杂的交通环境中做出更好的判断和决策。车路协同与单车智能相辅相成，是自动驾驶的高阶发展形态和必然趋势。

智能网联汽车技术不仅涉及多个学科领域，并且与信息通信、人工智能等前沿技术结合紧密，导致其人才培养模式需要注重多学科交叉融合、强化实践教学、提高创新能力要求以及推动产学研结合等方面的改革和创新。

2）智能网联汽车产业对高职汽车智能技术专业人才需求分析

智能网联汽车作为新兴"高精尖"和"专精特新"产业，是典型的"新质生产力"代表。智能网联汽车具备自动驾驶、V2X、汽车电子、大数据、云计算、人工智能等多学科和多领域之间协同发展的特点，主导汽车产业链的发展方向和发展趋势，在汽车产业链占据核心位置，处于价值链高端，在技术技能水平和产品高附加值等方面具有行业领跑优势，其发展水平决定产业链的整体竞争力。由此可见智能网联汽车产业技术含量高，专业知识和技术技能水平融合度密集，能够代表整个汽车产业的先进性和引领性。

根据智能网联汽车"二纵三横"技术路线（见图12-2），涵盖了车辆、机械、电子、通信、物联网、人工智能、大数据、信息安全等领域，其人才的知识与能力结构要求已经远远超出传统汽车人才规格。当今世界正处在新一轮科技革命和产业革命的历史交汇期，新技术日新月异，科技转化为现实生产力的速度明显加快，创新与人才的作用越发凸显。

智能网联汽车工程技术专业人才培养目标要实现"三种能力"、达到"四种技能"（见图12-3）。"三种能力"即专业知识整合能力、前沿技术创新能力和多种岗位迁移能力；"四种技能"即解决产品转型升级中较复杂问题的技能、从事产品生产中复杂操作的技能、应用新一代信息技术创新智能化管控的技能、利用所学专业知识精准设置及优化工艺参数的技能等。该目标对汽车智能技术人才培养体系提出了新的要求与挑战。对于汽车智能技术人才，不仅需要掌握传统车辆的相关理论基础与实操能力，还需要在自动驾驶、算法开发测试、V2X通信、汽车电子、云计算、人工智能等前沿技术技能上具备较强的理论与应用能力。

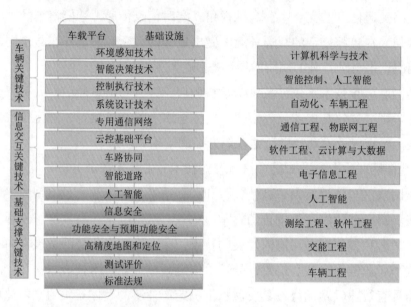

图12-2 智能网联汽车"二纵三横"关键技术架构

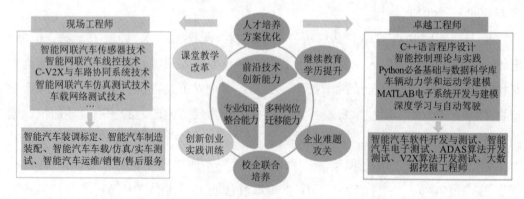

图12-3 人才培养目标

2. 专业人才培养目标

1）基于新质生产力的专业人才培养定位

新质生产力是创新起主导作用的先进生产力质态，具有高科技、高效能、高质量的特征，符合新发展理念，由技术革命性突破、生产要素创新性配置、产业深度转型升级而催生。智能网联汽车融合了多种前沿技术，通过V2X技术提升整个交通系统的效能和质量，创新驱动汽车产业及相关产业转型升级，是典型的新质生产力代表。

智能网联汽车工程技术专业人才培养定位产业链中上游（见图12-4），培养具备社会主义核心价值观，德智体美劳全面发展，掌握扎实的科学文化基础和智能网联汽车结构原理、应用开发方法、测试方法等知识，具备智能网联汽车整车及系统（部件）应用开发、集成测试、现场运营、故障诊断等能力，具有工匠精神和信息素养，能够从事智能网联汽车整车及系统（部件）硬件开发、软件开发、仿真测试、试验测试、生产工艺设计及改进、生产质量管理、生产现场管理、售前售后技术管理等工作的高层次技术技能人才。

产业链上游：系统及关键技术	产业链中游：系统集成与测试	产业链下游：服务运营
智能感知系统研发、设计、制造	智能感知系统集成、标定、测试	智能网联汽车销售服务
底盘线控系统研发、设计、制造	底盘线控系统集成、标定、测试	智能网联汽车检测维修
智能座舱系统研发、设计、制造	智能座舱系统集成、标定、测试	智能网联汽车金融服务
V2X通信系统研发、设计、制造	V2X与边缘计算系统集成、标定、测试	智能网联汽车二手车服务
高精地图采集、处理、分析	ADAS系统集成、标定、测试	
计算与决策系统研发、设计、制造	智能汽车研发、集成、测试	
汽车电子与电气控制系统研发、设计、制造	自动驾驶数据采集、分析	充换电服务运营
动力电池及管理系统研发、设计、制造	车路协同系统开发、测试	共享无人驾驶汽车服务运营
驱动电机及控制系统研发、设计、制造	网络安全/信息安全开发、测试	无人物流车服务运营

图12-4 人才培养定位

2）人才培养规格

（1）素质培养规格

① 坚定拥护中国共产党领导和我国社会主义制度；在习近平新时代中国特色社会主义思想指引下，践行社会主义核心价值观，具有深厚的爱国情感和中华民族自豪感。

② 具有正确的世界观、人生观和价值观。

③ 具有良好的诚信品质、敬业精神、责任意识、团队意识和诚信意识，恪守公民基本道德规范。

④ 具有良好的职业安全、环境保护意识、职业道德、创新精神、创业意识，能够立足生产、建设、管理、服务一线，踏实进取，敬业奉献，善于合作，敢于竞争，勇于创新。

⑤ 具有一定的审美和人文素养，具有感受美、表现美、鉴赏美、创造美的能力，能够形成一两项艺术特长或爱好。

⑥ 能够与社会、自然和谐共处，具有较强的集体意识和团队合作精神。

⑦ 具有良好的身心素质、健康的体魄和心理、健全的人格，能够掌握基本运动知识和一两项运动技能，养成良好的卫生习惯、生活习惯、行为习惯和自我管理能力。

⑧ 具有健康积极的人生态度，良好的心理品质，有较强的心理调适能力和抗挫折能力。

（2）知识培养规格

① 了解必备思想政治理论和科学文化基础知识，吸收中华传统文化的精髓。

② 熟悉与本专业相关的法律法规，具有资源节约、环境保护、清洁生产、安全生产的观念和基本知识。

③ 熟悉与本专业相关的英语、数学、信息技术等基本知识。

④ 掌握C、Python语言程序设计的计算机基本知识与理论。

⑤ 掌握电力电子、数字电路和单片机等基础理论知识。

⑥ 掌握汽车构造的工作原理和基本知识。

⑦ 掌握新能源汽车电池、电机、电控系统的工作原理和基本知识。

⑧ 掌握自动驾驶系统的基本知识。

⑨ 掌握智能网联汽车环境感知、底盘线控、计算平台、智能座舱的工作原理和基本知识。

⑩ 掌握智能网联汽车 V2X 和车路协同的工作原理和基本知识。

（3）能力培养规格

① 具有探究学习、终身学习、分析问题和解决问题的能力。

② 具有良好的语言、文字表达能力和沟通能力。

③ 具有汽车电气与电子控制系统开发、调试、测试能力。

④ 具有智能网联汽车功能测试、研发标定的能力。

⑤ 具有智能网联汽车仿真模型搭建、仿真场景设计、仿真测试及结果分析的能力。

⑥ 具有智能网联汽车综合测试场景搭建、实车综合测试和测试结果分析的能力。

⑦ 具有智能网联汽车生产工艺设计及改进、生产质量管理、生产现场管理的能力。

⑧ 具有智能网联汽车部署调试、地图采集制作、故障诊断的能力。

⑨ 具有智能车设计方案制定、软硬件开发的能力。

⑩ 掌握智能网联汽车领域相关国家法律、行业规定、绿色生产原则、项目管理方法，具有项目实施数字化管理的能力。

⑪ 掌握科学研究与创新方法，具有探究学习、终身学习和可持续发展的能力。

3. 专业课程体系

1）三层级二模块的理论课程体系

坚持"理实并重"原则，构建"公共基础课程、专业基础课程、专业核心课程"+"实践与创新课程模块、扩展课程模块"的"三层级、两模块"课程体系结构（见图12-5）。在保证学科基础提升的基础上，凸显职业教育类型特色，为学生的能力增值需求和创新发展个性需求提供保障。以"人工智能+、数字化+"打破专业课程边界，围绕职业工作过程进行专业课程的应用性构建，面向工程应用实践进行实践与创新模块的深度性构建，针对职业情境、知识融通要求进行扩展课程的复合性、融通性构建。

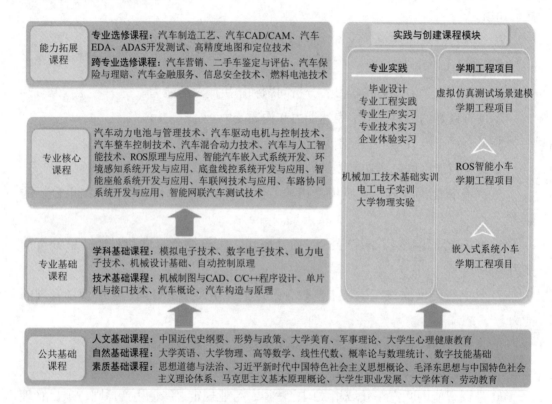

图12-5 课程体系结构

2）五维多类型的实践教学体系

坚持立德树人，对接新一轮科技革命和智能网联汽车产业发展战略，主动培养面向高端产业和产业高端的智能制造人才。针对本科层次职业教育的培养特点和技术深入与强化的要求，以递进式的基础、综合、创新"三实践"，验证、设计、综合"三实验"，基础贯通学期工程项目、专项贯通学期工程项目、应用创新学期工程项目"三工程项目"为主线，形成"多类型"校内实践有机统一体。为实现职业能力逐层提升，第一学年实施企业体验实习，第二学年实施专业技术实习，第三学年实施专业生产实习,第四学年实施专业工程实践,构成"分阶段"工学交替的校外实践教学体系。"多类型·分阶段"校内外实践教学体系将着力培养学生创新与创业能力、解决复杂工程问题能力、工程意识与实践能力、技术融合应用能力、职业适应与发展能力(见图12-6)。

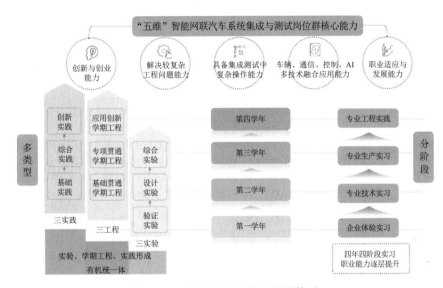

图12-6 五维多类型的实践教学体系

4.《激光雷达点云可视化》典型项目训练课程设计

1)教学目标(见表12-1)

表12-1 教学目标

知识目标	K1	理解激光雷达点云数据的机理与功用
	K2	掌握ROS系统RVIZ可视化激光雷达点云数据的方法
	K3	理解激光雷达数据UDP报文规格
技能目标	S1	能根据技术规范,在实车上配置激光雷达参数
	S2	能够根据激光雷达点云显示,正确标定激光雷达安装角度
	S3	能使用wireshark等专用软件读取UDP报文,并进行解析

续表

态度目标	A1	通过激光雷达任务项目的实操作业,培养严谨、细致的工匠精神
	A2	通过分组研讨、实操、协作、分享展示等过程,培养团队协作、互帮互助的集体主义精神
	A3	通过课前导学、课后研学,培养学生养成良好的学习习惯和勇于探究的科学精神

2）重、难点分析与解决措施（见表12-2）

表12-2 重、难点分析与解决措施

重点分析 及解决措施	重点	激光雷达点云数据的可视化
	措施	①针对点云数据的抽象性特征,采用虚拟仿真、教学视频和现场实操等手段,激发学生的学习兴趣； ②针对学生对 ROS 系统不熟悉、RVIZ 软件使用专业性强等问题,采用任务工单、分解步骤等手段,层层推进,分解难度； ③针对学生数学基础弱,对激光雷达坐标转换理解困难的问题,以点云显示与雷达安装方向调整相结合,既解决了雷达装调难点,又加深了点云的理解
难点分析 及解决措施	难点	激光雷达数据 UDP 报文解析
	措施	①通过专用软件显示激光雷达检测目标物的状态信息,使学生了解了报文解析与目标物检测的关系； ②通过学生亲手读取 UDP 报文,激发学生解析报文的兴趣； ③实施小组研讨,制定合理的报文解析算法流程,加深对报文解析的理解； ④实施分层教学,能力强的学生在课后编程实现算法

3）教学过程设计（见表12-3）

表12-3 教学过程设计

教学过程						
教学环节 （预计时间）	教学内容	教师活动	学生活动	所用资源	设计意图	覆盖目标
课前：导学 15 min	激光雷达点云数据的产生、原理和应用概况	通过在线课程,向学生发布教学任务	课前通过在线课程平台进行预习,了解激光雷达点云数据的概况	1/2/4	养成课前预习的学习习惯,完成课程的知识准备	K1/A3

续表

教学过程						
教学环节（预计时间）	教学内容	教师活动	学生活动	所用资源	设计意图	覆盖目标
课前：作业 5 min	激光雷达点云数据的产生、原理和应用概况	通过在线课程，向学生发布课前作业	完成课前作业	1/2/4	检查学生预习效果，根据学情调整教学方案	K1/A3
课中：任务导入 5 min	典型岗位工作任务——激光雷达安装方向调整的	播放视频，导入任务，引导学生讨论	思考如何判断激光雷达方向及车体安装方向	3/5	引导学生思考点云的实际使用场景，激发学习兴趣；培养团队协作和探究式学习精神	K1/A2
课中：理论提升 25 min	激光雷达点云数据的产生、原理和应用	结合课前作业情况进行 PPT 理论讲解	理解教师所讲的重点、难点知识	2	理论提升	K1
课中：实操演示 10 min	基于 RVIZ 软件可视化激光雷达点云，据此调整激光雷达安装方向	实操演示	观看操作过程	9	理解点云呈现，了解基于点云的激光雷达装调要点	K2/S2/A1
课中：分组研讨 20 min	制定基于点云可视化、调整激光雷达安装方向的工单	发放职业技能标准，关注学生研讨过程，适时引导	根据职业技能标准规范、教师实操演示情况，小组研讨，制定工单	3/5/7/8	培养团队协作精神，制定工艺规划能力	K1/K2/S1/S2/A2
课中：汇报点评 10 min	点评工单方案	分析工单方案，提高可实施性	选取 2 个小组汇报工单方案	3/5/7/8	培养团队协作精神，制定工艺规划能力	K1/K2/S1/S2/A2
课中：分组实操 30 min	基于 RVIZ 软件可视化激光雷达点云，据此调整激光雷达安装方向	关注学生实施过程	分组实施	3/5/7/8/9	培养团队协作精神，严谨、细致的工匠精神	K1/K2/S1/S2/A1/A2
课中：实操点评 5 min	点评实操结果	分析实操过程，提高结果正确性	选取 1～2 个小组汇报实操过程和结果	3/5/7/8	培养团队协作精神，严谨、细致的工匠精神	K1/K2/S1/S2/A1/A2

续表

教学过程						
教学环节 （预计时间）	教学内容	教师活动	学生活动	所用资源	设计意图	覆盖目标
课中：任务进阶 5 min	激光雷达 UDP 报文读取	实操演示	观看操作过程	9	了解激光雷达 UDP 报文的读取过程	K3/S3/A3
课中：理论提升 10 min	激光雷达 UDP 报文格式	结合课前作业情况进行 PPT 理论讲解	理解教师所讲的重点、难点知识	2	探究报文内容	K3
课中：分组实操 10 min	激光雷达 UDP 报文读取	关注学生实施过程	分组实施	3/5/7/8/9	培养团队协作精神，严谨、细致的工匠精神	K3/S3/A2
课中：分组研讨 20 min	激光雷达 UDP 报文解析方案	发放 C16、RS16 激光雷达产品手册，指出报文说明的关键信息；关注学生研讨过程，适时引导	根据原厂产品手册和 1+X 职业技能等级标准，小组研讨，制定报文解析方案	3/5/7/8	培养团队协作精神，制定工艺规划能力	K3/S3/A2
课中：汇报点评 10 min	点评解析方案	分析解析方案，提高可实施性	选取 2 个小组汇报解析方案	3/5/7/8	培养团队协作精神，制定工艺规划能力	K3/S3/A2
课后：复习巩固 20 min	课后作业	发放线上作业，并根据作业情况在下次授课环节进行调整	完成线上作业	1	通过大数据分析学习情况；巩固知识，掌握培养课后复习的学习习惯	A3
课后：进阶提高 60 min	基于报文解析方案，编写代码实现	实时指导	完成代码编写	1	进一步理解激光雷达数据分析，通过编程练习综合提高	A3
形成性考核	课前在线课程导学：20% 课中强化学习：40%（小组实操 20 分 + 小组研讨 20 分 +6S 综合素质 10 分） 课后习题回顾：20% 课后项目提高：20%					

4）教学反思（见表12-4）

表 12-4 教学反思

教学效果	通过课前探究、课中强化、课后巩固提升的三段式教学环节的实施，培养了学生课前、课中、课后不同学习阶段的良好学习习惯。 在具体的教学组织上，将抽象的激光雷达点云数据运用与解析分解为点云呈现、报文分析等两个层次渐进的教学项目，通过启、探、思、做、评等过程引导学生思考，完成知识目标、技能目标和素质目标的达成，取得较好的教学效果。 根据作业、工单和编程项目情况显示，约95%学生理解点云的相关理论知识，能根据点云正确调整激光雷达方向，约60%学生能进一步编程解析数据
存在问题	①实训设备台套不足； ②编程作业用时过多，部分学生困难
改进措施	①更合理的分组和分批方法，提高设备的使用率； ②优化算法方案

12.3.2 "网络工程技术"专业人才培养方案（部分）
——职业分析与专业实践课程设计[①]

1. 培养目标定位

本专业培养能够践行社会主义核心价值观，德智体美劳全面发展，具有一定的科学文化水平，良好的人文素养、科学素养、职业道德，鲜明的军工精神、工匠精神，一定的国际视野，胜任科技成果与实验成果转化工作，掌握扎实的技术知识基础，具备数字化能力、实践创新能力、复杂技术问题解决能力和可持续发展能力，面向新一代信息技术产业的网络工程师、网络安全工程师、网络安全服务工程师等职业群，从事复杂网络进行安装与调试、运行维护与管理、网络安全防护、网络安全服务等工作的专业工程师。

2. 培养规格

1）职业分析

（1）典型工作任务

主要包括：企业服务器渗透测试项目、网络故障诊断项目、网络安全攻击与防御项目、企业跨域网络连通与调试项目、企业网络组建与安全配置项目、复杂网络

---

① 此典型案例由河北科技工程职业技术大学郗君甫老师提供。

系统管理与调试项目。

（2）典型工作任务所要求的技术技能分析

① 网络设备配置与管理：具备配置和管理网络设备的能力，包括对路由器、交换机、防火墙等网络设备进行配置、故障排除和性能优化。

② 网络安全技术：熟悉网络安全原理和技术，具备网络安全防护和检测的能力，能够配置防火墙、入侵检测系统（IDS）、入侵防御系统（IPS）等安全设备，保障网络的安全性，具有根据信息系统评估要求，进行系统安全策略部署、系统渗透测试、安全攻防防范、安全事件快速处理的能力。

③ 网络故障排除与维护：具备网络故障排除和维护的能力，能够快速定位并解决网络故障，确保网络的稳定运行。

④ 网络性能优化：具备网络性能分析和优化的能力，能够监控和分析网络流量和性能数据，识别网络瓶颈并提出优化方案，提高网络的吞吐量和响应速度。

⑤ 操作系统和数据库技术：熟悉常见操作系统（如 Windows、Linux）和数据库系统（如 MySQL、SQL Server）的安装、配置和管理，能够与网络环境结合使用。

⑥ 编程和脚本语言：具备编程和脚本语言（如 Python、Shell）的基本能力，能够编写简单的自动化脚本和网络安全应用程序，提高工作效率。

⑦ 技术文档撰写能力：具备良好的技术文档撰写能力，能够编写网络设计方案、技术方案、操作手册等文档，清晰表达和记录工作内容。

⑧ 团队合作和沟通能力：具备良好的团队合作和沟通能力，能够与同事、客户和供应商等进行有效的沟通和协调，共同完成工作任务。

（3）典型工作任务所要求的理论知识分析

① 网络设备与技术：理解常见网络设备（如路由器、交换机、防火墙）的原理和工作方式，了解不同网络技术（如以太网、无线网络、VPN）的特点和应用。

② 网络安全原理：理解网络安全的基本原理和攻防技术，包括加密技术、身份认证、访问控制、漏洞利用和入侵检测等内容，能够识别和应对常见的网络安全威胁。

③ 操作系统与数据库：熟悉常见操作系统（如Windows、Linux）和数据库系统（如MySQL、SQL Server）的原理和管理方法，了解操作系统和数据库在网络环境中的应用。

④ 网络管理与优化：理解网络管理的基本概念和方法，包括网络监控、配置管理、性能优化和故障排除等内容，能够有效地管理和维护企业级计算机网络。

⑤ 软件工程基础：了解软件工程的基本原理和方法，包括软件开发生命周期、需求分析、设计模式、测试与调试等内容，能够参与网络应用软件的开发和定制。

⑥ 信息安全管理：了解信息安全管理的基本概念和方法，包括信息安全政策、风险评估、安全意识培训和合规性审计等内容，能够设计和实施有效的信息安全管理方案。

⑦ 通信技术基础：理解基础通信原理和技术，包括数据传输、信号处理、调制解调、传输介质等内容，能够分析和优化网络通信性能。

2）学科分析

（1）专业-职业对应的工程技术学科分析

① 计算机网络技术：这是网络工程技术专业的核心学科之一。学生学习计算机网络技术将掌握网络基础理论、网络协议、网络设备配置与管理等知识，为设计、搭建、维护和管理计算机网络提供技术支持。

② 网络安全技术：网络安全技术是网络工程技术的重要组成部分。学生学习网络安全技术将了解网络安全原理、攻防技术、加密技术等，能够为网络系统和数据的安全提供保障。

③ 通信技术：通信技术是网络工程技术的基础学科之一。学生学习通信技术将了解数据传输原理、信号处理、调制解调技术等，为网络数据的传输和交换提供技术支持。

④ 软件工程：软件工程是网络工程技术的辅助学科之一。学生学习软件工程将掌握软件开发方法、软件测试、软件维护等知识，能够为网络系统的开发和定制提供支持。

⑤信息安全技术：信息安全技术是网络工程技术的重要分支学科之一。学生学习信息安全技术将了解信息安全管理、加密算法、访问控制等内容，为网络系统和数据的安全提供保障。

⑥信息技术管理：信息技术管理是网络工程技术的管理学科之一。学生学习信息技术管理将了解信息技术资源规划、组织管理、项目管理等，能够为网络系统的规划和管理提供支持和指导。

（2）基于工程技术学科的典型课程设计

开设的主要课程与实践项目

主要课程：路由技术、交换技术、高级路由交换技术、网络规划与系统集成、虚拟化与存储技术、操作系统原理、SDN与自动化技术、网络安全技术、网络安全编程技术、网络攻击与防御技术。

实践项目：

①课程项目：程序设计开发项目、网络典型服务配置项目、企业服务器渗透测试项目、网络安全编程项目、网络故障诊断项目、网络安全攻击与防御项目。

②课程群项目：企业跨域网络连通与调试项目、企业网络组建与安全配置项目、复杂网络系统管理与调试项目。

③专业综合项目：入门项目、毕业设计（论文）。

3）培养规格

本专业学生应在系统学习本专业知识并完成有关实习实训基础上，全面提升素质、知识、能力，掌握并实际运用岗位（群）需要的专业核心技术技能，总体上须达到以下要求：

①坚定拥护中国共产党领导和中国特色社会主义制度，以习近平新时代中国特色社会主义思想为指导，践行社会主义核心价值观，具有坚定的理想信念、深厚的爱国情感和中华民族自豪感。

②能够熟练掌握与本专业从事职业活动相关的国家法律、行业规定，掌握绿色生产、环境保护、安全防护、质量管理等相关知识与技能，了解相关产业文化，遵守职业道德准则和行为规范，具备社会责任感和担当精神。

③ 掌握支撑本专业学习和可持续发展必备的数学、英语等文化基础知识，具有扎实的科学素养与人文素养，具备职业生涯规划能力。

④ 具有良好的语言表达能力、文字表达能力、沟通合作能力，具有较强的集体意识和团队合作能力，学习一门外语并结合专业加以运用；具有一定的国际视野和跨文化交流能力。

⑤ 掌握数据通信、操作系统、数据库、网络安全、程序设计等方面的专业基础理论知识，具有较强的整合知识和综合运用知识的能力。

⑥ 掌握网络工程规划设计、开发、实施、测试、管理和维护等技术技能，具有网络系统集成、网络安全保障、网络自动化运维、网络安全设备配置、解决复杂网络工程问题能力或实践能力。

⑦ 具有根据信息系统评估要求，进行系统安全策略部署、系统渗透测试、安全攻防防范、安全事件快速处理的能力。

⑧ 具有适应产业数字化发展需求的基本数字技能，掌握信息技术基础知识、专业信息技术能力，掌握ICT领域数字化技能。

⑨ 具有探究学习、终身学习能力，能够适应新技术、新岗位的要求；具有批判性思维、创新思维、创业意识，具有较强的分析问题和解决问题的能力。

⑩ 掌握基本身体运动知识和至少一项运动技能，达到国家大学生体质测试合格标准，养成良好的运动习惯、卫生习惯和行为习惯，具备一定的心理调适能力。

⑪ 掌握必备的美育知识，具有一定的文化修养、审美能力，形成至少一项艺术特长或爱好。

⑫ 具有从事ICT领域中提供中高端服务的能力，具有完成网络工程师、网络安全工程师等岗位工作任务的能力，具有从事网络建设项目的管理、安装、调试、解决现场技术问题和现场创新的能力，具有解决岗位现场较复杂问题的能力，具有实施现场管理的能力。

⑬ 具有从事网络安全服务领域中提供高端服务的能力，具有完成网络安全服务工程师等岗位工作任务的能力，具有从事网络安全设备安装调试及安全策略配置、系统安全加固及安全策略部署、系统渗透测试及安全防范、安全事件单机取证

及应用响应的解决现场技术问题和现场创新能力，具有解决岗位现场较复杂问题的能力以及安全系统测试文档的撰写能力。

⑭ 具有参与制定技术规程与技术方案的能力，能够从事技术研发、科技成果或实验成果转化。

⑮ 熟悉ICT领域相关法律法规，了解ICT产业发展现状与趋势，掌握绿色生产、环境保护、安全等相关知识，具有质量意识、环保意识、安全意识和创新思维。

⑯ 弘扬劳动光荣、技能宝贵、创造伟大的时代精神，热爱劳动人民、珍惜劳动成果、树立劳动观念、积极投身劳动，具备与本专业职业发展相适应的劳动素养、劳动技能。

3. 专业实践课程设计

① 企业服务器渗透测试项目：主要以《网络攻击与防御技术》等课程为基础，掌握网络攻击与渗透测试的主要实施步骤、基本方法，针对网络典型的Web服务、网络基础服务等完成服务发现、漏洞扫描、渗透测试攻击等操作，并能进行服务器的安全加固，培养具备网络安全、网络安全服务工程的职业能力和职业素养。

② 网络故障诊断项目/网络安全攻击与防御项目：其中，网络故障诊断项目以"路由技术""交换技术""高级路由交换技术""网络安全设备调试"等课程为基础，针对课程"网络性能分析与故障诊断"，当网络出现问题和故障时，使学生能够借助系统性的测试方法，对现有网络环境进行测试和分析，针对不同的网络问题或故障，运用测试工具进行分析与测试；网络安全攻击与防御项目以"Web开发技术""网络安全代码审计技术"等课程为基础，使学生熟悉掌握主流的Web安全技术，包括SQL注入、XSS、CSRF等OWASP TOP10安全风险，熟悉掌握各种渗透测试工具并且对其原理有深入了解（如Burpsuite、Sqlmap、Nmap等），培养学生具备网络安全服务工程师的职业能力和职业素养。

③ 企业跨域网络连通与调试项目：以"高级路由交换技术""网络规划与系统集成"等课程为基础，掌握现代网络系统设计方法，虚拟化网络及复杂异构网络连通、管理和调试，网络性能测试与排错；同时学生可以参加网络运维或网络安全高

级 X 证书认证（置换），培养学生具备网络工程师的职业能力和职业素养。

④ 企业网络组建与安全配置项目：以"高级路由交换技术""网络安全设备调试"等课程为基础，以完成企业网络组建为目的，实现网络安全配置，使学生掌握组建中小企业网络的组网技术和安全技术，培养学生具备网络安全工程师的职业能力和职业素养。

⑤ 复杂网络系统管理与调试项目：基于现代企业信息系统及网络服务，从网络互联互通到网络管理和安全防护，针对企业典型信息系统实现网络领域的高级应用；学生可以参加国家行业大赛获奖（置换）；同时学生还可以考取行业顶级认证（置换）。培养学生具备网络高级工程师的职业能力和职业素养。

12.4 职业教育教学改革建设要多听企业建议

高等职业教育教学改革建设应高度重视企业声音，企业是人才培养的直接受益者和使用者，了解行业需求、技术趋势和岗位要求，能够为教学改革提供实践导向和明确目标，确保教育内容与市场需求相匹配，提升人才培养质量，为社会培养更多高素质技能型人才。本书编写过程中收到浙江求是科教设备有限公司对高职教育专业教学改革提出的建设性意见，值得我们深入阅读，并在高职、本专科相关专业教学改革建设中参考借鉴。

浙江求是科教设备有限公司
对高职电子信息类和集成电路专业的分析和建议[①]

1.《职业教育专业简介（2022年修订）》高等职业教育专科专业中电子信息类和集成电路专业分析

电子信息类专业和集成电路类专业的专业简介主要涉及三部分，分别是专业基础课程、专业核心课程和实习实训。其汇总见表12-5。

---

① 本案例由浙江求是科教设备有限公司总经理陈西玉、浙江大学张伟老师提供。

表 12-5 电子信息类专业和集成电路类专业相关专业简介内容汇总

专业代码及名称	专业基础课程	专业核心课程	实习实训
5101 电子信息类（高职）			
510101 电子信息工程技术	电路基础	PCB 设计及应用	对接真实职业场景或工作情境，在校内外进行电子信息装备维护与维修、智能电子产品设计开发、智能应用系统集成等实训。在智能电子产品生产制造、智能应用系统工程实施企业或生产性实训基地等单位或场所进行岗位实习
	电子工程制图	单片机技术及应用	
	C 语言程序设计	电子装联技术及应用	
	模拟电子技术	智能电子产品检测与维修	
	数字电子技术	传感技术及应用	
	智能系统导论	嵌入式技术及应用	
	通信与网络技术	智能应用系统集成与维护	
510102 物联网应用技术	物联网工程导论	传感器应用技术	对接真实职业场景或工作情境，在校内外进行电工实训、电子产品装调、电子电路板设计制作、单片机与嵌入式技术应用、智能电子产品设计应用等实训。在电子产品生产制造、设计研发、技术服务企业等单位进行岗位实习
	电工电子技术	无线传输技术	
	计算机网络技术应用	自动识别应用技术 RIFD	
	程序设计基础	物联网嵌入式技术	
	数据库技术及应用	物联网设备装调与维护	
	单片机技术	物联网系统部署与运维	
		物联网应用开发	
		物联网工程设计与管理	
510103 应用电子技术	电工基础	电子产品制图与制版	对接真实职业场景或工作情境，在校内外进行电工实训、电子产品装调、电子电路板设计制作、单片机与嵌入式技术应用、智能电子产品设计应用等实训。在电子产品生产制造、设计研发、技术服务企业等单位进行岗位实习
	模拟电子技术	电子产品生产与检验	
	数字电子技术	电子产品生产设备操作与维护	
	C 语言程序设计	智能硬件的安装与调试	
	智能传感与检测技术	单片机技术应用	
	工程制图	嵌入式技术与应用	
		智能电子产品设计	

续表

5101 电子信息类（高职）			
专业代码及名称	专业基础课程	专业核心课程	实习实训
510104 电子产品制造技术	电路分析与测试	电子装联工艺	对接真实职业场景或工作情境，在校内外开展电子电路设计、制作与测试，电路板装联等实训。在电路板装联生产、检测、设备编程与运维企业等单位进行岗位实习
	电子电路分析与故障诊断	电子设备操作维护	
	电子设计 EDA	电子产品生产检测管控	
	单片机与接口电路	精益智能制造	
	电气控制与 PLC	电子产品可制造性设计	
	智能传感器与机械手	生产工艺建模与仿真	
		工业机器人操作维护	
		电子产品结构工艺	
510105 电子产品检测技术	模拟电子技术	电子工艺及电子 CAD	对接真实职业场景或工作情境，在校内外进行电工电子技术、传感器应用、安规检测、常用检测仪器的使用、计算机辅助设计等综合实训。在电子产品制造企业、计量站、认证认可服务企业等单位进行岗位实习
	数字电子技术	传感器原理及应用	
	电工基础	电子产品检验技术	
	工程制图	计量基础与实务	
	质量通识	安规测试	
	标准化基础	认证认可实务	
	电子测量技术	ISO 质量管理体系	
	仪器仪表操作		
510106 移动互联应用技术	程序设计基础	移动互联产品检测与调试	对接真实职业场景或工作情境，在校内外进行移动互联产品检测与调试、移动互联硬件开发、移动互联应用系统集成和测试等实训。在移动互联设备生产企业、移动互联网公司、生产性实训基地等单位或场所进行岗位实习
	Linux 操作系统	通信协议开发	
	数据库技术及应用	嵌入式开发及应用	
	云计算和大数据技术	移动互联应用系统集成	
	电工电子技术	移动互联设备配置管理	
	计算机网络基础	移动互联应用程序开发	
	PCB 设计	移动互联应用测试技术	

续表

专业代码及名称	专业基础课程	专业核心课程	实习实训
5101 电子信息类（高职）			
510107 汽车智能技术	汽车机械基础	汽车微控制器技术与应用	对接真实职业场景或工作情境，在校内外进行电工电子技能实训、车载网络与通信技术实训、车载终端应用程序开发实训、智能产品设计与制作实训、汽车智能产品装调标定与测试实训等综合实训。在智能消费设备制造和新一代信息技术行业的生产制造和信息技术服务企业、汽车制造行业的整车及零部件制造企业的研发辅助、生产制造和营运服务岗位进行岗位实习
	汽车机械制图	车载网络及总线技术与应用	
	汽车电工电子技术	车载无线通信技术与应用	
	程序设计基础	人工智能技术应用	
	汽车网络通信基础	车载终端应用程序开发	
	汽车构造	汽车智能产品设计与制作	
	汽车电路与电气设备	汽车智能传感器技术与应用	
	电子线路设计与仿真	汽车智能座舱技术与应用	
510108 智能产品开发与应用	电工与电路基础	传感器技术与应用	对接真实职业场景或工作情境，在校内外进行智能产品设计与制作、电子技术综合设计、智能产品开发等实训。在计算机、通信和其他电子设备制造业、软件和信息技术服务业等行业的电子产品开发相关企业等单位进行岗位实习
	电子技术基础	微控制器技术与应用	
	程序设计	PCB 设计与制作	
	计算机网络技术	智能产品设计与制作	
	数据库技术	无线通信组网技术	
	人工智能基础	移动终端应用及开发技术	
	物联网工程导论	嵌入式系统与应用	
		面向对象程序设计	
510109 智能光电技术应用	电工技术基础	光电器件概论	对接真实职业场景或工作情境，在校内外进行电工技术、电子技术、光电设备装配与调试、微控制器应用、照明灯具设计制作、照明工程实施、电光源综合应用等实训。在光电产品生产企业、光电工程设计企业、光电工程建设企业等单位进行岗位实习
	模拟电子技术基础	光电器件驱动设计	
	数字电子技术基础	LED 封装检测	
	工程光学基础	智能照明产品设计	
	微控制器应用技术	智能照明工程实践	
	电路板设计与制作	智能光电系统实务	
	工程制图 CAD		

续表

5101 电子信息类（高职）				
专业代码及名称	专业基础课程	专业核心课程	实习实训
510110 光电显示技术	电路与电工技术	光电检测技术	对接真实职业场景或工作情境，在校内外进行光电显示技术、液晶显示器工艺、LED照明工程与产品组装等实训。在光电显示器件组装企业、光电显示产品品质管理企业、光电显示产品生产线设备管理企业等单位进行岗位实习
	模拟电子技术	液晶显示应用技术	
	数字电子技术	液晶器件制造工艺技术	
	C语言程序设计	LED应用技术	
	工程制图与计算机辅助绘图	电子线路板设计与制作	
	专业英语	单片机技术及应用	
		PLC技术与应用	

5104 集成电路类（高职）			
专业代码及名称	专业基础课程	专业核心课程	实习实训
510401 集成电路技术	电路分析与测试	半导体器件与工艺基础	对接真实职业场景或工作情境，在校内外进行电子技术、集成电路版图设计、芯片应用开发、芯片制造和封装测试等实训。在集成电路设计、集成电路制造和封测等单位进行岗位实习
	模拟电子技术	半导体集成电路	
	数字电子技术	集成电路版图设计	
	C语言程序设计	系统应用与芯片验证	
	PCB设计	FPGA应用与开发	
	电子装配工艺	集成电路封装与测试	
		电子产品设计与制作	
		Verilog硬件描述语言	
510402 微电子技术	电路分析与测试	集成电路导论	对接真实职业场景或工作情境，在校内外进行电子技术、芯片制造、芯片封装测试、集成电路版图设计等实训。在集成电路制造和封测、集成电路设计等单位进行岗位实习
	模拟电子技术	半导体器件物理	
	数字电子技术	集成电路制造工艺	
	C语言程序设计	集成电路封装与测试基础	
	单片机应用技术（51和ARM）	半导体集成电路	
	PCB设计	集成电路版图设计技术	
		FPGA应用与开发	

2. 对电子信息类专业和集成电路类专业的分析和建议

在知识与技术高速更新的当代社会，新的学科、职业层出不穷，未来的产业结构和职业市场呈现出高度的不确定性。许多岗位不再仅仅需要特定的技术技能，而是需要跨学科、跨专业的综合技术能力。例如，机器人产业需要机械、电子、自动化以及计算机等多专业的集成知识和技术；光伏产业则融合了材料科学、运动控制、电子技术和机械工程等领域。在这个趋势下，我们认为职业教育应当重视基础教育，以确保学生在学习与实训中能够具备通用的学习能力和思维方式。这样，学生在未来不仅能更容易适应不断变化的工作环境，对于新兴的职业要求也能快速适应。即便学生当前的技能与市场需求不完全对应的前提下，他们也将更加有能力在未来职场中进行岗位迁移和面对各种挑战。因此，厚基础和宽专业的培养模式或许更顺应高等教育未来的发展趋势，专业培养方案的设计也值得被重新审视。

与普通本科教学的厚基础、宽专业的理念不同，高职教育的厚基础应着眼于基础理论在实际产业、技能中的应用，高职教育的宽专业则应更加强调对于未来职业市场的适应性。例如，在专业的培养方案设计之初，可明确设定其专业方向，以及对接的产业、核心的技术技能，学生在经过了两年的基础课程的学习后，可第三年根据个人兴趣和市场需求自主选择专业方向，同时也可根据个人后续的实习和实训经历，进行适当的个性化调整。最终期望能够帮助学生夯实基础知识的前提下，在专业技能的培养上能够兼顾学生个人兴趣与当下就业市场实际的需求。

基于以上思路，在这里建议对高职电子信息类的十个专业和集成电路的两个专业进行一些优化与整合，具体建议如下：

① 科技发展速度的不可控性和产业岗位对人才要求的不确定性，未来产业越来越往多专业群方向发展，若专业定位太具体，学生未来的就业越困难，所以厚基础理论和重技能实训，可确保学生能够扎实掌握专业基础理论知识和技能，为其后期的学习和职业生涯打下坚实基础。

② 从高职电子信息类和集成电路专业的分析可以看到，专业基础课程体系区别不大，建议合并一些专业改为专业方向，对接产业核心技术和技能，方便高职学生

第三年对专业方向的灵活选择。

③ 审视和调整专业核心课程内容（理论和实训教材）已变得刻不容缓，确保与当前产业技术需求的对接，增加或修改相关专业核心课程，淘汰或合并被新技术替代的技术和技能，往产教融合方向基础对接。

④ 关注基础理论课程与专业核心课程内容的衔接，构建完整的知识体系，便于教学实施。设计具有行业特色且融合产业技术元素的实战课程，培养学生的综合职业能力。

⑤ 鉴于对未来产业发展的不确定性考虑，建立完善的知识、技术和技能体系，全面提升学生未来生存的应变能力。

⑥ 设计各专业课程体系时，在兼顾通识课程和核心课程顶层设计的强制性，同时允许不同区域院校根据当地经济和人才需求进行个性化调整理论和实训技能课程。

以电子信息类和集成电路专业为例，图12-7是针对不同专业课程以及其相对应就业方向的尝试性的示意（未包含软件课程内容，如C语言编程、PCB线路板设计等）。

图12-7 针对不同专业课程以及其相对应就业方向的尝试示意

对于目前正在实行的专业设置，有如下的具体建议：

① 建议将510101电子信息工程技术、510102物联网应用技术、510103应用电子技术和510108智能产品开发与应用四个专业合并为"电子信息工程技术"一个专业。这一整合将促进资源集中，增强基础课程和技能教学的投入，为学生在职业本科阶段的学习打下坚实基础。专业方向则可以细化为以下四个：电力电子技术、智能电子产品开发（智能机器人）、物联网技术及应用、集成电路开发与测试。

课程设置建议增加：

- 现代电子线路设计及制作（实训课程）。电子技术课程在高职乃至本科的很多专业中均有要求，该课程是电类和非电类最为基础又不可或缺的基础理论课程。当下的工业自动化、机器人、新能源、电动汽车、集成电路和人工智能等产品中处处都需要它的存在。建议采用现代数字手段，从电子技术的应用出发，完成现代电子线路的仿真、设计、线路板焊接、功能测试、排故和功能实现的整个过程，充分体现职业教育的特点，即理论和技能相结合。本教材的内容涵盖模拟电子技术、数字电子技术、数模电技术、数电和FPGA等实训项目。

- 电力电子技术及应用。设为专业方向的必修课程。鉴于该技术在电力系统、交通运输、工业控制、家电、新能源、医疗、航空航天、储能及机器人等多个行业中的广泛应用，本课程具有重要的战略意义和市场需求。目前仅少数学校开设此课程，加强该课程的教学将为学生提供更广阔的职业前景。

- 运动控制技术及应用。该课程应跨多专业开设，特别是在制造领域和智能机器人领域，电机控制作为核心执行机构的技术需求持续增长。通过提供深入的理论与实践结合的教学，增强学生的操作和创新能力。

- 自动控制技术及应用。建议新设此课程，并在教材编写上采取适合高职教育的方法。自动控制技术是自动化和机器人专业的核心基础课程，对学生理解系统概念、建立完整的知识体系极为重要。此课程将帮助学生为未来深入学习及职业发展打下坚实的基础。

- 智能电子产品设计及制作（实战实训课程）。该课程可适应电子信息类、集成电路类、计算机类、机电设备类、自动化类等大类专业的基础课程和核心专业课程的综合训练，填补职业教育的实战实训内容和毕业设计项目的空缺和不足。教材中的项目技术难度由简到难，逐步提高，以适应院校在教学中灵活选择，教材还提供教材库资源，可适应教学内容的扩展。

② 510104电子产品制造技术、510105电子产品检测技术建议可以合并为一个专业，制造和检测本就属于电子产品制造过程中的两个环节。课程体系设定应围绕电子产品基础课程、产品制造全过程中需要的技术和技能。专业基础课程包括电工基础、电子技术、传感技术、单片机技术、CAD制图、C语言和PLC控制等方面，电子产品制造的过程中应包括制造设备的使用和维护、虚拟仪器检测技术、电子器件的检测及计量器具使用，5S和电子产品制造工艺等内容，因电子产品品种很多，可引入具有代表性的电子产品的制造过程作为教学实训案例。

③ 510109智能光电技术应用、510110光电显示技术这两个专业的就业岗位具有地域特征。近年随着自动化进程的推进，人才的需求量趋于减少趋势，这类企业往往同时生产光电器件和光电显示器件，其用人需求主要是体现在器件的设计、生产制造和应用三方面。对于高职培养目标应定位在器件的认识和应用方面，而生产制造又归属于机电一体化专业技术范畴。建议这两个专业可以作为"电子信息工程技术"一个专业方向，由学校根据自己所在区域的产业特征是否设计专业课程。

④ 510401集成电路技术和510402微电子技术两个专业面向高职主要的基础课程与电子信息类基本相同，而核心课程主要是"集成电路封装与测试""FPGA应用与开发"，其他课程可能只起到了导论的作用。集成电路产业主要包含集成电路的设计、制造、封装与测试、设备的操作与维护等，能够落地高职除了电类基础课程以外，只有封装与测试环节，岗位需求量有限，建议作为电子信息大类专业方向较为适合。

⑤ 从510107汽车智能技术专业与46装备制造大类460703汽车电子技术专业课程体系的对比可以看到，这两个专业课程的重叠度比较高。460703汽车电子技术专

业课程设置偏重传统汽车领域，510107汽车智能技术专业偏重信息技术和智能技术的应用。随着我国新能源汽车的飞速发展，新能源汽车的技术覆盖了传统汽车技术、现代信息技术、机器人技术、人工智能、电化学储能和现代电力电子技术等领域，以上两个专业的培养方案已不能满足新能源汽车产业对人才的需求。建议对这两个专业的课程进行整合，在传统汽车电子技术课程的基础上，设置智能汽车技术和汽车电力电子技术两个专业方向。汽车电力电子专业方向还应该包括充电设备技术的专业课程。具体见表12-6。

表 12-6　智能汽车技术和汽车电力电子技术专业课程

专业代码及名称	专业基础课程	专业核心课程	实习实训
510107 汽车智能技术	汽车机械基础	汽车微控制器技术与应用	对接真实职业场景或工作情境，在校内外进行电工电子技能实训、车载网络与通信技术实训、车载终端应用程序开发实训、智能产品设计与制作实训、汽车智能产品装调标定与测试实训等综合实训。在智能消费设备制造和新一代信息技术行业的生产制造和信息技术服务企业、汽车制造行业的整车及零部件制造企业的研发辅助、生产制造和营运服务岗位进行岗位实习
	汽车机械制图	车载网络及总线技术与应用	
	汽车电工电子技术	车载无线通信技术与应用	
	程序设计基础	人工智能技术应用	
	汽车网络通信基础	车载终端应用程序开发	
	汽车构造	汽车智能产品设计与制作	
	汽车电路与电气设备	汽车智能传感器技术与应用	
	电子线路设计与仿真	汽车智能座舱技术与应用	
460703 汽车电力电子技术	汽车机械基础	汽车电子产品设计与制作	对接真实职业场景或工作情境在校内外进行汽车电子产品检测、汽车车身电气诊断、汽车电控系统故障诊断、汽车微控制器与车载网络检测、汽车故障诊断等实训。在汽车整车及零部件产品研发企业、生产制造企业、营运服务企业等单位进行岗位实习
	汽车电工技术	汽车电子电气标准与测试	
	汽车电子技术	车身电气系统原理与诊断	
	汽车构造	汽车电控系统原理与诊断	
	汽车微控制器技术	车载网络技术与数据监测	
	C语言程序设计		
	汽车电子专业英语		

⑥ 从各专业实习实训内容中可以看到，目录中对于实习实训的内容要求含糊，

在此建议技能实训有明确要求，确保专业基础课程和核心课程都有对应的实训技能训练环节。

⑦ 允许学校根据所在地域产业和专业特征灵活匹配学生实战训练内容，达到真正意义对接产业，并建设完整的专业毕业设计项目库，以缓解师生比例上的不足和教师能力问题。

⑧ 岗位实习涉及600个学时，能够与企业对接也未必能够达到预期效果，除了允许学生自我解决实习地以外，也可以在学校建虚拟工厂，并不占多少场地。虚拟工厂除了允许学生了解企业的运行过程，还可以实现流水线各环节的线下编程控制训练，以弥补这个环节的缺失，如此若能解决对企业的参观应该不难实现。

无论是中职、高职、职业本科还是职业研究生教育，都具有层次的特征的定位，任何一个层次都不可能无极限地增加各种新技术内容，应遵循教育规律，对于知识、技术、技能和设计能力等如何落地和对接，充分考虑学校之间的差异，地域之间的差异，学生生源的差异实施因材施教。无论处于何种层面，除了德育，不同要求的生存能力的培养方是职业教育的最终目标，因为技术和技能未来充满着变数。

教育部非常重视产教融合，而产教融合并不是把产业各种产业前沿的技术和大型设备植入高职教育体系中来，其核心应是将产业中的典型技术和技能提炼出来，作为教学内容。任何层面的教育都不可能做到与行业产业零对接，其根本就是对人的分析问题、解决问题、独立思考和应变能力的培养。

第五部分
综合性数字化教学环境保障

适应新时代人才需求的高等职业教育需要有高水平综合性、数字化教学环境的保障，包括实践教学环境的进阶升级，从单一的技术技能实训基地向技术与职业综合性的资源和训练平台或环境发展，尤其是将企业的实际生产场景搬到训练基地需要数字化技术的支持；同时创新数字化、智能化的教学环境空间，支持数字化教育教学落地都是本部分的主要内容。

第 13 章 实践教学支持系统和典型案例

13.1 能力培养项目课程的环境支持

20世纪80年代末90年代初,高等职业教育学习国际职业教育办学条件经验中发现,在职业教育中与我国当时高等院校实践教学以实验教学和实验室建设为主不同,职业教育实践教学主要不是建设实验室,而是为技能性训练课程配套的训练中心或实训基地等支持环境的建设。

伴随高等职业教育的发展,依据《高职专业教学标准》,实践性教学环节的主要任务是保障培养规格中的技能和能力培养,从而使人才培养目标最终达成。因此高等职业教育的实践性教学环节主要包括技能实训、能力培养、岗位实习等。正如前面所说培养技能的环境主要是技能实训基地;而能力培养与技能培养虽然都要靠实践训练,但由于训练方式不同,所以能力训练环境和技能实训基地也不相同。

搞清能力培养项目课程的环境首先要分清几个不同实践环境的基本概念。

1. 实验室

实验室是进行科学实验和研究的主要场所,强调科研和学术的严谨性。它为研究人员和学生提供了一个控制实验条件、验证假设、探索新知识的环境。实验室的主要功能有:

① 提供实验环境:实验室提供适宜的温度、湿度和光线等条件,确保实验数据的准确性和可重复性。

② 提供实验设备：配备各种先进的仪器设备，如光谱仪、显微镜、离心机等，用于精确的实验操作和数据采集。

③ 开展科研活动：包括基础研究、应用研究和创新科技，推动科学的进步和技术的发展。

④ 支持实验教学：为学生提供实践操作的机会，巩固理论知识，培养实验设计和数据处理的能力。

2. 实训基地（室）

实训基地指为了提升学生的专业和操作技能而设置的专门训练场所。通过实际操作和训练，使学生熟练掌握某一特定技能或工艺，为未来的职业发展奠定坚实基础。

实训基地的主要功能有：

① 提供实践场所：实训基地配备与特定职业相关的设备和器材，为学生提供实践训练的平台。

② 进行职业技能培训：如计算机编程、机械加工、物流配送等，帮助学生掌握实际操作技能，提高实践能力。

③ 支持职业技能鉴定：实训基地还可以承担职业技能培训和鉴定任务，为学生提供职业技能证书，增强其就业竞争力。

④ 服务科研项目和竞赛：为技能竞赛和科研项目提供支持和帮助，如机器人设计、自动化控制等，促进学生的创新思维和实践能力。

实验室和实训基地在性质和功能上各有侧重。实验室更注重科研和学术的严谨性，为科学家和研究人员提供实验和研究的环境；而实训基地则更强调职业技能培养，为职业教育和职业培训提供实践训练的平台。两者在促进科技发展、人才培养和就业竞争力提升方面都具有重要作用。

3. 项目课程训练环境

项目课程是一种针对特定项目或任务而设计的课程，旨在让学生在教师的指导下，通过已掌握的特定知识和技能的支持，模拟实际项目环境，以提高其应用能力。目的是培养学生的综合职业能力，强调边做边学、学做一体，实现知识学习与技能训练的有机结合。项目课程训练环境与技能实训环境实训基地相比有如下特点和不同：

项目课程训练环境强调实际项目的模拟和实践，让学生在实际环境下开展工作，更好地了解真实应用情况。技能实训环境同样注重实际操作，但更侧重于单一技能或工艺的训练和熟练。

项目课程训练环境涉及多种技能和知识，需要学生综合运用各种技能和知识来完成项目任务。技能实训环境则更注重某一技能的深入训练和掌握，综合性相对较弱。

项目课程训练环境通常应用于各个领域，如管理、工程、科技创新等，以实际项目需求为基础，培养学生的综合职业能力。技能实训环境则更多应用于专业技能的培训和认证，如机械加工、汽车维修、计算机编程等。

项目课程训练环境注重学生的主动性和自主性，鼓励学生自主地进行信息收集和方案设计，独立完成项目任务。技能实训环境则更强调教师的指导和示范，通过反复练习和修正，使学生熟练掌握操作技能。

项目课程训练环境和技能实训环境在定义、目的和特点等方面存在明显的差异。项目课程训练环境更注重培养学生的综合职业能力和实践操作能力，强调知识的综合运用和项目的完成；而技能实训环境则更侧重于某一技能的深入训练和掌握，通过反复练习和修正，使学生熟练掌握操作技能。这两种训练环境在职业教育和人才培养中都发挥着重要作用，但各自侧重点和应用领域有所不同。

高职教学中的职业技能实训和职业能力训练在形式和环境上存在明显的差异。职业技能实训更注重具体职业技能的培养和实践操作，而职业能力训练则更侧重于学生综合职业能力的培养和提升。在环境和基地方面，职业技能实训通常需要模拟真实的工作环境或场景，而职业能力训练则可能需要更广泛和多样化的训练基地。这些差异体现了高职教学在职业技能和职业能力培养上的全面性和针对性。

4. 岗位实习教学环境

岗位实习是重要的教学环节，要求具有稳定的校外岗位实习基地，能涵盖当前相关产业发展的主流技术、可接纳一定规模的学生实习，能够配备相应数量的指导教师对学生实习进行指导和管理，有保证实习生日常工作、学习、生活的规章制度，有安全、保险保障等。同时对于有符合岗位实习条件的生产性实训基地、厂中校、校中厂，以及虚拟仿真实习基地等也可用于岗位实习。

要强调的是岗位实习是专业教育的最后环节和重要教学组成部分，而不是一般的劳动教育。岗位实习要进行教学设计，同时对达成岗位实习教学目标的教学环境支持尤为重要。

13.2　能力培养项目课程的训练资源支持

《高职专业教学标准》中提出了对教学资源的基本要求，认为：教学资源主要包括能够满足学生专业学习、教师专业教学研究和教学实施所需的教材、图书文献及数字教学资源等三部分内容。前两部分属于传统教学资源，主要用于课堂教学，而第三部分数字教学资源主要包括与本专业有关的音视频素材、教学课件、数字化教学案例库、虚拟仿真软件、数字教材等专业教学资源库等。由此可见《高职专业教学标准》中提出的教学资源基本是支持人才培养方案中占总学时一半的理论教学部分的教学资源，而占高职教学另一半的实践环节的教学资源还是当前高职教学资源建设的薄弱环节。

实践教学是当前高职专业教学的薄弱环节，实践教学的资源建设又是实践教学中的薄弱环节，实践教学环节主要包括技能实训、能力训练、岗位实习等。由于高等职业教育改革初期的实践教学主要是以培养操作性技能为主，其教学形式主要是实训教学，教学环境是实训基地，操作技能培养以标准性动作的掌握为目标，一般无须专门的实训资源支持，所以当时建设实训基地曾成为高职实践教学的主要任务。

伴随经济产业发展，高职人才需求也从操作技能为主向智力技能和综合能力要求发展。由于受前一阶段认识的影响，对于智力技能和综合能力的实践教学形式也都称为实训，但此实训已不同于彼实训，实训目标不同，教学形式也不同，指向智力技能和综合能力培养的实训对训练资源有强烈的依赖性,导致对训练资源建设提出新的要求。因此当前讨论高职教学资源建设,也必须包括针对不同训练目标和训练方式的实践教学的资源要求,见表 13-1。

表 13-1 实践教学资源表

实践教学环节	资源形式	资源结构
动作技能实训	标准动作	
智力技能实训	训练题目	技能掌握规律(易 → 难)
能力培养	训练项目(工作任务)	三维空间(技术、问题、引导)能力掌握规律

13.3 能力培养项目课程的教练型教师队伍支持

能力培养项目课程又称项目训练课程,目的是提升学生的综合职业能力,因此不仅需要教师首先具备相应的职业能力,而且还要具备将相应的职业能力传授给培训对象的能力,相当于体育比赛的教练员,因此高职的能力培养必须建设类似于体育比赛的教练员的教练型教师队伍。通过教练理论与教练技术学习、实践,实现工程师、教师到教练的转变,为能力培养项目课程培养更多教练型教师,进而也能支持高水平的实训教学,提升实训教学效果。

教练型教师是一种新型的教学角色,他们在教学过程中更注重引导和激励学生主动学习,发展学生的自主学习能力和解决问题的能力,他们善于学习新技术和创新训练方法,能够根据学生的实际情况为学生量身定做训练方案,设计、开发实训所需的环境、资源,在实训过程中善于观察、客观评价、及时反馈、指导、纠正学生的技术、心态问题。

教练型教师以学生成长为中心,相信学生、尊重学生、因材施教,通过个性化的训练方案、科学实用的训练方法、训练资源,丰富的实践经验,支持学生发展目标的实现。在学生成长过程中可以起到示范、定位、导航(纠偏),提升动力、减小阻力的作用。教练型教师将学生置于教学的中心,关注学生的需求、兴趣和能力,注重学生的主动参与和自主学习。他们不仅关注学习的结果,更注重引导学生学习的过程，提供指导和支持，帮助学生建立学习目标、制订学习计划，并鼓励他们克服困难和挑战自己。尊重每个学生的个体差异，关注学生的个人特点和学习风格，提供个性化的教学策略和资源，促进学生的个体发展。注重给予学生及时和有效的反馈，帮助他们了解自己的学习进展和改进方向，采用多种形式的评估方法，不仅关注学生的知识、技能掌握，还注重学生的学习过程和思维能力的培养。鼓励学生之间的协作与合作，培养学生的团队合作能力和社交技能，创造积极的学习环境，鼓励学生分享知识、互相学习和支持彼此的学习与传统教师相比，教练型教师更注重以下几个方面：

① 教学理念：传统教师往往注重知识的传授，而教练型教师则更注重引导学生主动探索和职业能力的提升。

② 教学方法：传统教师通常采用讲授式的教学方法，而教练型教师则更倾向于采用讨论、案例分析、项目合作等互动式的教学方法。

③ 教学目标：传统教师往往以完成教学任务为目标，而教练型教师则更注重培养学生的综合能力、批判性思维和解决问题的能力。

教练型教师需要具备扎实的学科知识和丰富的实践经验：熟练掌握所教学科的知识和技能，具有较高的实践能力和丰富的实践经验，这是教练型教师的基础。具备指导学生制订项目或任务目标和计划，指导学生优质完成工作任务，在学生完成工作任务过程中提供及时的建议等。关注学生的需求、兴趣和能力，注重引导和激励学生主动学习。帮助学生克服学习困难和挑战自己，激发学生的学习兴趣和热情。

根据学生的个体差异，提供个性化的教学策略和资源，促进学生的个体发展。关注最新的教学方法和技术，不断提高自己的教学水平和能力。

教练型教师是高职教育中一种重要的教学角色，他们通过引导和激励学生主动完成工作任务式的学习，发展学生的自主学习能力和解决问题的能力，为学生的全面发展提供有力支持。随着教育改革的不断深入和发展，教练型教师将逐渐成为教师队伍中的重要力量。

13.4 能力培养项目课程的训练平台与资源支持典型案例

案例一 电子信息与计算机类产学研融合大学生公共实训实习基地（百科荣创（北京）科技发展股份有限公司）

一、实践训练基地名称

电子信息与计算机类产学研融合大学生公共实训实习基地

二、实践训练基地的教育定位

1. 教育类型定位

基地能支撑高等职业院校、普通高校的学生实习实践、校企联合培养、教师企业实践、师资培训、创新创业孵化等服务。

2. 专业领域定位

基地能承接电子、通信、嵌入式、物联网、人工智能、机器人等相关专业的岗位实习，见表13-2。

表13-2 基地能承接专业的实训、实习情况

类型	专业类	专业名称
职业本科	电子与信息大类	电子信息类：电子信息工程技术、物联网工程技术 计算机类：嵌入式技术、人工智能工程技术 通信类：现代通信工程 集成电路类：集成电路工程技术
高职	电子与信息大类	电子信息类：电子信息工程技术、物联网应用技术、应用电子技术…… 计算机类：嵌入式技术应用、人工智能技术应用…… 通信类：现代通信技术…… 集成电路类：集成电路技术……
普通本科	电子信息类	电子信息工程、电子科学技术、通信工程、信息工程、应用电子技术教育、人工智能、电子信息科学与技术……
	计算机类	计算机科学与技术、软件工程、网络工程、物联网工程、智能科学与技术、电子与计算机工程

三、专业实践训练内容（导图）与训练基地的支撑定位

1. 专业实践训练导图

以某高职高水平专业群物联网技术专业为例，当前高职实践教学体系的构成如图13-1所示。

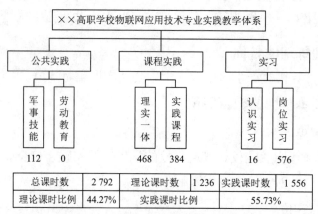

图13-1 当前高职实践教学体系的构成

（1）公共实践环节

包括军事技能、劳动教育。

① 军事技能，计2学分。新生入学后集中进行。

② 劳动教育模块包括环境保护类劳动和志愿服务类劳动等。

（2）课程实践环节

包括人才培养方案中每门课程中的实训教学部分、综合项目实训课程、毕业设计等，与课程教学同步安排，学分计入该课程总学分。课程实践环节既要重视学生的劳动知识和技能学习，又要结合专业特点和定位，融入劳动精神、劳模精神、工匠精神相关内容。

（3）实习环节

实习包括认知实习，1学分，16学时，一般安排在第1或者第2学期；岗位实习，6个月（24周），12学分，一般安排在第5学期以及第6学期。认知实习指学生由职业学校组织到实习单位参观、观摩和体验，形成对实习单位和相关岗位的初步认识的活动。岗位实习指具备一定实践岗位工作能力的学生，在专业人员指导下，

辅助或相对独立地参与实际工作的活动。实习环节既要重视学生的劳动知识和技能学习，又要结合专业特点和定位，融入劳动精神、劳模精神、工匠精神相关内容。

学生实习的本质是教学活动，是实践教学的重要环节。组织开展学生实习应当坚持立德树人、德技并修，遵循学生成长规律和职业能力形成规律，理论与实践相结合，提升学生技能水平，锤炼学生意志品质，服务学生全面发展；科学组织，依法依规实施，切实保护学生合法权益，促进学生高质量就业。

2. 本训练基地在专业实践训练导图中的支撑位置和训练学时

以某高职高水平专业群物联网技术专业为例，基地可承担实践课程教学任务、认识实习和岗位实习约50%的课时教学任务，合计大约占总实践课时的44%，如图13-2所示。

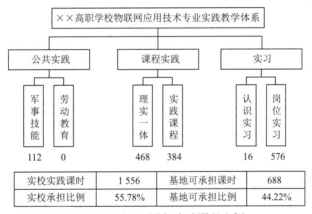

图13-2　基地可承担实践课程比例

学生在实习单位的岗位实习时间一般为6个月，根据目前基地已承担的项目看，学生在基地学习训练时间一般不超过3个月。学生在基地训练的典型流程是：集中培训、项目实战、答辩测评、跟岗锻炼（可选）、推荐就业（可选）。基地的研发、教学性质（实际岗位少、在岗正式员工少）决定了能够在基地进行跟岗锻炼的学生只能是一小部分，训练基地主要是利用真实项目、技术、设备、环境、师资等优势为学校提供岗前综合实训教学的支持。

职业学校学生实习管理规定第十一条要求：实习单位应当合理确定岗位实习学生占在岗人数的比例，岗位实习学生的人数一般不超过实习单位在岗职工总数的10%，在具体岗位实习的学生人数一般不高于同类岗位在岗职工总人数的20%。

3. 专业培养规格中主要技能、能力目标（各列举一个）

1）职业本科（物联网工程技术）

具有物联网感知设备安装部署、测试、故障排除与数据采集的能力。

具有物联网标识系统设计开发、集成实施、管理控制及运行维护的能力。

具有物联网多传感器融合式技术应用、简单开发、设备接入和组网的能力。

具有物联网边缘设备应用开发、数据应用及设备控制的能力。

具有物联网控制系统设计、开发调试与运行维护的能力。

具有物联网系统集成设备安装调试、系统部署、运行与维护的能力。

具有将5G、人工智能等现代信息技术应用于物联网工程领域的能力。

具有探究学习、终身学习和可持续发展的能力。

2）高职专科（物联网应用技术）

具有感知识别设备选型、装调、数据采集与运行维护的能力。

具有无线传输设备选型与装调及无线网络组建、运行维护与故障排查的能力。

具有嵌入式设备开发环境搭建、嵌入式应用开发与调测的能力。

具有物联网系统安装配置、调试、运行维护与常见故障维修的能力。

具有物联网移动应用开发、平台系统安装测试、数据应用处理和运行维护的能力。

具有初步的物联网工程项目施工规划、方案编制与项目管理的能力。

具有物联网云平台配置、测试、数据存储与管理的能力。

具有探索将5G、人工智能等现代信息技术应用于物联网技术领域的能力。

具有探究学习、终身学习和可持续发展的能力。

3）普通本科（物联网工程）

具备物联网工程设计与开发能力：学生应具备物联网工程设计和应用开发的能力，能够进行物联网嵌入式产品的设计与开发，包括但不限于嵌入式设备与外设接口的通信开发以及嵌入式网关的设计开发。

熟练掌握相关技术标准和协议：学生需要熟悉物联网工程主要技术标准和协议，并具备物联网工程应用方案的设计能力，了解企业物联网开发项目的基本流程，并能够分析和解决实际项目中出现的问题。

实践能力与创新能力：学生应具备一定的实践应用能力，包括算法设计与分析能力、程序设计与实现能力以及系统实现与应用能力。同时，学生还应具备创新精神，能够在物联网领域进行创新性工作。

外语与文献检索能力：学生应能较熟练阅读本学科英语语言的技术资料，并具备一定的英语听、说、读、写能力。此外，学生还应掌握文献检索的基本方法，以便能够获取最新的物联网技术信息。

四、实践训练基地环境

百科荣创——山东大学生公共实践产教融合服务基地，坐落于山东济南，为全国高校提供学生实习实践、教师企业实践、学科竞赛、师资培训等产教融合服务。通过企业开放型产教融合实习实践中心，学生能够接触到真实的企业环境，提升实践能力，为未来的职业发展打下坚实基础。

基地占地 6 000 m² 为促进学生全面发展，通过不同项目实战培训区的形式，对学生能力进行综合能力提升。实习实践基地功能划分如图13-3所示。

图13-3 实习实践基地功能划分

基地包括硬件焊接区、硬件装配调试区、软件开发区、创新项目开发区等区域，完全满足学生实习实践进行企业项目开发所需。

为了保障学生实习实践的培训环节顺利开展，基地共设有三个集中培训室，培训室可同时容纳180人次。

五、实践训练过程设计与训练资源、教练团队支持

1. 实践训练过程设计

新型岗位实习实践训练过程围绕新一代信息技术赋能行业应用场景创新。整个过程大致分为岗前通识、技术技能夯实、产品原型设计、真实项目实施。每个实施过程中都有其考核要点以及支撑其实践训练的资源，如图13-4所示。

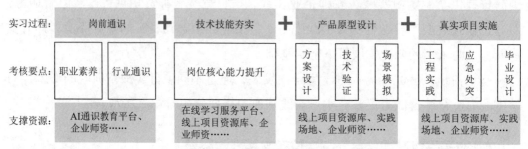

图13-4　实践训练过程设计

（1）集中培训

岗前通识培训。实习实践开展初期，企业会做一些准备预热工作，帮助学生尽快适应企业管理及实习实践节奏，如召开实习动员会、安全教育、岗位素质提升、企业文化培养等。传达实习方案，讲明实习目的、内容、方式、要求及有关事项，提高学生对实习重要性的认识，讲授实习的有关规定、实习的必备常识、职业素质的培养和训练等有关专题，并强调生产实习期间的安全纪律要求等注意事项，便于后续相关的学生管理。

（2）技术技能培训

结合学生学情状况和实习实践的时间进行调整。对学生进行专业技术技能测评，掌握学生基本学习情况为后续实践教学培训做准备，然后有计划地开展各项理论实践教学活动。如果学生的基础技能还未达到项目开发标准，企业则安排指导老师对学生的基础技能进行夯实，如做一些技术培训、技术交流会等。并且企业提供了在线学习

平台，平台包含多个相关的技术基础课程，可供学生随时随地在线学习提升。

（3）项目实战

产品原型设计。为了提高学生解决实际问题的能力，在学生的基础技术技能达到一定的要求时，安排学生进行产品原型设计与开发。主要包括产品原型的方案设计、技术验证、场景模拟等训练内容。让学生了解行业上的产品解决方案及设计开发流程。

项目实施。当参与实习实践的学生基本技能达到项目开发需求后，企业指导老师会组织同学进行项目实施。同学们进行项目分组、项目选择、项目解读、任务分配、项目实施等工作，在此期间指导老师定期跟进项目开发进度，指导项目开发技术难点，确保学生们能按时按质按量完成项目开发。

验收答辩。项目实施最后阶段是项目验收答辩，每个小组对项目开发结果进行答辩，邀请学校领导老师同企业工程师进行考评，企业与学院根据答辩情况进行成绩评定。可根据情况对表现较好的项目组进行表彰，比如颁发获奖证书奖品等。

（4）跟岗锻炼阶段：（可选）

在学生实习实践时间充足的情况下，企业可为实习实践的学生开放部分岗位进行跟岗锻炼，提前了解岗位需求、岗位职责以及岗位具体工作细节等，为以后的职业生涯奠定基础。企业可提供技术服务岗位、技术开发岗位、生产测试岗位、新媒体宣传岗位等多个典型工作岗位，通过实际工作岗位，了解工作内容、熟悉工作环境，适应工作节奏、强化专业实践、提升职业能力。

（5）推荐就业：（可选）

企业与学院围绕保障毕业生获得充分的就业指导和就业时机展开，帮助学生制定科学合理的职业生涯规划和职业发展方向，帮助学生建立正确的就业观念，帮助学生顺利上岗。

2. 训练资源

项目级别：初级项目、中级项目、高级项目。

支撑实践训练的项目资源采用从简单到复杂的项目设计，锻炼学生从基础入门到复杂的项目设计实现，也能够满足不同基础的学生进行项目开展。

企业面向电子信息大类本科和高职学生提供嵌入式、人工智能、物联网、智能通信、FPGA等方向的实习实践项目。企业安排企业工程师作为学生实习实践期间的企业导师对不同方向的实习项目进行指导，包括项目需求解读、项目开发指导、环境系统安装、设备操作指导。实习项目分为初级、中级、高级开发，以满足不同类型的院校学生进行项目开发。具体如图13-5所示。

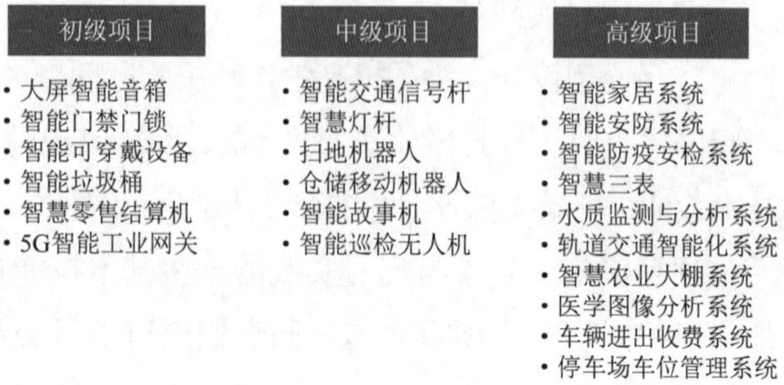

初级项目	中级项目	高级项目
• 大屏智能音箱 • 智能门禁门锁 • 智能可穿戴设备 • 智能垃圾桶 • 智慧零售结算机 • 5G智能工业网关	• 智能交通信号杆 • 智慧灯杆 • 扫地机器人 • 仓储移动机器人 • 智能故事机 • 智能巡检无人机	• 智能家居系统 • 智能安防系统 • 智能防疫安检系统 • 智慧三表 • 水质监测与分析系统 • 轨道交通智能化系统 • 智慧农业大棚系统 • 医学图像分析系统 • 车辆进出收费系统 • 停车场车位管理系统

图13-5 训练资源

1）项目资源库

（1）嵌入式应用开发项目库（见表13-3）

表13-3 嵌入式应用开发项目库

级 别	项目名称
初级	1）灯光控制器设计与实现 2）智能音乐盒设计与实现 3）秒表计数器设计与实现 4）电子万年历设计与实现 5）智能密码锁设计与实现 6）电子计算器设计与实现 7）电机控制器设计与实现 8）简易电压表设计与实现 9）信号发生器设计与实现 10）电子滚动横幅设计与实现
中级	1）智能家居控制系统设计与实现 2）智慧大棚控制系统设计与实现 3）智能安防门禁系统设计与实现 4）智慧消防预警系统设计与实现 5）智慧商超模拟系统设计与实现 6）车辆避障模拟系统设计与实现 7）水卡充值消费系统设计与实现 8）电子体温枪系统设计与实现 9）智能可穿戴系统设计与实现 10）电子指南针系统设计与实现 11）停车场管理系统设计与实现
高级	1）基于RTOS的工业自动化控制系统设计与实现 2）基于RTOS的智能仓储管理系统设计与实现

续表

级别	项目名称
高级	3）基于 RTOS 的智能环境监测与控制系统设计与实现 4）基于 RTOS 的智能安防监控系统设计与实现 5）基于 RTOS 的智能健康监测与管理系统设计与实现 6）基于嵌入式 GUI 交互智能家居控制系统设计与实现 7）基于嵌入式 GUI 交互汽车仪表盘系统设计与实现 8）基于嵌入式 GUI 交互智能可穿戴系统设计与实现 9）基于嵌入式 GUI 交互电子门禁系统设计与实现

（2）人工智能应用开发项目库（见表 13-4）

表 13-4　人工智能应用开发项目库

级别	项目名称
初级	1）2048 小游戏设计与实现 2）计算器设计与实现 3）停车场数据可视化系统设计与实现 4）图片转字符画设计与实现 5）学生管理系统设计与实现 6）自动办公系统设计与实现
中级	1）颜色形状识别设计与实现 2）车道线检测系统设计与实现 3）车牌识别系统设计与实现 4）银行卡卡号识别系统设计与实现 5）图像去噪与增强系统设计与实现 6）背景去除系统设计与实现 7）条形码区域分割系统设计与实现 8）图像拼接与全景生成系统设计与实现 9）行人检测与计数系统设计与实现 10）车辆检测与跟踪系统设计与实现 11）图像分割与特征提取设计与实现 12）高级图像修复与重构设计与实现 13）目标跟踪系统设计与实现 14）图像分类与识别系统设计与实现
高级	1）疫情防控安检系统设计与实现 2）人脸表情识别灯光系统设计与实现 3）人体姿态动作识别预警系统设计与实现 4）基于 OCR 字符识别的货物分拣系统设计与实现 5）垃圾分类系统设计与实现 6）基于 OCR 字符识别的智能车交互系统设计与实现 7）基于车道标志物识别的智能车交互系统设计与实现

级别	项目名称
高级	8）基于人体姿态识别的智能车交互系统设计与实现 9）基于手势识别的智能车交互系统设计与实现 10）基于车型及车牌识别的道闸控制系统设计与实现 11）人脸识别门禁系统设计与实现 12）客流统计分析预警系统设计与实现 13）智慧停车场管理系统设计与实现 14）语音交互对话机器人设计与实现 15）智能家居系统设计与实现 16）智能车自主避障系统设计与实现 17）车道自动保持系统设计与实现

（3）物联网应用开发项目库（见表13-5）

表13-5　物联网应用开发项目库

级别	项目名称
初级	1）基于ZigBee的无线照明系统设计与实现 2）基于ZigBee的智能温控系统设计与实现 3）基于LoRa的智能路灯控制系统设计与实现 4）基于LoRa的交通灯控制系统设计与实现 5）基于Wi-Fi的智能风扇控制系统设计与实现 6）基于Wi-Fi的遥控小车控制系统设计与实现 7）基于BLE的心率检测系统设计与实现 8）基于BLE的运动计步器设计与实现
中级	1）基于云平台的远程环境监测系统设计与实现 2）基于云平台的智能灌溉系统设计与实现 3）基于云平台的智能安防系统设计与实现 4）物联网智能家居系统设计与实现 5）物联网智慧农业系统设计与实现 6）物联网智慧城市系统设计与实现 7）物联网智慧灯杆系统设计与实现 8）物联网智能充电桩系统设计与实现
高级	1）基于语音识别的智能家居控制系统设计与实现 2）基于口罩检测的智能闸机系统设计与实现 3）基于人脸识别的智能门禁系统设计与实现 4）自动识别智慧商超结算系统设计与实现 5）基于车牌识别的停车场管理系统设计与实现 6）基于手势识别的智能车控制系统设计与实现

（4）智能通信应用开发项目库（见表13-6）

表13-6 智能通信应用开发项目库

级别	项目名称
初级	1）ZigBee 智能通信应用开发 2）LoRa 智能通信应用开发 3）低功耗蓝牙通信应用开发 4）Wi-Fi 智能通信开发 5）NB-IoT 智能通信应用开发 6）4G 网络智能通信应用开发
中级	1）ZigBee 3.0 通信应用开发 2）国产 LoRa 通信应用开发 3）蓝牙 5.2 通信应用开发 4）蓝牙 MESH 自组网应用开发 5）双频 Wi-Fi 通信应用开发 6）CC1310 双核 RAM 无线通信应用开发 7）5G 通信应用开发
高级	1）基于 ZigBee 的智能家居系统设计与实现 2）基于 LoRa 的智能消防栓系统设计与实现 3）基于蓝牙的智能产品应用开发 4）基于 Wi-Fi 的智能产品应用开发 5）基于 NB-IoT 的小型气象站系统设计与实现 6）基于移动通信技术的智能电表系统设计与实现

（5）FPGA 应用开发项目库（见表13-7）

表13-7 FPGA 应用开发项目库

级别	项目名称
初级	1）38 译码器设计与实现 2）83 编码器设计与实现 3）数据选择器设计与实现 4）数据比较器设计与实现 5）全加器设计与实现 6）全减器设计与实现 7）乘法器设计与实现 8）奇偶校验器设计与实现 9）锁存器设计与实现 10）触发器设计与实现 11）寄存器设计与实现 12）计数器设计与实现 13）分频器设计与实现 14）简单状态机设计与实现

续表

级别	项目名称
初级	15）移位寄存器设计与实现 16）自动售货机设计与实现
中级	1）PLL IP 核设计与验证 2）ROM IP 核设计与验证 3）RAM IP 核设计与验证 4）FIFO IP 核设计与验证 5）数码管显示应用开发 6）数字秒表应用开发 7）呼吸灯应用开发 8）电机控制应用开发 9）交通灯系统设计与实现 10）多功能数字时钟设计与实现 11）出租车计费器设计与实验 12）直流电机控制应用开发 13）矩阵键盘计算器应用开发 14）红外热释电预警应用开发 15）超声波倒车雷达应用开发 16）光照度检测仪应用开发
高级	1）图像采集显示系统设计 2）高速模拟信号采集系统设计 3）高速信号发生器系统设计 4）声音采集与音频播放系统设计 5）8051 单片机 IP 核设计与应用 6）4.3 寸电子广告牌显示系统设计 7）环境监测与数据持久化存储系统设计 8）TXT 文本阅读器设计

2）项目资源分析（见表13-8）

表 13-8　项目资源分析

级别	项目编号	项目名称	已具备知识、技能	能力训练目标
初级	1）	基于 ZigBee 的无线照明系统设计与实现	1. 基础知识： （1）ZigBee 技术基础：了解 ZigBee 协议的原理、特点和应用场景，包括其低功耗、低速率、低成本和自组织网络等特性。 （2）无线通信原理：掌握无线通信的基本概念、原理和关键技术，如无线信道、调制解调、信号传输等。 （3）嵌入式系统基础：了解嵌入式系统的基本概念、组成和工作原理，包括嵌入式处理器、内存、外设接口等。	1. 持续学习能力：能根据解决问题的需要检索资料，学习补充必要的知识，如智能照明系统知识，包括智能照明系统的基本组成、工作原理和控制方法，灯光调节、场景设置等。 2. 实践能力：通过实际的项目开发，提高学生的实践能力和动手能力，让学生能够将理论知识应用于实际问题中。

续表

级别	项目编号	项目名称	已具备知识、技能	能力训练目标
初级	1）	基于ZigBee的无线照明系统设计与实现	2.基础技能： （1）ZigBee网络设计与配置：掌握ZigBee网络的组网方式、网络拓扑结构以及节点的配置方法，能够设计并实现基于ZigBee的无线通信网络。 （2）嵌入式系统开发：具备嵌入式系统的开发能力，包括硬件设计、软件开发和调试等技能，能够开发基于ZigBee的嵌入式照明控制节点。 （3）系统集成与测试：能够将各个功能模块进行集成，构建完整的无线照明系统，并对其进行测试和优化，确保系统的稳定性和可靠性	3.分析与解决问题能力：在项目开发过程中，学生将会遇到各种问题和挑战，通过分析和解决问题，培养学生的分析和解决问题的能力。 4.团队协作能力：实训项目通常需要团队合作完成，通过团队协作，培养学生的团队合作能力和沟通能力。 5.创新能力：鼓励学生在项目开发过程中进行创新性的思考和实践，培养学生的创新意识和创新能力
中级	1）	基于云平台的远程环境监测系统设计与实现	1.基础知识 （1）云平台技术：掌握云平台的基本原理、架构和服务模式（如IaaS、PaaS、SaaS）。了解常见的云平台（如阿里云、腾讯云等）及其服务特性。熟悉云平台的安全策略和最佳实践。 （2）远程监控技术：掌握远程监控系统的基本原理和工作流程。理解数据采集、传输、存储和分析的关键技术。 （3）环境监测技术：了解环境监测的常见参数（如温度、湿度、空气质量等）。掌握相关传感器的原理和使用方法。 （4）网络通信技术：熟悉TCP/IP协议族、HTTP等网络通信协议。了解数据传输的加密和安全性保障措施。 （5）数据处理与分析技术：掌握基本的数据处理和分析方法，如数据清洗、转换和可视化。了解大数据处理和分析的常用工具和技术。 2.基础技能 （1）系统设计与规划能力：能够根据实际需求，设计合理的系统架构和功能模块。制定系统实现的技术方案和步骤。 硬件选择与集成能力：能够选择合适的传感器和硬件设备。完成硬件设备的集成和调试。 （2）软件开发与编程能力：掌握至少一种编程语言（如Python、Java等），进行后端服务开发。实现数据采集、存储、传输和分析的功能。	1.持续学习能力：能根据解决问题的需要检索资料，学习补充必要的知识。 2.创新思维能力：鼓励学生思考如何利用新技术和新方法提升系统的性能和功能。 3.团队协作能力：通过团队协作，培养学生的沟通能力和合作精神。 学会在团队中分工协作，共同完成任务。 4.实践操作能力：通过实际动手搭建和调试系统，提高学生的实践操作能力。加深对云平台、远程监控和环境监测等技术的理解和掌握。

续表

级别	项目编号	项目名称	已具备知识、技能	能力训练目标
中级	1)	基于云平台的远程环境监测系统设计与实现	开发用户友好的前端界面，便于用户查看和管理环境数据。 （3）系统部署与运维能力：能够将系统部署到云平台上，并进行性能调优。掌握系统的日常运维和故障处理方法。 （4）安全保障能力：确保系统的数据传输和存储的安全性。定期进行安全漏洞扫描和修复。	5. 职业素养：培养学生的职业素养，如责任心、敬业精神和团队协作能力。使其具备从事物联网、环境监测等相关领域工作的基本素质和能力。
高级	1)	基于语音识别的智能家居控制系统设计与实现	1. 基础知识 （1）语音识别技术基础：理解语音识别技术的基本原理，包括语音信号的获取、预处理、特征提取和模式匹配等主要环节。掌握语音识别技术中常用的算法和技术，如Mel频率倒谱系数（MFCC）特征提取、深度学习网络（如CNN、RNN）在语音识别中的应用等。 （2）智能家居系统基础：了解智能家居系统的基本概念、组成和功能，如家电控制、环境调节、音乐播放、信息查询等。掌握智能家居系统中常用的通信协议和技术，如Wi-Fi、ZigBee等。 （3）数据处理与存储：熟悉数据的基本处理流程，包括数据采集、清洗、存储和分析等。理解数据库在智能家居系统中的应用，如数据存储、查询和管理等。 （4）系统设计与开发基础：掌握系统设计和开发的基本流程，包括需求分析、系统设计、编码实现、测试和维护等。了解面向对象编程和模块化设计的概念及其在智能家居系统开发中的应用。 2. 基础技能 （1）语音识别技能：能够使用现有的语音识别库或工具进行语音信号的识别和转换。能够根据实际需求对语音识别模型进行训练和调优，提高识别准确率。 （2）智能家居系统开发与调试技能：能够使用编程语言和开发工具实现智能家居系统的基本功能。能够进行系统的调试和优化，确保系统的稳定性和性能。	1. 持续学习能力：能根据解决问题的需要检索资料，学习补充必要的知识。 2. 问题解决与创新能力：培养学生从实际问题出发，分析需求，提出创新解决方案的能力。鼓励学生探索新技术、新方法在智能家居系统中的应用。 3. 团队协作与沟通能力：学会在团队中分工合作，有效沟通，共同完成实训项目。培养学生在团队中的领导力和协调能力。 4. 实践操作能力：通过实际操作，熟练掌握基于语音识别的智能家居系统的设计与实现过程。提高学生的动手能力和实践能力，如编程实现、硬件调试等。 5. 文档编写与报告能力：培养学生规范编写项目文档和技术报告的能力。学会使用专业术语和图表来清晰地表达项目内容和成果。

续表

级别	项目编号	项目名称	已具备知识、技能	能力训练目标
高级	1)	基于语音识别的智能家居控制系统设计与实现	（3）数据处理与可视化技能：能够使用数据处理工具对智能家居系统产生的数据进行处理和分析。能够使用可视化工具将数据以图表、图像等形式展现出来，便于用户理解和使用。 （4）系统集成与部署技能：能够将语音识别模块与智能家居系统进行有效集成，实现语音控制功能。能够将系统部署到实际环境中，并进行测试和维护。	

3. 教练团队支持

学生在基地实习期间，企业安排开发经验丰富的企业工程师作为学生实习实践期间的企业导师对不同方向的实习项目进行指导，包括项目需求解读、项目开发指导、环境系统安装、设备操作指导。如果学生的基础还无法独立完成项目开发任务，企业工程师会针对不同的方向和学生的知识掌握程度进行学生的基础夯实，以保证学生能顺利进行项目开发。

实训实习班级除配置企业主讲老师外，还配备经验丰富的企业班主任和助理教练，共同进行学生管理工作。

实训班主任主要负责学生在培训期间的日常管理工作，具体包括但不限于建立班级管理群，负责对学生日常考勤进行管理，配合项目经理关注学生学习状况等。

主讲老师主要负责学生的课程培训工作，具体包括但不限于复习前日作业，进行当日课程讲解，回答学生问题，并下发当日作业，根据实际培训规划配置多名主讲教练负责不同的课程培训。

助理教练主要是辅助主讲教练进行学生管理及课程培训，具体包括但不限于对学生进行技术讲解，辅导学生完成实训项目，批阅学生作业。助理教练人数视项目真实情况而定。

师资力量：聘请业界10年以上工作经验的技术专家和项目经理担任主讲教练，目前，基地已有专职教练15人，其中专家级教练5人，高级教练10人；合作教练30余人，其中各行业领域著名教练8人。师资实战性很强，注重理论结合实践，对行业从业考试的理论知识及实际操作有着非常丰富的经验。

六、实践训练内容与相关证书的匹配

为了提高大学生工程实践能力，增加就业竞争力，在学生培养期间，增加一定的实践训练计划。实践训练内容包括培养学生的专业职业素养，帮助学生了解行业发展现状，指导学生进行企业真实项目开发。

实践训练结束后，对学生的训练结果进行验证，例如，安排相关技能认证考核，对达到考核标准的学生颁发相应的技能等级证书，如图13-6所示。

图13-6　实践训练内容与相关证书

（1+X证书）嵌入式边缘计算软硬件开发职业技能等级证书，如图13-7所示。

图13-7　嵌入式边缘计算软硬件开发平台

七、实践训练基地特色

1. 规模化

为学校提供批量学生实训实习服务，提供"吃住学"集中服务和管理。实践训练基地提供集住宿和实践训练于一体的"吃住学"一体化服务，让学生无须担心生活问题，将更多精力投入实践训练中。进一步提高训练基地的产教融合服务质量，解决学生实践的住宿痛点问题。

软硬一体化实践训练模式、多元化实践项目，可同时提供多种岗位技能训练服务。基地提供软硬一体化实践训练模式，提供大量的实践训练设备环境，注重培养学生的实践操作能力，同时结合虚拟仿真及真实项目训练，使学生在实践训练过程中掌握实际的项目开发能力，提高学生解决实际工程问题的能力。基地提供电子信息大类的相关专业实习项目，涵盖行业和领域真实工作项目，以满足不同阶段性学生的兴趣和需求。

数字化教学平台，可支持大量师生同时在线学习训练。实践训练过程中引入在线学习服务平台、线上项目资源库、AI通识教育平台、数字化人才就业服务对接平台等，学生在训练期间能够随时随地访问基地提供的训练资源，促进学生在技术领域的自主学习和实践。

2. 标准化

基地以标准化的服务为实训实习提供质量保障。基地制订了包括上岗条件、实习教学目标、工作内容和要求、时间安排、条件与保障、实习指导方式、方法与手段、实习考核方式及成绩评定办法等在内的岗位实习标准，让实训实习目标明确、过程可控、成果可视、结果可信、材料完备、责任清晰。

3. 专业化

"按单点菜"与"特色定制"模式结合，提供专业实训实习服务。基地将标准化的实训实习服务以"菜单"方式公布，需要的院校可以直接采购服务。基地也可根据学校的需求，定制实训、实习服务项目与具体的项目内容，支持招标、校企合作等多种商业模式。

全方位就业推荐服务。通过分析参与实践训练的学生的技术技能及专业知识背景，推荐相匹配的公司和岗位，同时安排提升简历制作、就业指导、职场礼仪提升等讲座，提升学生的职业综合素养，为学生打造全方位的就业推荐服务，提高学生的就业机会。

（此典型案例由百科荣创（北京）科技发展有限公司总经理、百科荣创·山东·大学生实践教育基地主任张明白、山东商业职业技术学院朱旭刚教授提供。）

案例二　数字素养能力提升及创新实践基地

（北京久其软件股份有限公司）

一、实践训练基地名称

久其数字素养能力提升及创新实践基地

二、实践训练基地的教育定位

1. 基地教育类型定位

通识数字素养教育基地：通过技术平台应用、训练、创新等方法，以校级通识实践课、专业基础实践课、专业拓展实践课等执行形式，提升师生及社会人士的数字意识、数字素养，并实现数字创新。

2. 基地专业领域定位

全学科（高职专科、职业本科、应用型本科）

3. 基地承接的专业实训、实习等情况（见表13-9）

表13-9　基地能承接的专业实训情况

类　型	专业类	专业名称
全学科	计算机类	计算机应用、软件技术、大数据技术、人工智能技术应用等
	财务会计类	大数据与会计、大数据与财务管理、会计信息管理等
	统计类	统计与大数据分析、市场调查与统计分析等

三、专业实践训练内容（导图）与训练基地的支撑定位

1. 专业实践训练导图

1）实践课程名称列表

- 低代码开发实践（初级）

- 低代码开发实践（高级）
- 数字技术应用实践（初级）
- 数字技术应用实践（高级）
- 人工智能模型训练实践（初级）
- 人工智能模型训练实践（高级）
- 大模型应用与开发实践（初级）
- 大模型应用与开发实践（高级）

……

2）课程定位（见图13-8）

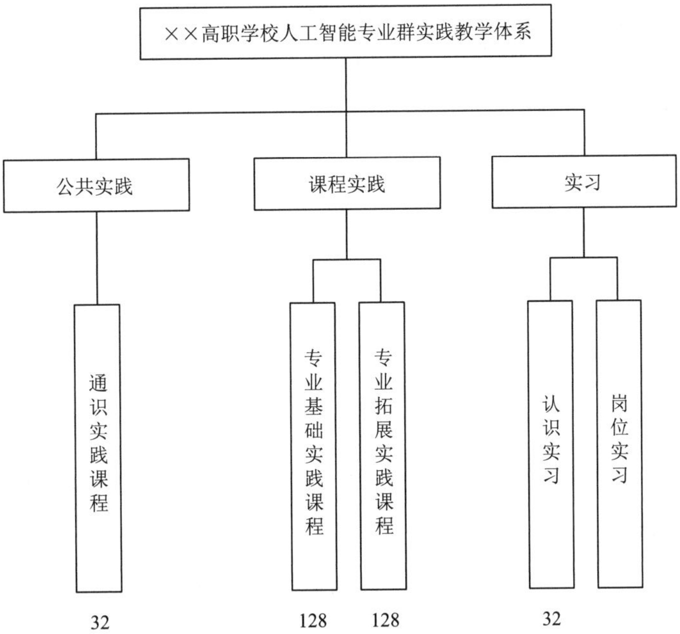

```
                ××高职学校人工智能专业群实践教学体系
        ┌──────────────┬──────────────────┬──────────────┐
     公共实践         课程实践                  实习
        │          ┌──────┴──────┐        ┌────┴────┐
     通识实践    专业基础       专业拓展    认识实习  岗位实习
     课程       实践课程       实践课程
       32        128            128         32
```

图13-8　课程定位

2. 专业培养规格中主要技能、能力目标

全学科专业培养规格一致（高职专科、高职本科、普通本科），同一起点，同一目标。

1）主要技能

① 理解产业核心业务流程，能够自主分析用户需求，理解系统建设路径。

② 熟悉软件系统开发全过程，并能快速建设数字化信息管理系统。

③ 掌握管理数据的方式方法，熟练对数据进行信息化处理。

④ 掌握数据分析的方法与技巧，能够对数据进行统计分析。

2）能力目标

① 提升学生对数字化新技能的领悟和理解。

② 促进学生对数字经济产业的认知。

③ 激活学生的数字化应用创新思维。

④ 通过不断调试及验证系统，提升问题分析、总结能力。

⑤ 开展自主学习、小组讨论，提升协同工作、解决问题的能力。

四、实践训练基地环境

1. 物理环境

实训机房（容纳50~100人）。

2. 训练设备

台式计算机（8 GB及以上内存）。

3. 软性资源

久其数字素养创新实践平台，包括如下内容：

① 平台功能：数据建模、基础数据管理、业务表单管理、数据集管理、仪表盘管理、检查点管理、竞赛管理等。

② 课程资源：课程标准、教学课件、任务指导书等。

③ 教材：《低代码编程技术基础》《数字技术应用》等。

④ 行业案例资源：行业案例系统运行环境、行业脱敏数据、《系统需求规格说明书》《系统建设手册》《系统用户手册》等。

五、实践训练设计与训练资源

1. 实践训练设计

1）设计理念（见图13-9）

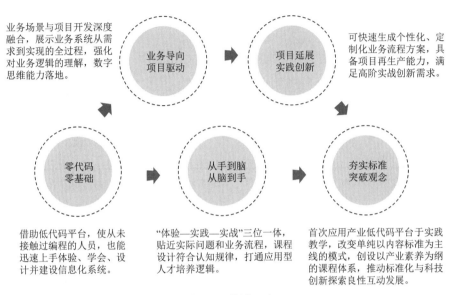

图13-9 设计理念

2）训练过程设计（见表13-10）

表13-10 训练过程设计

项目等级	技能水平	能力要求	数据管理项目	数据分析项目
体验项目（先会用）	给定系统，独立操作一个数字化系统	在清晰的学习项目指引下，提升产业认知的能力（认知）	数据管理初体验	数据分析初体验
教学项目（跟着学）	给定数据和需求，独立搭建一个数字化系统	完成整体工作项目的能力（应用）	交互之窗—系统门户；管理之锚—行政组织；数据之根—基础数据；逻辑之核—数据建模；流程之脉—业务表单；安全之盾—用户权限；效率之翼—工作流	设计为架—数据模型；数据为基—数据整理；分析为魂—数据分析；展示为饰—图表展示；报告为王—分析报告

续表

项目等级	技能水平	能力要求	数据管理项目	数据分析项目
实战项目（自己做）	给定需求，独立设计并搭建一个数字化系统	对完整任务有责任感，在真实工作情境中实施的能力（迁移）	新员工入职管理系统等（见训练资源）	实习就业分析系统等（见训练资源）
创新项目（专创融合）	在不可预知的项目需求下或面对学习和研究中的实际问题，独立设计并搭建一个数字化系统	在不可预知的环境中，开放性思考和行动的能力（发展）	全国大学生计算机应用能力与数字素养大赛-低代码编程赛道	全国高等院校计算机基础教育研究会计算机基础教育教学研究课题，如"低代码+环保绿化"行业案例资源开发（天津电子信息职业技术学院）

2. 训练资源

1）项目资源库

（1）行业数据管理项目库（见表13-11）

表13-11 行业数据管理项目库

级别	项目编号	项目名称
初级	1）JQ_LCBP_101 2）JQ_LCBP_102 ……	1）新员工入职管理系统 2）高校访客管理系统 ……
高级	1）JQ_LCBP_201 2）JQ_LCBP_202 ……	1）数字化旅游管理系统 2）乡村饭店管理系统 ……

（2）行业数据分析项目库（见表13-12）

表13-12 行业数据分析项目库

级别	项目编号	项目名称
初级	1）JQ_DABP_101 2）JQ_DABP_102 ……	1）实习就业分析系统 2）日常会议分析系统 ……
高级	1）JQ_DABP_201 2）JQ_DABP_202 ……	1）智能耳机销售分析系统 2）环保数据分析系统 ……

（3）行业数据综合应用项目库（见表13-13）

表13-13 行业数据综合应用项目库

级别	项目编号	项目名称
初级	1）JQ_LCTP_101 2）JQ_LCTP_102 ……	1）动物收养管理与分析平台 2）智慧党建管理与分析平台 ……
高级	1）JQ_LCTP_201 2）JQ_LCTP_202 ……	1）智慧医疗管理与分析系统 2）双碳绩效管理与分析平台 ……

3）项目资源分析

（1）行业数据管理项目分析（见表13-14）

表13-14 行业数据管理项目分析

级别	项目编号	项目名称	已具备知识、技能	能力训练目标
初级	JQ_LCBP_101	新员工入职管理系统	基本的文化素质和能力： 1）计算机基本操作能力。 2）应用场景分析能力。 3）文字和口头表达能力	1）理解软件开发的基本概念与原理、一般方法与流程； 2）掌握数据管理系统快速开发的应用方法； 3）具备利用数据管理思维分析问题、解决实际问题的能力； 4）积累完整数据管理系统开发的经验
高级	JQ_LCBP_201	数字化旅游管理系统	基本的文化素质和能力及数据管理意识和方法： 1）理解软件开发的基本概念与原理、一般方法与流程； 2）掌握数据管理系统快速开发的应用方法	1）具备运用数据管理方法解决实际问题的能力； 2）具备利用数据思维管理分析问题、解决复杂问题的能力； 3）积累复杂数据管理系统开发的经验

（2）行业数据分析项目分析（见表13-15）

表13-15 行业数据分析项目分析

级别	项目编号	项目名称	已具备知识、技能	能力训练目标
初级	JQ_DABP_102	日常会议分析系统	基本的文化素质和能力： 1）计算机基本操作能力； 2）应用场景分析能力； 3）文字和口头表达能力	1）理解数据分析基本概念与原理、一般方法与流程； 2）掌握一般数据分析的应用方法； 3）具备利用数据思维分析问题、解决实际问题的能力； 4）积累完整数据分析系统开发的经验

续表

级别	项目编号	项目名称	已具备知识、技能	能力训练目标
高级	JQ_DABP_202	环保数据分析系统	基本的文化素质和能力及数据分析意识及方法：1）理解数据分析基本概念与原理、一般方法与流程；2）掌握一般数据分析的应用方法	1）具备运用数据分析方法解决实际问题的能力；2）具备利用数据思维分析问题、解决复杂问题的能力；3）积累复杂数据分析系统开发的经验

六、实践训练内容与相关证书的匹配（见表13-16）

表13-16　实践训练内容与相关证书

实训课程	岗位证书
低代码开发实践（初级）	低代码现场实施工程师（初级）
低代码开发实践（高级）	低代码现场实施工程师（高级）
数字技术应用实践（初级）	数字技术应用现场工程师（初级）
数字技术应用实践（高级）	数字技术应用现场工程师（高级）
人工智能模型训练实践（初级）	人工智能模型训练工程师（初级）
人工智能模型训练实践（高级）	人工智能模型训练工程师（高级）
大模型应用与开发实践（初级）	大模型应用与开发工程师（初级）
大模型应用与开发实践（高级）	大模型应用与开发工程师（高级）
……	……

实践训练基地特色

1. 平台共享，打造"训、赛、产、研、创"融合型实训基地

① 新一代数智底座：依托久其女娲平台的云原生、低代码、大数据、AI、复杂环境集成、信创适配等八大核心能力及大模型、数字孪生等关键技术，经高度的职业分析和教育适配，打造数智化教育平台底座，融汇"技术平台、服务平台、产业平台"于一身，教育平台具备再生产性，且与产业端平台同步更新迭代。

② 教产一体化：平台以"产业课程化、课程实践化、实践生产化、生产成果化"为建设理念，通过"数字技术×（人才培养模式创新＋双师队伍建设＋行业

创新应用案例+技能竞赛+课题+双创大赛等)"多维资源整合及行动实践,打造"训、赛、产、研、创"融合型实训基地。

2. 素养导向,探索"知识+能力+素养"人才培养模式(见图13-10)

① 知识+能力:融入典型工作任务、融入产业技术要素、融入现代职业素养,创设以数据要素为纲的知识与能力体系,聚焦学生"综合职业行动能力"培育,以完整项目为独立单元,使学生具备数据管理和数据分析的基本知识和能力。

② 素养:素养涵盖知识和能力的综合运用,通过完整项目间分级递进,助力学生的数字意识、数据思维和数字素养落地,切实推动从"产业生产化"到"教育数字化"再到"数字化教育"的数字教育内涵发展。

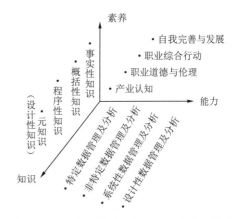

图13-10 "知识+能力+素养"人才培养模式

3. 数字"学习包","分层、分级"破解实践教学"量化"难题

① 直观操作界面,快速开启数据训练之旅,使从未接触过编程的人员,也能迅速掌握通过图形化配置方式完成数据管理及数据分析的方法,实现"数字工具易用、学习成本降低、技能触手可及"数字普适化与普慧化教育。

② 分步学习路径,遵循职业能力成长规律,将体验项目(行业认知)、教学项目(知识+技能,理实一体化)、实战项目(综合项目能力),从一般到复杂不断升维,提升学生自我进化、解决实际问题的能力。

③ 完整情境项目,聚焦系统思维与整体设计,采用完整项目三维螺旋贯穿教学内容,激活链式成长思维,激发终身学习意识。

④ 多元教学资源,一站式教辅材料实时获取,全方位集成课程资源,教师和学生可以轻松访问授课PPT、授课视频和案例指导手册,增强学习材料可达性和教学内容连贯性。

⑤ 实时进度跟踪,确保教与学质量与效果,为每个案例创建检查点,有效地跟

踪和评估学生案例的完成情况，提升教师教学效率及学生学习自驱力。

⑥ 破解考核难题，让实践可"量化"评价，多层次实践训练资源，帮助不同层次学生提升学习获得感和成就感，真正实现职业教育因材施教。

⑦ 满足高阶创新，助力开发基于工作场景的实践教学体系、构建合作共赢的科研服务体系、协同共建校企融通的培训服务体系，共享数智教育。

（此典型案例由北京久其软件股份有限公司软件研究院芦星院长提供。）

案例三　集成电路实践训练基地

（杭州朗迅数智科技有限公司）

一、实践训练基地名称

高职集成电路实践训练基地

二、实践训练基地的教育定位

1. 基地教育类型定位

基地教育类型主要定位在职业院校、技师院校以及应用型本科院校等。

2. 基地专业领域定位

基地专业领域主要定位在集成电路类、电子信息类、自动化类、计算机类、通信类等相关专业，熟悉电子电路基本知识，希望从事集成电路相关岗位的学生。

3. 基地承接的专业实训、实习等情况（见表13-17）

表13-17　基地能承接的专业实训、实习情况

类　　型	专业类	专业名称
专业实训/实习	集成电路类	集成电路技术、微电子技术等
	电子信息类	电子信息工程技术、物联网应用技术、应用电子技术、电子产品制造技术、电子产品检测技术、移动互联网技术等
	自动化类	机电一体化技术、智能控制技术、电气自动化技术
	计算机类	计算机应用技术、虚拟现实技术应用、人工智能技术应用、云计算技术应用、嵌入式技术应用
	通信类	现代通信技术、智能互联网络技术、通信系统运行管理等

三、专业实践训练内容（导图）与训练基地的支撑定位

1. 专业实践训练导图（见图13-11）

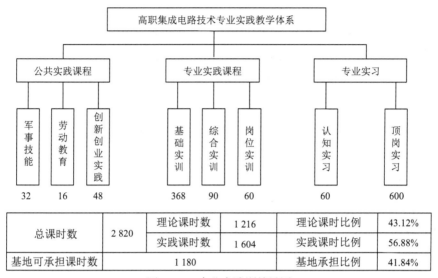

图13-11　专业实践训练导图

2. 专业培养规格中主要技能、能力目标

1）高职专科

（1）培养目标

本专业主要培养思想政治坚定、德技并修、德智体美劳全面发展，具有一定的科学文化水平，良好的人文素养、职业道德和创新意识，精益求精的工匠精神，较强的就业能力和可持续发展的能力；掌握集成电路版图设计、半导体芯片封装与测试等知识和技术技能，面向集成电路版图设计、半导体芯片制造工艺、半导体芯片封装、半导体芯片测试、FPGA应用与开发、芯片技术应用与产品开发等领域的高素质技术技能人才。

（2）知识目标

① 掌握必备的思想政治理论、科学文化基础知识和中华优秀传统文化知识。

② 熟悉与本专业相关的法律法规以及环境保护、安全消防、文明生产等知识。

③ 掌握电路、电子技术和计算机信息技术等基础理论知识。

④ 掌握半导体元器件、集成电路的基础理论知识。

⑤ 掌握半导体芯片制造的工艺原理、工艺流程和操作方法、工艺质量检测。

⑥ 掌握半导体芯片封装、测试的工艺流程和方法。

⑦ 掌握芯片测试的开发技术和测试设备操作技能。

⑧ 掌握集成电路版图设计基础知识、设计方法和软件应用。

⑨ 熟悉FPGA应用和开发方法。

⑩ 了解本专业技术发展的新知识、新技术、新工艺与新装备。

⑪ 了解芯片技术应用与产品开发的相关知识、流程和方法。

（3）能力目标

① 具有探究学习、终身学习、分析问题和解决问题的能力。

② 具有良好的语言、文字表达能力、良好的团队合作能力。

③ 具有本专业必需的信息技术应用和维护能力。

④ 具有持续学习集成电路行业新知识、新技术，并能专业沟通的能力。

⑤ 具有掌握半导体芯片制造工艺并能够设备操作维护的能力。

⑥ 具有芯片ATE测试开发及正确操作测试设备的能力。

⑦ 具有正确操作芯片封装设备的能力。

⑧ 具有较强的集成电路版图设计软件使用和版图设计能力。

⑨ 具有一定的FPGA应用和开发能力。

⑩ 具有一定的芯片技术应用与产品开发的基本能力。

2）职业本科

（1）培养目标

本专业培养德智体美劳全面发展，掌握扎实的科学文化基础和集成电路设计、制造、封装、测试等知识，具备集成电路设计、工艺开发、芯片测试应用等能力，具有工匠精神和信息素养，能够从事集成电路设计、集成电路验证、制造工艺整合、封装工艺开发、集成电路测试等工作的高层次技术技能人才。

（2）专业能力

① 具有集成电路EDA工具使用、集成电路基本电路模块设计、集成电路验证

环境搭建和验证方案设计实施、集成电路后端和版图设计的能力。

② 具有电路工艺技术开发、工艺优化与整合、工艺验证与缺陷排查、工艺稳定性与良率提升、工艺设备维护的能力。

③ 具有集成电路封装设计与仿真、封装材料选择、封装互联和物理结构设计、封装设备操作与维护的能力。

④ 具有集成电路测试方案制定、测试电路设计、测试程序开发与调试、测试结果处理与分析、测试机台使用与维护的能力。

⑤ 具有依照国家法律、行业规范开展绿色生产、承担社会责任的能力。

⑥ 具有运用数字技术、信息技术进行研发设计、生产制造、经营管理等业务数字化转型的能力。

⑦ 具有利用创新思维分析和解决复杂问题的能力。

⑧ 具有探究学习、终身学习和可持续发展的能力。

四、实践训练基地环境

1. 物理环境

集成电路实践训练基地建筑面积 6 000 m^2，位于诸暨职教中心院内，设有集成电路设计与验证、集成电路测试、无人机应用等 10 余个实训室，能够容纳 1 000 余人同时学习，为电子信息相关产业培养全产业链人才。正在筹建二期，建筑面积 1 000 m^2，位于诸暨友地数智产业园。

基地配有完善的实训室，能够满足日常的教学需求，通过实际设备操作，让学生能够真正做到理论与实践相结合，培养了学生对集成电路的理解及应用的能力，助力发掘和培养集成电路各领域工程型、应用型和复合型人才。

基地还配置有产业级实践场地（测试实训室、公司生产车间，见图 13-12），能够完成岗位实训、顶岗实习等教学环节，通过在真实生产一线的实践，能够让学生了解车间的真实环境，对集成电路相关职业的工作内容有更清晰的认识，实现产教融合一体化。

图13-12 实践训练基地环境

2. 训练设备

实践训练基地众多实训室中，涉及的主要硬件训练设备如下：

（1）LK8300高速芯片测试机

采用先进的ARM分布式控制架构，具备高度国产化特点。其软硬件模块之间实现低耦合，能够提供高并行、高速度、高精度的测试场景支持。包含的功能为CHANNEL、DPS、PPMU、Clock，系统稳定、测试精度高，可直接输入WGL文件进行SCAN测试，结果可直接输入EDA软件进行分析。支持测试芯片类型包括逻辑芯片、存储芯片、传感芯片等。

（2）LK8200数模混合先进测试机

采用NI开放软硬件架构，具有更广泛的自定义定制功能和扩展性，可以方便地接入其他支持PXI总线的功能板卡。支持LABVIEW和Onetest等多种开发环境，使用户能够选择适合自己的开发工具。通过GPIB和NI VISA接口，可以与NI周边的智能数字设备进行无缝连接，实现更高级别的测试和控制。配套涵盖SOC、RF、MCU等复杂测试场景教学所需资源与案例，帮助院校培养从初级到高级的测试人才。

（3）LK8810S集成电路教学测试平台

LK8810S平台可用于集成电路芯片测试、板级电路测试、电子技术学习与电路辅助设计。教师使用平台及配套的应用案例进行实训教学，有助于提高学生对芯片参数理解、测试程序开发、硬件电路设计等方面的综合应用能力，教学项目覆盖微电子产业链基本环节。

（4）LK8820集成电路开发教学平台

LK8820集成电路开发教学平台整体采用智能化、模块化、工业化设计，由工控机、触控显示器、测试主机、专用电源、测试软件、测试终端接口等部分组成，可进行集成电路测试以及应用电路设计，培养学生对集成电路的理解及应用能力。

（5）LK6620集成电路开发者测试平台

LK6620集成电路开发者测试平台是面向实验教学建设的小型化、一体化、多功能集成电路综合测试设备。精致小巧的机身造型美观，结构精巧，内置多种仪器仪表接口，满足实训教学建设需求、可实现电子技术学习、集成电路芯片测试、集成电路辅助设计等教学应用。

（6）LK2220TS智能芯片分选系统

LK2220TS智能芯片分选系统由图像采集系统、主控模块、传感器模块、电磁传动模块、通信接口、触控显示器等组成。配合LK8820集成电路开发教学平台用于集成电路相关专业的实验教学。支持集成电路测试、集成电路分选等课程。

（7）集成电路芯片测试与验证系统

源于工业级测试产线，针对院校集成电路教学需求进行优化的集成电路测试一体机，是集成电路测试教学、职业技能认证和竞赛的主流产品。

（8）LK8120数模混合测试机

LK8120测试系统是以量产测试模拟类IC产品为目标的高性能集成电路测试机，可适应芯片测试和成品测试。主要可测试运放等线性电路、功放类电路、马达驱动类电路、电源管理类电路、收音机类电路等各类模拟电路和数模类电路。

（9）"芯云派"应用场景化教学终端

突破过去完全基于开发板实训箱进行集成电路应用开发教学不直观的现象，采用半虚拟仿真技术重现教学场景，通过场景化教学提升教学效果。借助云计算等新技术，教学场景案例可动态更新、复用，更好地诠释"软件定义实训"。

（10）"阿拉丁"芯片原型验证系统

将半实物仿真技术运用于集成电路设计工作中，实现软件定义任意芯片，通过软硬件相结合的方式，将芯片设计正确性验证环节前置，降低最终流片的风险与成本。

（11）电子产品设计创新云平台

电子产品设计创新云平台采用模块定制个性化，实验数据可视化，实验结果云端化，操作过程人性化的设计理念，使该创新平台功能多样，接口丰富，操作方便，数据显示直观并可云端保存。电子产品设计创新云平台广泛适用于教学、实验、技能考核等领域。

3. 软性资源

为全国院校打造集成电路芯片设计人才培养体系，解决院校传统教育无法满足当前集成电路设计端产业对人才需求的问题，通过配套的资源体系，解决了当下集成电路相关资源因机密而稀缺的问题，教学项目化模式培养集成电路相关岗位人才。

课程资源多元且全面，分为教材、实训指导书、PPT课件、微课、工程实训案例及对应题库等，如图13-13所示。

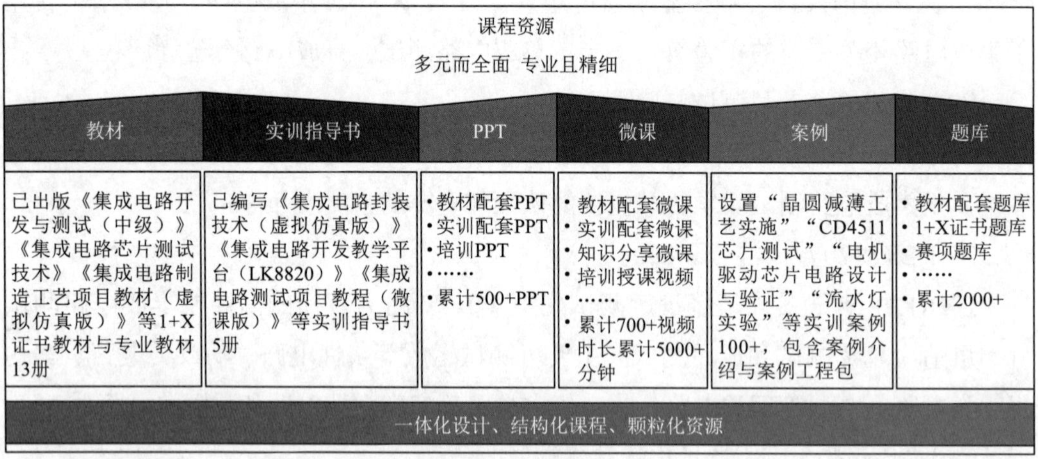

课程资源 多元而全面 专业且精细					
教材	实训指导书	PPT	微课	案例	题库
已出版《集成电路开发与测试（中级）》《集成电路芯片测试技术》《集成电路制造工艺项目教材（虚拟仿真版）》等1+X证书教材与专业教材13册	已编写《集成电路封装技术（虚拟仿真版）》《集成电路开发教学平台（LK8820）》《集成电路测试项目教程（流水课版）》等实训指导书5册	• 教材配套PPT • 实训配套PPT • 培训PPT …… • 累计500+PPT	• 教材配套微课 • 实训配套微课 • 知识分享微课 • 培训授课视频 …… • 累计700+视频 • 时长累计5000+分钟	设置"晶圆减薄工艺实施""CD4511芯片测试""电机驱动芯片电路设计与验证""流水灯实验"等实训案例100+，包含案例介绍与案例工程包	• 教材配套题库 • 1+X证书题库 • 赛项题库 …… • 累计2000+
一体化设计、结构化课程、颗粒化资源					

图13-13　课程资源

教材领域涉及集成电路设计、集成电路制造、集成电路封装及集成电路测试等，涵盖了集成电路制造封装测试全流程。

针对集成电路封装技术、集成电路测试技术等，都配套有对应的实训指导书。除教材外，还配有丰富的配套课件及微课资源。

朗迅芯云学院平台中，构建系统化的专业课程，配套丰富的课程资源，可供学员们在线学习。通过建设开放性资源平台，推动了资源的开放共享，为人才培养模式可复制性、人才培养广泛性提供有力的支撑。

朗迅集成电路虚拟仿真产品生态，运用前沿的次世代PBR技术、虚拟现实和虚拟情景互动等多样化的信息技术手段，1:1还原集成电路真实产线、真实岗位以及真实设备的全流程操作与技术技能培训，使学生在学习的过程中能够做到理论与实际相结合。通过集成电路制造虚拟仿真实训系统、集成电路封装虚拟仿真实训系统、集成电路测试虚拟仿真实训系统，解决了目前因集成电路设备大型且昂贵、实操条件难以满足的缺点。

五、实践训练设计与训练资源

1. 实践训练设计

以集成电路开发与测试技术为例，初中高三个等级项目所对应的课程体系均不同，由基础理论学习、虚拟仿真软件操作、工业级设备实操共同构成。

2. 训练资源

项目级别：初级项目、中级项目、高级项目。

1）项目资源库

（1）集成电路开发与测试项目库（见表13-18）

表13-18 集成电路开发与测试项目库

级别	项目编号	项目名称
初级	项目1 职业素养	1.1 行为规范 1.2 安全操作规范
初级	项目2 晶圆制程	2.1 单晶硅片制备 2.2 晶圆氧化扩散 2.3 晶圆薄膜淀积 2.4 晶圆光刻 2.5 晶圆刻蚀 2.6 晶圆离子注入
初级	项目3 晶圆测试	3.1 晶圆检测 3.2 晶圆打点 3.3 晶圆目检
初级	项目4 集成电路封装	4.1 晶圆划片 4.2 芯片粘接与键合 4.3 芯片塑料封装 4.4 芯片切筋成型

续表

级别	项目编号	项目名称
初级	项目5 集成电路测试	5.1 芯片检测 5.2 芯片编带 5.3 芯片目检
初级	项目6 集成电路应用	6.1 电子电路元器件辨识 6.2 电路识图 6.3 电子产品焊接
中级	项目1 版图辅助设计	1.1 版图识别 1.2 版图编辑
中级	项目2 晶圆制程	2.1 单晶硅片制备 2.2 晶圆氧化扩散 2.3 晶圆薄膜淀积 2.4 晶圆光刻 2.5 晶圆刻蚀 2.6 晶圆离子注入
中级	项目3 晶圆测试	3.1 晶圆检测 3.2 晶圆打点 3.3 晶圆目检
中级	项目4 集成电路封装	4.1 晶圆减薄与晶圆划片 4.2 芯片粘接与引线键合 4.3 芯片塑料封装与激光打标 4.4 芯片切筋成型
中级	项目5 集成电路测试	5.1 芯片检测 5.2 芯片编带 5.3 芯片目检
中级	项目6 集成电路应用	6.1 简易电子产品设计 6.2 嵌入式系统程序调试 6.3 简易电子产品装配及调试
高级	项目1 版图设计	1.1 CMOS工艺基础 1.2 标准单元版图设计
高级	项目2 晶圆制程	2.1 单晶硅片制备 2.2 晶圆氧化扩散 2.3 晶圆薄膜淀积 2.4 晶圆光刻 2.5 晶圆刻蚀 2.6 晶圆离子注入
高级	项目3 晶圆测试	3.1 晶圆检测 3.2 晶圆打点 3.3 晶圆目检

续表

级别	项目编号	项目名称
高级	项目4 集成电路封装	4.1 晶圆减薄与晶圆划片 4.2 芯片粘接与引线键合 4.3 芯片塑料封装与激光打标 4.4 芯片切筋成型
	项目5 集成电路测试	5.1 芯片检测 5.2 芯片编带 5.3 芯片目检
	项目6 集成电路应用	6.1 按键计数器设计 6.2 定时控制电源插座设计 6.3 液晶显示日历设计

（2）集成电路设计与验证项目库（见表 13-19）

表 13-19 集成电路设计与验证项目库

级别	项目编号	项目名称
初级	项目1 Verilog 数字电路设计	1.1 Verilog 硬件描述语言和验证工具认知 1.2 基础单元和模块的 Verilog 设计 1.3 复杂单元和模块的 Verilog 设计
	项目2 集成电路逆向设计	2.1 集成电路分析再设计系统及其使用 2.2 集成电路逻辑提取基础 2.3 案例芯片的逻辑提取
	项目3 CMOS 数字集成电路设计与验证	3.1 CMOS 集成电路设计认知 3.2 MOS 晶体管工作原理 3.3 CMOS 反相器设计与验证 3.4 CMOS 逻辑门电路的设计与验证 3.5 CMOS 基本逻辑部件设计与验证
	项目4 CMOS 模拟集成电路设计	4.1 长沟道 MOS 晶体管 4.2 电流镜设计与验证 4.3 单极放大器及拓展设计和验证 4.4 运算放大器设计与验证 4.5 电压基准源 4.6 I/O 电路
中级	项目1 Verilog 数字电路设计	1.1 Verilog 硬件描述语言和验证工具认知 1.2 基础单元和模块的 Verilog 设计 1.3 复杂单元和模块的 Verilog 设计
	项目2 集成电路逆向设计	2.1 集成电路分析再设计系统及其使用 2.2 集成电路逻辑提取基础 2.3 案例芯片的逻辑提取

续表

级别	项目编号	项目名称
中级	项目3 CMOS数字集成电路设计与验证	3.1 CMOS集成电路设计认知 3.2 非门芯片电路设计与验证 3.3 与门芯片电路设计与验证 3.4 或门芯片电路设计与验证
中级	项目4 CMOS模拟集成电路设计	4.1 长沟道MOS管 4.2 电流镜设计与验证 4.3 单级放大器及拓展设计和验证 4.4 音频功率放大芯片电路设计与验证
高级	项目1 Verilog数字电路设计	1.1 Verilog硬件描述语言和验证工具认知 1.2 基础单元和模块的Verilog设计 1.3 复杂单元和模块的Verilog设计
高级	项目2 集成电路逆向设计	2.1 集成电路分析再设计系统及其使用 2.2 集成电路逻辑提取基础 2.3 案例芯片的逻辑提取
高级	项目3 CMOS数字集成电路设计与验证	3.1 非门芯片电路设计与验证 3.2 与门芯片电路设计与验证 3.3 或门芯片电路设计与验证 3.4 电机驱动芯片电路设计与验证
高级	项目4 CMOS模拟集成电路设计	4.1 音频功率放大芯片电路设计与验证 4.2 时基芯片电路设计与验证 4.3 单运算放大器芯片电路设计与验证 4.4 达林顿驱动芯片电路设计与验证

（3）集成电路封装与测试项目库（见表13-20）

表13-20 集成电路封装与测试项目库

级别	项目编号	项目名称
初级	项目1 晶圆减薄与划片工艺	1.1 晶圆贴膜工艺操作 1.2 晶圆减薄工艺操作 1.3 晶圆划片工艺操作
初级	项目2 芯片粘接与键合	2.1 芯片粘接工艺操作 2.2 芯片互连工艺操作
初级	项目3 芯片塑封成型	3.1 塑料封装工艺操作 3.2 激光打标工艺操作 3.3 飞边毛刺处理
初级	项目4 芯片引脚成型	4.1 电镀工艺操作 4.2 切筋成型工艺操作

续表

级别	项目编号	项目名称
初级	项目 5 集成电路测试	5.1 芯片检测 5.2 芯片编带 5.3 芯片目检
中级	项目 1 晶圆减薄与划片工艺	1.1 晶圆贴膜工艺操作 1.2 晶圆减薄工艺操作 1.3 晶圆划片工艺操作 1.4 设备日常维护与常见故障
中级	项目 2 芯片粘接与键合	2.1 芯片粘接工艺操作 2.2 芯片互连工艺操作 2.3 设备日常维护与常见故障
中级	项目 3 芯片塑封成型	3.1 塑料封装工艺操作 3.2 激光打标工艺操作 3.3 飞边毛刺处理
中级	项目 4 芯片引脚成型	4.1 电镀工艺操作 4.2 切筋成型工艺操作 4.3 设备日常维护与常见故障
中级	项目 5 集成电路测试	5.1 芯片检测 5.2 芯片编带 5.3 芯片目检
高级	项目 1 晶圆减薄与划片工艺	1.1 晶圆贴膜工艺操作 1.2 晶圆减薄工艺操作 1.3 晶圆划片工艺操作 1.4 设备日常维护与常见故障
高级	项目 2 芯片粘接与键合	2.1 芯片粘接工艺操作 2.2 芯片互连工艺操作 2.3 设备日常维护与常见故障
高级	项目 3 芯片塑封成型	3.1 塑料封装工艺操作 3.2 激光打标工艺操作 3.3 飞边毛刺处理
高级	项目 4 芯片引脚成型	4.1 电镀工艺操作 4.2 切筋成型工艺操作 4.3 设备日常维护与常见故障
高级	项目 5 集成电路测试	5.1 数字芯片测试 5.2 模拟芯片测试 5.3 数模混合芯片测试

（4）实习实训类项目库（见表13-21）

表13-21 实习实训类项目库

级别	项目编号	项目名称
初级项目	项目1 通用知识课	1.1 集成电路制造工艺全流程
	项目2 核心技能	2.1 集成电路测试环境与工艺 2.2 测试产线与设备介绍 2.3 测试生产操作技能实训
中级项目	项目1 通用知识课	1.1 电子电路基础与应用 1.2 集成电路制造工艺全流程
	项目2 核心技能课	2.1 集成电路测试环境与工艺 2.2 测试产线与设备介绍 2.3 测试生产操作技能实训 2.4 测试设备技能实训
	项目3 岗位实践课	3.1 测试OP操作员跟岗实习 3.2 测试ME技术员跟岗实习
高级项目	项目1 通用知识课	1.1 电子电路基础与应用 1.2 集成电路制造工艺全流程
	项目2 核心技能课	2.1 集成电路测试环境与工艺 2.2 测试产线与设备介绍 2.3 测试生产操作技能实训 2.4 测试设备技能实训 2.5 芯片测试技术与应用
	项目3 岗位实践课	3.1 测试OP操作员跟岗实习 3.2 测试ME技术员跟岗实习 3.3 ATE测试工程师项目开发

2）项目资源分析

（1）初级项目资源库（见表13-22）

表13-22 项目资源库-初级

级别	项目编号	项目名称	能力训练目标
初级	1. 职业素养	1.1 行为规范	能遵循7S管理方式；能正确穿戴安全工业服装与装备；能遵守净化间的环境、健康、安全（EHS）规定；能遵守设备作业实施安全规范；能准确判别设备的安全风险
		1.2 安全操作规范	能识读设备安全标识；能判断设备周围电源、物料等环境安全；能识别设备开关机安全状态；能遵守设备安全工作守则；能处理设备潜在的安全隐患

续表

级别	项目编号		项目名称	能力训练目标
初级	2. 晶圆制程	2.1	单晶硅片制备	能识别单晶硅片制备工艺的操作流程；能正确操作单晶炉，设置单晶炉的常规参数；能辨识单晶硅片直径，选择对应的切割方式；能正确操作硅锭切片机，设置硅锭切片机的常规参数；能保存单晶硅片制备工艺过程形成的电子文档；能完成单晶炉、硅锭切片机的日常保养
		2.2	晶圆氧化扩散	能识读氧化、扩散设备的运行参数；能按照工艺要求完成氧化、扩散工艺的生产操作；能保存氧化、扩散工艺过程形成的电子文档；能完成氧化、扩散过程中晶圆的无损、无污染传送；能完成氧化、扩散设备的日常保养
		2.3	晶圆薄膜淀积	能识读薄膜淀积设备的运行参数；能按照工艺要求完成薄膜淀积工序的设备操作；能保存薄膜淀积工艺过程形成的电子文档；能完成薄膜淀积过程中晶圆的无损、无污染传送；能完成薄膜淀积设备的日常保养
		2.4	晶圆光刻	能判断所采用的掩膜版是否符合光刻要求；能按选定的工艺菜单或工作流程完成光刻工艺操作；能保存光刻工艺过程形成的电子文档；能完成光刻过程中晶圆的无损、无污染传送；能进行光刻设备的日常保养
		2.5	晶圆刻蚀	能识读刻蚀设备的运行参数；能按选定的工艺菜单或工作流程完成刻蚀工艺操作；能保存刻蚀工艺过程形成的电子文档；能完成刻蚀过程中晶圆的无损、无污染传送；能进行刻蚀设备的日常保养
		2.6	晶圆离子注入	能识别离子注入的晶圆类型；能识读离子注入设备的运行参数；能按选定的工艺菜单或工作流程完成离子注入工艺操作；能完成离子注入过程中晶圆的无损、无污染传送；能完成离子注入设备的日常保养
	3. 晶圆测试	3.1	晶圆检测	能识别晶圆检测工艺的操作流程；能对晶圆进行装片和取片操作；能正确连接测试机、探针卡和探针台；能正确操作测试机和探针台，设置测试机和探针台的常规参数；能完成测试机、探针卡、探针台的日常保养
		3.2	晶圆打点	能识别晶圆打点工艺的操作流程；能根据版图要求选择对应的墨盒规格；能根据测试记录信息调用对应的打点MAP图；能根据探针台操作规范完成打点工艺参数设置
		3.3	晶圆目检	能使用显微镜对扎针晶圆进行检查；能使用显微镜对打点晶圆进行检查；能正确填写晶圆检测工艺随件单；能保存晶圆检测工艺过程形成的电子文档
	4. 集成电路封装	4.1	晶圆划片	能正确选用晶圆贴膜盘；能进行晶圆贴膜操作；能正确操作划片机、减薄机，设置划片深度及减薄尺寸等常规参数；能完成划片机、减薄机的日常保养

续表

级别	项目编号	项目名称	能力训练目标
初级	4. 集成电路封装	4.2 芯片粘接与键合	能识别引线键合工艺的操作流程；能识别引线键合操作的原材料；能根据晶粒座的大小选择点胶头尺寸；能进行键合拉力实验；能正确操作装片机、键合机，设置装片机和键合机的常规参数；能完成装片机、键合机的日常保养。
		4.3 芯片塑料封装	能识别封装工艺、激光打标工艺的操作流程；能识别注塑原材料；能根据不同的封装外形选择对应注塑模具；能完成塑封料的预热、填充工作；能正确操作塑封机、激光打标机，设置塑封机和激光打标机的常规参数；能完成塑封机、激光打标机的日常保养。
		4.4 芯片切筋成型	能识别切筋工艺的操作流程；能根据不同的封装外形选择对应的切筋模具；能正确操作切筋机，设置切筋机的常规参数；能完成切筋机和模具的日常保养
	5. 集成电路测试	5.1 芯片检测	能识别芯片检测工艺的操作流程；能完成待测芯片的物流操作；能完成典型分选机的上料和下料操作；能根据测试机操作规范完成测试工艺参数设置；能区分重力式分选、平移式分选、转塔式分选等不同分选形式；能正确操作测试机、分选机，设置测试机和分选机的常规参数；能完成测试机、分选机、测试夹具的日常保养
		5.2 芯片编带	能识别编带工艺的操作流程；能准确选择编带原材料；能正确选择需要编带的封装芯片；能正确操作编带机，设置编带机的常规参数；能完成编带机的日常保养
		5.3 芯片目检	能区分不同封装形式的芯片外观；能识读芯片检测随件单；能判断出芯片成品中的外观不良品；能正确选择抽真空的铝箔袋型号；能完成料管、料盘和编带包装的芯片的抽真空操作
	6. 集成电路应用	6.1 电子电路元器件辨识	能正确识读常用元器件及集成电路参数手册；能正确识读电阻、电容、电感等常用元器件的参数，并根据需求选择元器件；能正确识读二极管、三极管、场效应管等半导体器件型号、参数和封装；能正确区分常用数字、模拟及数模混合集成电路；能正确辨识 SOP、DIP 等集成电路常见封装；能正确完成物料的分拣和分类
		6.2 电路识图	能正确识读系统架构图、原理图、PCB 图、装配图和实物图；能正确识别原理图中元器件型号及参数；能正确识别 PCB 图中元器件封装及极性；能正确识别装配图中元器件的装配位置
		6.3 电子产品焊接	能正确使用焊接工具及焊接辅助材料，并能正确设置焊接参数；能正确使用 BOM 表准备物料；能根据 BOM 表、原理图和装配图进行装配及焊接；能目测或利用测量工具进行焊接质量的检查；能完成电子产品焊接及对焊接不良品进行修正

第13章 实践教学支持系统和典型案例

（2）中级项目资源库（见表13-23）

表13-23 项目资源库 - 中级

级别	项目编号		项目名称	能力训练目标
中级	1. 版图辅助设计	1.1	版图识别	能识读常见集成电路元器件的版图；能识读常见集成电路的整体版图；能利用工业显微镜分析集成电路版图的布局；能识读典型集成电路制造工艺剖面图
		1.2	版图编辑	会运用典型集成电路工艺的主要设计规则；能正确设置逻辑设计库和版图设计库；能利用集成电路逻辑设计工具在逻辑设计库中进行简单逻辑图的绘制；能利用集成电路版图设计工具在版图设计库中进行基本逻辑单元的版图输入；能在版图输入过程中正确调用工艺库中的各种元器件的版图
	2. 晶圆制程	2.1	单晶硅片制备	能进行单晶硅片制备的工艺操作；能识读单晶硅片制备工艺的统计过程数据或控制图；能进行单晶硅锭的质量评估；能检验硅片的切割质量；能判别单晶炉、硅锭切片机运行过程发生的故障类型；能进行单晶炉和硅锭切片机的日常维护
		2.2	晶圆氧化扩散	能根据工艺要求完成氧化、扩散设备的工艺操作；能识读氧化、扩散工艺的统计过程数据或控制图；能完成氧化、扩散工艺后的晶圆质量评估；能判别氧化、扩散设备运行过程发生的故障类型；能进行氧化、扩散设备的日常维护
		2.3	晶圆薄膜淀积	能根据工艺要求完成薄膜淀积的工艺操作；能识读薄膜淀积工艺的统计过程数据或控制图；能完成薄膜淀积工艺后的晶圆质量评估；能判别薄膜淀积设备运行过程发生的故障类型；能进行薄膜淀积设备的日常维护
		2.4	晶圆光刻	能对光刻工艺的流程进行参数确认；能根据光刻胶的类型进行晶圆光刻操作；能识读光刻工艺的统计过程数据或控制图；能完成光刻工艺各工序的晶圆质量评估；能填写光刻工艺的检验记录；能排除光刻工艺设备的常见故障
		2.5	晶圆刻蚀	能核实工艺菜单或工作流程是否满足刻蚀要求；能对刻蚀工艺的流程进行参数确认；能识读刻蚀工艺的统计过程数据或控制图；能检验刻蚀后的几何尺寸及形貌是否满足工艺要求；能完成刻蚀工艺后的晶圆质量评估；能进行刻蚀设备的日常维护
		2.6	晶圆离子注入	能对离子注入工艺的流程进行参数确认；能进行离子注入设备的操作；能识读离子注入工艺的统计过程数据或控制图；能完成离子注入工艺后的晶圆质量评估；能进行离子注入设备的日常维护
	3. 晶圆测试	3.1	晶圆检测	能进行晶圆检测工艺操作；能根据测试条件要求更换探针卡；能判定晶圆测试过程中扎针位置、深度是否符合要求；能判别测试机、探针台运行过程发生的故障类型；能完成探针卡的焊接和维护保养；能进行测试机和探针台的日常维护

续表

级别	项目编号	项目名称	能力训练目标
中级	3. 晶圆测试	3.2 晶圆打点	能根据芯片要求加载打点程序；能判定晶圆打点过程中墨点是否满足要求；能判别晶圆打点运行过程发生的故障类型；能完成墨盒的日常维护和保养
		3.3 晶圆目检	能对手动打点使用的墨盒进行灌墨操作；能根据芯片的大小选择合适的打点墨盒；能对扎针、打点不良的晶圆进行判定；能对扎针、打点不良的晶圆进行剔除操作；能进行晶圆墨点烘烤操作
	4. 集成电路封装	4.1 晶圆划片	能对合格贴膜晶圆进行判定；能进行晶圆划片工艺的操作；能进行晶圆减薄工艺的操作；能判别划片机、减薄机运行过程发生的故障类型；能完成划片机、减薄机的日常维护
		4.2 芯片粘接与键合	能进行引线键合工艺操作；能正确安装点胶头并进行芯片粘接；能根据工艺要求选择键合线的材料与线径；能对键合操作的对准情况进行判断；能判别装片机、键合机运行过程发生的故障类型；能进行装片机、键合机的日常维护
		4.3 芯片塑料封装	能进行封装工艺、激光打标工艺操作；能正确调用打标文件并进行文本编辑；能判断飞边毛刺长度是否超出标准；能判别塑封机、激光打标机运行过程发生的故障类型；能完成塑封机、激光打标机的日常维护
		4.4 芯片切筋成型	能进行切筋成型工艺操作；能正确安装切筋成型模具；能识别塑封体缺损、引脚断裂、镀锡漏铜等不良品并进行剔除；能判别切筋机、切筋模具运行过程发生的故障类型；能完成切筋机、切筋模具的日常维护
	5. 集成电路测试	5.1 芯片检测	能进行芯片检测工艺操作；能根据测试条件要求更换对应的测试夹具；能根据芯片测试过程中良率偏低故障进行测试夹具微调；能判别测试机、分选机运行过程发生的故障类型；能完成测试机、分选机、测试夹具的日常维护
		5.2 芯片编带	能进行编带工艺操作；能进行编带质量检查；能完成编带耗材的更换；能识别编带机在运行过程发生的故障报警；能进行编带机的日常维护
		5.3 芯片目检	能正确完成料管、料盘和编带包装的芯片外观检查；能对外观不良的芯片进行替换；能完成整盒芯片的拼零操作；能判断产品是否需要进行真空包装；能正确完成贴标签操作
	6. 集成电路应用	6.1 简易电子产品设计	能通过参数手册查询集成电路技术参数；能正确使用数字、模拟、数模混合集成电路进行简易电子产品设计；能根据设计要求熟练绘制原理图并调用元件库；能根据需求绘制PCB图元器件封装；能按需求正确设置PCB规则并根据原理图完成PCB图的布局与布线；能正确导出PCB加工文档，编写生产所需工艺文件；

续表

级别	项目编号	项目名称	能力训练目标
中级	6. 集成电路应用	6.2 嵌入式系统程序调试	能查阅单片机技术手册，熟练应用不同型号单片机硬件资源进行设计；能根据单片机型号进行编程环境的搭建；能正确分析嵌入式系统程序功能；能根据软件流程图进行功能调试；能正确编制简单程序代码，调试完善系统功能
		6.3 简易电子产品装配及调试	能正确使用万用表、信号发生器、示波器、逻辑分析仪等仪器仪表；能正确选择仪器仪表对电阻、电容、电感等电子元器件、集成电路的性能参数进行检测；能熟练使用装配、焊接等工具对电子产品进行装配及焊接；能正确使用下载工具进行单片机程序的装载；能正确搭建测试环境，完成简易电子产品性能测试和故障排查

（3）高级项目资源库（见表13-24）

表 13-24　项目资源库 - 高级

级别	项目编号	项目名称	能力训练目标
高级	1. 版图辅助设计	1.1 CMOS工艺基础	掌握 CMOS 工艺基础知识及 NMOS、PMOS 管的版图设计相关知识
		1.2 标准单元版图设计	会运用典型集成电路工艺的主要设计规则；能正确设置逻辑设计库和版图设计库；能利用集成电路逻辑设计工具在逻辑设计库中进行简单逻辑图的绘制；掌握反相器、与非门、触发器逻辑图及版图设计，了解标准单元版图设计规则及注意事项
	2. 晶圆制程	2.1 单晶硅片制备	熟练掌握单晶硅片制备的工艺操作并进行单晶硅锭的质量评估；能检验硅片的切割质量并判别单晶炉、硅锭切片机运行过程发生的故障类型且能对常见故障进行处理。
		2.2 晶圆氧化扩散	熟练掌握晶圆氧化扩散的工艺操作并能完成氧化、扩散工艺后的晶圆质量评估；能判别氧化、扩散设备运行过程发生的故障类型并且能对常见故障进行处理
		2.3 晶圆薄膜淀积	熟练掌握晶圆薄膜淀积工艺操作并且完成薄膜淀积工艺后的晶圆质量评估；能判别薄膜淀积设备运行过程发生的故障类型并能对常见故障进行处理
		2.4 晶圆光刻	熟练掌握晶圆光刻工艺操作流程并且能识读光刻工艺的统计过程数据或控制图；能完成光刻工艺各工序的晶圆质量评估；能填写光刻工艺的检验记录；能排除光刻工艺设备的常见故障并能对常见故障进行处理
		2.5 晶圆刻蚀	熟练掌握晶圆刻蚀工艺流程，并能完成刻蚀工艺后的晶圆质量评估；能进行刻蚀设备的日常维护；能排除晶圆刻蚀工艺设备的常见故障并能对常见故障进行处理

续表

级别	项目编号	项目名称	能力训练目标
高级	2. 晶圆制程	2.6 晶圆离子注入	熟练掌握离子注入工艺的流程；能完成离子注入工艺后的晶圆质量评估；能进行离子注入设备的日常维护；能排除离子注入工艺设备的常见故障并能对常见故障进行处理。
	3. 晶圆测试	3.1 晶圆检测	熟练掌握晶圆检测工艺操作；能完成探针卡的焊接和维护保养；能进行测试机和探针台的日常维护并对常见故障进行处理
		3.2 晶圆打点	熟练掌握晶圆打点操作；判定晶圆打点过程中墨点是否满足要求；能判别晶圆打点运行过程发生的故障类型并对故障进行处理；能完成墨盒的日常维护和保养
		3.3 晶圆目检	能对手动打点使用的墨盒进行灌墨操作；能根据芯片的大小选择合适的打点墨盒；能对扎针、打点不良的晶圆进行判定；能对扎针、打点不良的晶圆进行剔除操作；能进行晶圆墨点烘烤操作
	4. 集成电路封装	4.1 晶圆划片	熟练掌握晶圆划片工艺的操作流程；能判别划片机、减薄机运行过程发生的故障类型并对故障进行处理
		4.2 芯片粘接与键合	熟练掌握引线键合工艺操作；能对键合操作的对准情况进行判断；能判别装片机、键合机运行过程发生的故障类型并对常见故障进行处理
		4.3 芯片塑料封装	熟练掌握封装工艺、激光打标工艺操作；能判断飞边毛刺长度是否超出标准；能判别塑封机、激光打标机运行过程发生的故障类型并对常见故障进行处理
		4.4 芯片切筋成型	熟练掌握切筋成型工艺操作；能识别塑封体缺损、引脚断裂、镀锡漏铜等不良品并进行剔除；能判别切筋机、切筋模具运行过程发生的故障类型并对常见故障进行处理
	5. 集成电路测试	5.1 芯片检测	熟练掌握芯片检测工艺操作；能根据芯片测试过程中良率偏低故障进行测试夹具微调；能判别测试机、分选机运行过程发生的故障类型并对常见故障进行处理
		5.2 芯片编带	熟练掌握编带工艺操作；能进行编带质量检查；能识别编带机在运行过程发生的故障报警并对常见故障进行处理
		5.3 芯片目检	能正确完成料管、料盘和编带包装的芯片外观检查；能对外观不良的芯片进行替换；能完成整盒芯片的拼零操作；能判断产品是否需要进行真空包装；能正确完成贴标签操作
	6. 集成电路应用	6.1 按键计数器设计	掌握C语言数组定义及使用、C语言选择结构，掌握蜂鸣器工作原理、独立按键驱动技术，掌握数码管驱动电路原理、数码管静态显示与动态显示工作原理

续表

级别	项目编号	项目名称	能力训练目标
高级	6.集成电路应用	6.2 定时控制电源插座设计	掌握定时器及中断工作原理、定时器工作方式及初始化设置原理，掌握定时器中断程序设计知识，学习单片机控制继电器驱动技术，了解数字钟工作原理
		6.3 液晶显示日历设计	掌握单片机外围器件应用——LCD12864液晶显示器结构与工作原理，掌握单片机外围器件应用——DS18B20结构与工作原理；掌握IO口模拟器接口器件时序图

六、实践训练内容与相关证书的匹配

实践训练内容对应的证书体系如下：

① "1+X" 集成电路开发与测试、"1+X" 集成电路设计与验证、"1+X" 集成电路封装与测试，如图13-14所示。

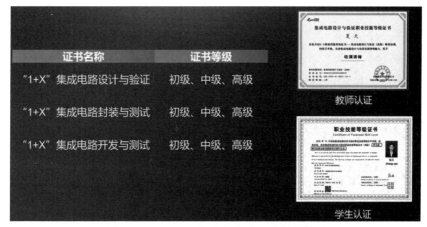

图13-14 "1+X"集成电路对应的证书体系

② 人社证书：半导体分立器件和集成电路装调工——混合集成电路装调工初（五级）中（四级）高（三级）三个等级。

七、实践训练基地特色

1. 集成电路实践训练基地产教一体，"岗课赛证"融通

基地内包含集成电路测试生产车间，把岗位技能与人才培养需求紧密结合。依托集成电路产业链上的技术和资源优势，深化"产教融合"，实施校企"学徒制"和"双导师"制度，制定符合集成电路产业需求的定向人才培养实践课程，构建与

集成电路产业无缝对接的人才培养生态圈，解决学生就业与培养一致性的问题。基地课程包括但不限于集成电路制造工艺、集成电路封装技术、集成电路测试技术、集成电路版图设计等课程，同时支持云端教学、实训和岗位实习，培育数字人才。

培训基地建设完善，以朗迅产品为基础，进行二次教学化开发，并配套丰富的实训课程。

2. 集成电路实践训练基地是校企联合培养，工学一体化实践教学的平台

依托集成电路实践训练基地，面向集成电路测试人才紧缺技术岗位，以中国特色学徒制为主要培养形式，联合华为、华润微等行业头部企业，根据岗位人才需要进行校企联合培养高水平技术技能人才。校企联合共同实施校内校外工学一体化教学，校企共同制定人才培养方案：校内主要在一体化教室进行项目化教学，在企业采取企业集中培训和现场训练相互融合方式组织教学。基于集成电路测试岗位真实生产任务，采取工学一体、训教相融的方式，先到生产线认知学习，再集中培训，再造关键真实工作情境，进行模拟训练，最后再到现场实际操作，实现教学过程与工作过程的融合。

3. 基地培养与职业技能认证体紧密结合

基地的实践培养与1+X职业技能等级证书标准、人社部混合集成电路装调工认证标准结合在一起：1+X证书体系包括"1+X"集成电路开发与测试、"1+X"集成电路设计与验证、"1+X"集成电路封装与测试。人社证书认证体系包括：半导体分立器件和集成电路装调工——混合集成电路装调工初（五级）中（四级）高（三级）三个等级。

4. 基地建设有开放性资源平台，提供了丰富的教学资源及企业资源

朗迅科技能紧随集成电路技术的最新发展趋势，建设了丰富的优质教学生态，教师和学生可以通过云端进行在线教学、实训以及岗位实习，实现线上线下教学和学生自主学习，解决了集成电路方面教学、实训以及岗位实习的痛点。朗迅基地覆盖集成电路设计、制造、封测、应用等全产业链职业技能工种的岗位技能需求，打通人才培养的最后一公里。

5. 基地为院校和集成电路类企业之间提供沟通渠道和桥梁

基地建设了集成电路全产业链的实训室，可以为院校提供实习实训服务；另一方面,院校毕业生可通过基地的岗前培训课程,培养毕业生的岗位技能,进一步提高毕业生的岗位适应性。

(此典型案例由杭州朗迅数智科技有限公司副总经理曲文尧、徐守政,培训部负责人祝赛君提供。)

案例四　高职人工智能实践训练基地

(随机数(浙江)智能科技有限公司)

一、实践训练基地名称

高职人工智能实践训练基地

二、实践训练基地的教育定位

1. 基地教育类型定位

本实践训练基地的教育类型定位为专注于人工智能技术与应用专业的实训和实践课程。同时,为学生提供与人工智能技术与应用专业紧密相关的实习机会,确保学生能够在真实的工作环境中深化理论学习,掌握实际应用技能。

2. 基地专业领域定位

本基地主要面向人工智能技术与应用专业,涵盖机器学习、深度学习、自然语言处理、计算机视觉等人工智能专业核心技能,特别是数据标注和AIGC(生成式人工智能)的应用领域。基地依托专业的实训平台和项目资源库,为学生提供全面、深入的专业实践环境。

3. 基地承接的专业实训、实习等情况(见表13-25)

表13-25　基地能承接的专业实训、实习情况

类型	专业类	专业名称	实践内容
实训	计算机类	人工智能技术应用	1. 机器学习技术与应用实践 2. 深度学习技术与应用实践 3. 人工智能项目开发与实现
实训	计算机类	大数据技术	1. 数据挖掘与分析 2. 数据标注实训 3. 基于大数据的AI模型训练

续表

类型	专业类	专业名称	实践内容
实训	计算机类	云计算技术应用	1. 云计算平台部署与管理 2. 基于云计算的AI服务开发 3. 云计算安全与维护
实习	计算机类	人工智能技术应用	1. 企业AI项目实战 2. AI模型部署与调优 3. 人工智能技术应用案例分析

三、专业实践训练内容（导图）与训练基地的支撑定位

1. 专业实践训练导图

以福建信息职业技术学院人工智能技术应用专业为例，当前实践教学体系的构成如图13-15所示。

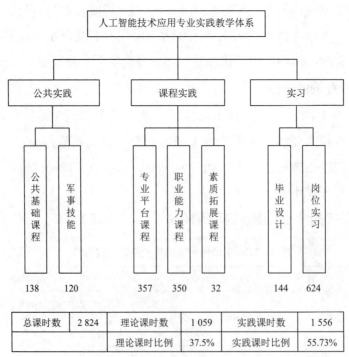

图13-15 当前实践教学体系的构成

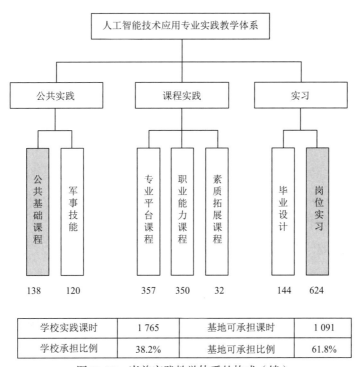

图 13-15 当前实践教学体系的构成（续）

2. 专业培养规格中主要技能、能力目标

1）高职专科 - 人工智能技术应用专业

技能目标：

- 掌握数据处理全流程：包括采集、清洗、标注与特征处理。
- 精通机器学习与深度学习：能选择、搭建、训练模型，并进行测试评估。
- 深度学习框架运用：利用框架进行神经网络构建，实施模型部署与推理。
- 人工智能应用开发：融合计算机视觉、智能语音、NLP技术，进行应用设计与实现。
- 系统运维能力：负责人工智能系统的部署、调试及维护，解决实际技术难题。

能力目标：

- 办公软件熟练应用。

- 强大人际互动与公共关系处理技巧。
- 高效组织管理，涵盖人员、时间、技术和流程管理。
- 问题解决与知识应用：具备创新思维、独立学习及适应职业变化的能力。
- 职业生涯规划：自主规划未来，持续学习与成长。

2）职业本科-人工智能工程应用专业

技能目标：

- 复杂数据工程处理：深入掌握大数据的采集、预处理、分析及可视化技术，能够在大规模数据集上进行高效的数据清洗和特征提取。
- 先进算法设计与实现：精通并能够创新性地应用机器学习、深度学习算法，包括但不限于强化学习、迁移学习，进行算法模型的优化与定制。
- 人工智能系统开发与集成：具备设计和开发复杂人工智能系统的能力，包括架构设计、算法集成、接口开发及性能优化。
- 智能应用创新：基于计算机视觉、自然语言处理、语音识别等技术，创新性地解决行业实际问题，开发高价值的人工智能应用。
- 系统运维与优化：掌握人工智能系统的部署策略，能够进行系统监控、故障排查和性能调优，确保系统的稳定运行。

能力目标：

- 跨学科融合能力：具备跨计算机科学、数学、统计学等多学科知识的整合应用能力，促进技术的跨界创新。
- 项目管理与团队协作：领导或参与人工智能工程项目，具备项目规划、进度控制、资源调配及团队协作能力。
- 科研与创新能力：具备一定的科研素养，能够跟踪国际前沿技术动态，进行初步的科研探索和创新实践。
- 企业合作与市场洞察：理解行业发展趋势，具备与企业合作进行技术转化的能力，能够根据市场需求调整技术方案。
- 伦理法律素养：理解和遵守人工智能领域的伦理准则和法律法规，能够负责任地处理数据隐私、算法公平性等问题。

3）普通本科-人工智能专业

技能目标：
- 高级数据科学技能：深入掌握高级数据挖掘、统计建模和预测分析技术，能够对复杂数据集进行深度解析和预测。
- 算法研发与创新：具备从零开始设计并实现新的人工智能算法的能力，包括算法理论推导、实验验证和优化改进。
- 智能系统架构设计：能够设计大型分布式人工智能系统，包括云计算、边缘计算环境下的系统架构与优化。
- 前沿技术探索与应用：紧跟人工智能领域的最新进展，如量子计算、生物启发计算等，探索其在实际场景中的应用。
- 高级编程与系统开发：精通多种编程语言和开发工具，能够高效开发高质量的软件系统和智能应用。

能力目标：
- 研究与学术能力：具备独立开展科学研究的能力，能够撰写高水平学术论文，参与国内外学术交流。
- 领导与创业精神：展现出领导力，能够引领团队完成复杂项目，或具备创业意识，能够把握市场机遇，创办科技型企业。
- 国际化视野：拥有全球化的视野，理解国际人工智能发展趋势，具备与国际团队合作的能力。
- 复杂问题解决：针对开放性和挑战性的复杂问题，能够提出创新解决方案并有效实施。
- 持续学习与自我提升：具备强烈的自我驱动力，持续跟踪人工智能领域的发展，不断提升个人专业技能和综合素质。

四、实践训练基地环境

1. 物理环境

基地分为专业教学区和场景实训区：
- 专业教学区：该空间主要满足师生展示体验、互动教学、专业学习、技术讨论、指导答疑等功能，教师可通过"派Lab"在线教学平台提供的开源环境、课程系统、教学管理系统等，完成对学生的课程教学、实验指导、评价管理等任务。

- 场景实训区：该空间主要满足学生认知体验、技术开发、项目实训、产业模拟、成果展示等功能，实训区根据人工智能应用领域配套了完备的艾达系列实训产品来辅助专业理论学习，搭建了产业模拟场景来配合项目实训教学，满足学生在计算机视觉、自然语言处理、语音处理、智能机器人应用等方向的培养。

2. 训练设备（见表13-26）

表 13-26　训练设备

序　号	设备名称	设备数量	序　号	设备名称	设备数量
1	派 Lab 教学终端	50 组	4	艾达智能机器人	25 套
2	派 Lab 人工智能实训平台	50 个授权	5	艾达智能车	10 套
3	艾达互动中心	1 套			

3. 软性资源

派Lab人工智能综合实训室根据院校现有基础设施、专业建设和课程体系，推出了以算力为核心，以课程项目为主导的体系，整个教学体系是基于随机数智能研发的一站式人工智能教学实训平台——"派Lab"。结合当前人工智能产业发展与机器人技术领域，建设完整的人工智能专业知识体系放入"派Lab"在线学习平台，成为人工智能专业学生最主要的知识获取渠道，为师生提供功能完备、课程丰富、操作便捷的在线可交互学习平台。软性资源见表13-27。

表 13-27　软性资源

序　号	资源库名称	案例数量	配套教材	配套题库
1	人工智能认知与实践	59	出版教材	300
2	人工智能应用基础	48	出版教材	1309
3	Python 程序设计	42	实训手册	343

续表

序号	资源库名称	案例数量	配套教材	配套题库
4	数据处理与分析	62	实训手册	212
5	机器学习技术与应用	50	出版教材	170
6	深度学习技术与应用（TensorFlow版）	59	出版教材	101
7	计算机视觉应用实践	42	实训手册	78
8	自然语言处理应用实践	51	实训手册	105

五、实践训练设计与训练资源

1. 实践训练设计

实践训练设计是提升学生专业技能、智力技能和职业能力的重要环节，旨在通过多样化、实操性强的训练活动，让学生深入理解理论知识，并在实践中掌握解决实际问题的方法。在《布匹瑕疵检测项目》中，实践训练设计被细分为三大核心部分：操作技能实训、智力技能项目实践，以及职业能力岗位实习，确保学生在技术应用、思维拓展及职场适应方面获得全面成长。

1）实践训练类别设计

操作技能实训：这一类别聚焦于基础技术的掌握与工具的熟练使用。例如，学生将通过"网页版猜拳小游戏"项目，学习如何利用TensorFlow.js框架结合计算机摄像头捕捉手势数据，进行实时手势识别。此过程不仅强化了编程技能，还教会学生如何在实际应用中运用深度学习技术，如图像识别和模型部署，提升学生对技术工具的驾驭能力。

智力技能项目实践：旨在提升学生的分析、设计和解决复杂问题的能力。在"五步法搭建机器学习框架"实训中，学生将经历从模型构思到实施的全过程，学习如何高效地设计算法、选择模型并进行优化，这一过程涉及算法测试、模型训练等，锻炼学生的抽象思维和模型构建能力，确保他们在面对未知问题时能够灵活应用所学知识。

职业能力岗位实习：侧重于模拟真实工作环境，培养学生在特定岗位上所需的专业技能和职业素养。例如，"工业场景布匹瑕疵检测"项目，要求学生在设定的工业背景下，完成从数据处理、模型训练到可行性分析的全链条任务，这不仅锻炼了学生的AI技术应用能力，还提升了学生的项目管理、团队合作及问题分析能力。

2）训练过程设计（以工业场景布匹瑕疵检测项目为例）

数据准备与理解：首先，对提供的布匹瑕疵数据集进行细致分析，包括瑕疵类别统计和图像特征探索，为后续步骤奠定基础。

数据处理与增强：利用脚本将数据转化为适合训练的格式，并进行图像裁剪、增强等预处理，以丰富训练集多样性，提升模型泛化能力。

模型选择与配置：基于项目需求，选取Yolov5系列的合适模型作为检测框架，调整网络结构以匹配瑕疵检测任务，明确训练参数和类别数。

模型训练与优化：借助GPU加速，执行训练脚本，根据数据集规模和计算资源，灵活调整训练轮次、批次大小等，其间可进行模型保存与恢复训练。

模型验证与评估：利用验证集进行模型性能测试，关注mAP等关键指标，确保模型准确率达标，并通过detect.py输出检测结果，直观验证模型效果。

迭代与提交：根据验证结果调整模型，迭代优化。每周将最优模型提交至GitHub，每日代码更新至云容器镜像仓库，确保训练过程透明、可追溯。

2. 训练资源

1）项目资源库（列举部分资源内容）

（1）人工智能认知与实践项目库（见表13-28）

表13-28　人工智能认知与实践项目库

级　　别	项目编号	项目名称
初级	P01	人工智能对对联生成器
	P02	一键笑脸捕捉相机应用
	P03	网页猜拳小游戏开发
	P04	网页手写数字识别系统
	P05	服饰在线分类助手
中级	M01	自定义主题词云图生成工具
	M02	一键照片转素描应用
	M03	OCR文本识别——EasyOCR应用

续表

级别	项目编号	项目名称
中级	M04	卷积神经网络垃圾邮件过滤器
	M05	循环神经网络垃圾邮件分类器
高级	A01	七种表情识别系统（CNN）
	A02	决策树隐形眼镜类型预测模型
	A03	决策树智能导购系统
	A04	k-近邻算法水果品质鉴定（挑橘子）
	A05	X光肺炎辅助诊断系统（CNN应用）

（2）Python程序设计项目库（见表13-29）

表13-29　Python程序设计项目库

级别	项目编号	项目名称
初级	P01	递归解决仓鼠繁殖问题
	P02	递归实现汉诺塔游戏
	P03	使用PyQRCode生成个性化二维码
	P04	Imageio库制作简单动态图
	P05	图片转字符画的Python实现
	P06	猜价格游戏的Python编程
	P07	输出9×9乘法表的Python脚本
	P08	绘制小树图案的Python代码
	P09	用Python绘制创意台阶图案
中级	M01	生成手绘风格图像的Python实现
	M02	基于pygame的简单弹球游戏开发
	M03	利用matplotlib绘制动态股市曲线
	M04	基于Tkinter的简易计算器应用
	M05	实现石头、剪刀、布游戏的AI对手
	M06	简单气象数据分析与可视化
	M07	Python实现斐波那契数列的多种解法
高级	A01	基于机器学习的文本情感分析系统
	A02	使用深度学习的图像识别项目

续表

级别	项目编号	项目名称
高级	A03	复杂网络爬虫项目：商品信息抓取与分析
	A04	基于 TensorFlow 的垃圾分类模型训练
	A05	多线程下载器设计与实现
	A06	聊天机器人开发：结合自然语言处理技术
	A07	基于 OpenCV 的实时人脸识别系统

（3）机器学习技术应用项目库（见表13-30）

表13-30 机器学习技术应用项目库

级别	项目编号	项目名称
初级	P001	线性回归预测学生课外辅导费用
	P002	线性回归预测短视频现金激励
	P003	线性回归预测杭州滨江房价
	P004	线性回归预测乐高价格
	P005	线性回归预测程序员月薪
中级	K001	k-近邻预测体重
	K002	k-近邻预测房租费用
	K003	k-近邻挑选甜橘子
	K004	k-近邻挑选甜草莓
	K005	k-近邻推荐出行方式
高级	L001	逻辑回归分析智能家居数据
	L002	逻辑回归预测升学概率
	L003	逻辑回归预测红酒质量等级
	L004	逻辑回归预测用户按时还款能力
	L005	逻辑回归预测考试通过可能性
	L006	逻辑回归筛查早期癌症风险
	D001	决策树预测泰坦尼克生存率
	D002	决策树预测顾客点餐偏好（是否要可乐）
	D003	决策树推荐适合的隐形眼镜类型
	D004	决策树智能导购系统

续表

级　别	项目编号	项目名称
高级	N001	朴素贝叶斯实现豆瓣影评情感分类
	N002	朴素贝叶斯云盘图片自动分类
	N003	朴素贝叶斯新闻主题分类
	S001	SVM实现真伪纸币自动识别
	C001	KMeans进行市场样本聚类分析
	C002	KMeans手机用户活动模式分析
	D005	DBSCAN推断员工生活工作地点
	H001	层次聚类世界银行数据研究
	A001	KMeans民航客户服务细分
	PCA001	主成分分析信贷客户评级
	PCA002	主成分分析手写数字识别
	LDA001	线性判别分析鸢尾花数据降维
	KNN001	k-近邻数字验证码识别
	R001	鲍鱼年龄线性回归预测

（4）深度学习技术应用项目库（见表13-31）

表13-31　深度学习技术应用项目库

级　别	项目编号	项目名称
初级	FCN001	全连接网络实现手写数字识别
	FCN002	全连接神经网络实现服饰分类
中级	CNN001	卷积神经网络实现猫狗分类
	CNN002	卷积神经网络实现手势识别
高级	LENET001	LeNet-5实现图像多分类
	RNN001	循环神经网络实现茅台股价预测
	RNN002	循环神经网络实现英文密码预测
	SEQ2SEQ001	Seq2Seq模型实现墨尔本温度预测
	TFJS001	基于TensorFlow.js部署猜拳游戏
高级	TFJS002	基于TensorFlow.js部署手写数字识别应用
	TFJS003	基于TensorFlow.js实现服饰分类

续表

级别	项目编号	项目名称
高级	TFJS004	基于 TensorFlow.js 实现回归预测
	TFJS005	基于 TensorFlow.js 部署吃豆人游戏

2）项目资源分析（见表13-32）

表13-32　项目资源分析

级别	项目编号	项目名称	已具备知识、技能	能力训练目标
中级	BPD-001	布匹瑕疵检测项目	1. 分类、回归、定位、图像分割等基本概念； 2. 深度学习中的卷积神经网络； 3. 计算机视觉目标检测方法； 4. Yolov5 算法原理； 5. Python 编程基础及 Linux 系统操作	1. 实现深度学习模型在工业瑕疵检测中的应用； 2. 数据集管理和模型参数调优； 3. 编写技术文档和项目指导手册； 4. 项目管理和团队协作能力提升
中级	ICP-002	基于 CNN 的图像幼苗植物分类	1. CNN 模型构建与训练； 2. 图像预处理与特征提取； 3. 植物分类相关知识； 4. Python 编程技能	1. 设计并实现 CNN 模型进行植物分类； 2. 提升模型准确率和泛化能力； 3. 数据集构建与分析； 4. 项目报告撰写和结果展示
初级	OCV-003	OpenCV 应用——键捕捉人笑脸	1. OpenCV 库基础； 2. 人脸检测与跟踪； 3. 微笑识别算法； 4. Python 编程入门	1. 开发实时人脸检测与微笑识别系统； 2. 用户界面设计与实现； 3. 系统性能优化与用户体验提升； 4. 项目文档与用户指南编写
初级	TDC-004	文本数据清洗	1. Python 基础与正则表达式； 2. 数据处理与分析基础； 3. NLP 基础概念	1. 掌握文本数据预处理技巧； 2. 实施数据去噪与标准化； 3. 处理缺失值与异常值； 4. 数据质量评估与报告编制

六、实践训练内容与相关证书的匹配

1. 人工智能职业技能等级认证项目简介

人工智能职业技能等级认证项目（AIOC）是根据国家推行的职业技能等级制度，面向新一代信息技术人工智能技术新增职业岗位需求的认证项目，通过建立符合国家职业标准的新职业岗位课程培训体系，按标准依规范开展职业技能等级评价、颁发证书，培养新型人工智能行业专业复合型的高新技术人才。中国人工智能学会（以下简称"CAAI"）是AIOC项目发起主办单位，根据国家职业技术技能标准在全国范围内开展人工智能行业的职业技能等级评价、颁发AIOC人工智能职业技能等级证书。该认证领域覆盖全面，包含人工智能九大方向、七大核心技术，涉及初中高级57个岗位。其中初级实用技能人才认证岗位14个，面向中高职在校相关专业学生以及专科及以上同等学力非相关专业转行人员，覆盖智能语音产业、自然语言处理产业、计算机视觉产业、知识图谱产业、机器人产业，见表13-33。

表13-33 14个初级实用技能人才认证岗位

产业类别	岗位名称
智能语音产业	语音数据处理工程师
	机器人维护工程师
自然语言处理产业	对话系统应用工程师
	自然语言处理建模应用工程师
	自然语言处理数据标注工程师
	自然语言处理实施工程师
	自然语言处理测试工程师
计算机视觉产业	计算机视觉建模应用工程师
	计算机视觉数据处理工程师
	计算机视觉实施工程师
	计算机视觉测试工程师
知识图谱产业	知识图谱数据标注工程师
机器人产业	机器人调试工程师
	机器人维护工程师

其中，中级实用技能人才认证岗位14个（见表13-34），面向持有专业初级证书、应用型本科在校学生、普通本科非专业在校学生、从事该岗位满一定年限的从业人员、符合本规定中级资格界定标准的人员等，覆盖智能语音产业、自然语言处理产业、计算机视觉产业、知识图谱产业、机器人产业。

表 13-34　14 个中级实用技能人才认证岗位

产业类别	岗位名称
智能语音产业	语音应用开发工程师
	语音识别算法开发工程师
	语音合成算法开发工程师
	语音信号处理算法开发工程师
自然语言处理产业	自然语言处理应用开发工程师
	自然语言处理算法开发工程师
计算机视觉产业	计算机视觉应用开发工程师
	计算机视觉算法开发工程师
	计算机视觉平台开发工程师
知识图谱产业	知识图谱工程师（问答系统方向）
	知识图谱工程师（搜索/推荐方向）
	知识图谱工程师（自然语言处理方向）
机器人产业	嵌入式系统应用开发工程师
	智能应用开发工程师

2. 人工智能职业技能等级认证学习平台

AIOC 搭建官方线上学习平台为人工智能领域从业人员提供学习与培训认证服务，平台包含认证考试相关课程，课程资源丰富，如图 13-16 所示。

课程资源之外，平台搭设线上实训平台，学生可通过线上实训平台实现技能的检验，线上实训平台包含人工智能程序设计、人工智能通识与导论、计算机视觉技术与应用、机器学习技术与应用、深度学习工程师（中级）、深度学习工程师（高级）相关课程的实训项目，如图 13-17 所示，实训案例丰富，与认证考试以及真实生产相关，为教师教学以及学生练习提供资源。

通过平台课程的学习以及实训案例的操作，专业学生可以巩固专业技能，完成 AIOC 考试获取相关证书，可以增强专业学生的竞争优势。

第 13 章 实践教学支持系统和典型案例

图13-16 认证考试相关课程

图13-17 线上实训平台

七、实践训练基地特色

1. 融合院校人才培养与派Lab个性化实训策略

派Lab围绕院校人才培养核心，聚焦职业发展路径，借助场景化综合训练和产业仿真补充，打造针对性强的人工智能"定制化"实训室。该方案深入对接院校教育体系，从课程设置、教学内容到管理组织，全面提供定制建设模块，旨在培养学生的专业技能、职业素养及应用实践能力。

2. 线上线下教学实训一体化

借势在线教育趋势，派Lab整合线上与线下教育资源，推出专属在线教学平台。该平台紧贴院校课程体系，融合线上教学、管理和实训功能，促进专业知识与线下实践的无缝衔接，双向提升教学与学习效率，确保教育个性化与互动性。辅以全面的线下实训资源，包括实训工具、平台、课程及环境，巩固线上学习成果，形成互补增强效应，极大丰富教学互动形式与知识覆盖面。

3. 课程体系与产业项目实践相融合

派Lab人工智能实训室旨在构建支持产业认知与实战项目的实训环境，结合国际国内人工智能产业趋势与院校课程体系，利用先进技术与实训方案设计产业实践课程。通过校内专业课程与产业项目实践的有机结合，学生不仅能够系统掌握人工智能知识，还能锻炼创新应用技能，为未来职业生涯奠定坚实基础。

（此典型案例由随机数（浙江）智能科技有限公司总经理葛鹏及技术总监戚喜义、市场部总监余杭、产教融合部总监邹益香提供。）

案例五 信息安全与大数据技术实训基地

（杭州安恒信息技术股份有限公司）

一、实践训练基地名称

安恒信息安全与大数据技术实训基地

二、实践训练基地的教育定位

1. 基地教育类型定位

近年来，随着信息化技术的不断提高，网络信息化依赖程度与日俱增，网络安全事件呈现多发频发态势，特别是部分涉及民生关键信息基础设施遭受恶意攻击案件逐年递增，关键信息基础设施面临的安全威胁极速加剧。基于国家政策、监管部门要求及自身安全要求，各部门积极开展网络安全建设，但仍存在着重视不够、管控不力、人才队伍短缺、与现实需求不相适应等突出问题。为深入贯彻国家和省、市网络安全工作的安排部署，建设人才队伍，推动促进长三角网络安全知识学习，协助相关人员掌握网络安全技能，培养网络安全专业人才，提升城市网络安全水平，拟建设安恒信息长三角数字人才创新实训基地。

安恒信息长三角数字人才创新实训基地，以培养高水平复合型数字人才为目标。实训基地的人才培养模式突破了传统的教育模式，实现了教学与实践的有机结合。在这里，学生不仅能够接受专业的理论教育，还能够实地参与各类网络安全实战操作中，真正做到了学以致用。

2. 基地专业领域定位

实训基地的课程设置覆盖了网络安全的各个方面，包括网络安全基础、网络攻防技术、网络安全分析和人工智能应用等。这些课程旨在全面提升学生的网络安全能力，使他们能够在未来的工作中，有效应对各类网络安全问题。

3. 基地承接的专业实训、实习等情况

实训基地除了与多所高校合作，开展学生校外实训，为他们提供更多实战机会，同时，也获得工信部等各主管部门的认可，联合开展各类认证类培训，全方位服务国家网络安全人才队伍建设，见表13-35。

表13-35 基地承接的专业实训、实习情况

类 型	专 业 类	专业名称
实训	大数据技术专业	电子信息工程技术 计算机网络技术 计算机应用技术
	软件技术专业	网络安全与执法 信息安全技术应用

实训基地还可以支撑竞赛活动，用来检验参赛选手的综合职业素养，提高职业技能水平和就业竞争力，为国家发展培养领先水平的高技能人才。安恒信息作为技

术支撑单位，从赛前题库设置、赛中运营保障、综合流程把控、现场技术支撑等方面提供全流程支持。充分发挥自身在赛事运营与综合实践中积累的丰富经验，为赛事的顺利举办贡献力量。

三、专业实践训练内容（导图）与训练基地的支撑定位

1. 专业实践训练导图（见图13-18）

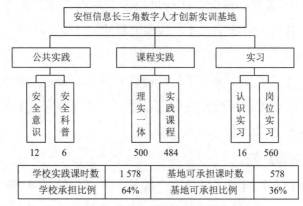

图13-18　专业实践训练导图

2. 专业培养规格中主要技能、能力目标

1）大数据技术专业

① 具备中小型网络互联与网络设备基础安全配置的能力。

② 具备初步系统及应用服务基础安全配置与防护的能力。

③ 具备网站搭建和基础安全防护的能力。

④ 具备常用数据库系统搭建及基础安全防护的能力。

⑤ 具备网络安全防护软件和设备部署与配置的能力。

⑥ 具备使用工具对网络系统和应用服务进行初步渗透测试的能力。

⑦ 具有终身学习和可持续发展的能力。

通过提升专业学生的基本素养、专业知识、职业技能、成长能力等方面特质，来实现对专业技能人才的培养，并且结合相应的标准课程、真实案例、业务场景、实战项目等资源，实现实战化人才的培养。另外，提供面向岗位所需的学习路径，以及专业培养方向所需的课程、实验与安全研究资源、完善的专业课程体系。为学生

铺垫更好的学习、成长、提升的专业成才道路，让学生能够循序渐进，完成从理论型人才至技工型人才的转变。以实现满足适应社会、企业网络安全建设发展的需要。

2）软件技术专业

① 具有良好的工程思维和良好的网络安全意识、扎实的网络安全专业知识和过硬的网络安全专业技能，能够综合运用自然科学、工程基础、法律和网络空间安全专业知识，解决网络空间安全领域中的系统设计与开发、安全防护、安全运维、安全治理等复杂工程问题，能承担渗透测试、网络安全运维、恶意代码分析以及应急响应等任务。

② 具有较强的交流与合作能力，能够在不同职能团队中发挥特定的作用并具备一定的管理能力。

③ 具有较强的创新意识和自主学习能力，具备不断拓展自己的知识和能力的素质。

④ 具备服务器操作系统能力，能够完成服务器系统安装、部署、安全加固等基本工作。

⑤ 具备网络设备规划和配置能力，能够完成网络规划、主流厂商网络设备（路由器、交换机等）部署与调试等具体工作。

⑥ 具备根据用户系统安全防护的要求，进行防病毒系统部署、系统安全加固、系统或数据加密解密、系统升级等方面的综合能力。

⑦ 具备安全评估与加固能力，能够借助漏洞扫描等评估工具，完成信息系统的安全评估，并能够进一步对信息系统脆弱性进行安全加固。

通过本专业学习，以服务本地对接网络信息安产业需要，掌握系统安全、网络安全等专业必备的基础理论和专业知识，掌握安全产品配置、网络渗透加固、等保测评与风险评估、数据恢复等专业技术技能，面向互联网及相关服务、软件和信息服务业的工程技术人员、计算机网络工程技术人员等职业群，能够从事网络安全运营、网络安全建设、网络安全管理、网络安全审计与评估和信息安全产品营销等工作的高素质技术技能人才。

四、实践训练基地环境

安恒信息长三角数字人才创新实训基地是集人才培养、产业服务、科普教育为一体的综合性基地,旨在为社会提供全面的网络安全教育和培训服务,致力于培养网络安全领域的专业人才,探索实践教育技术产业融合发展模式。

1. 物理环境

网络空间安全是一门实践性很强的学科,学生需要学习操作系统安全配置、网络安全配置、入侵检测、日志分析、应急响应等知识,履行网络安全义务,进行互联网安全管理和信息保护等,同时也需要进行大量的网络安全实验,保证使用过程中的高可靠性、可扩展性和综合性是需要解决的重要问题。

网络空间安全实验基地采用业界主流设备和实训平台,规划建设一个实训基地,可以满足60名学生同时在线学习,为学生提供安全研究、攻防竞赛、授课实训,满足学生学习、竞赛、演练等活动。

2. 训练设备

安全运维实验室是针对人才培养目标中网络安全运维人员岗位需求设计构建的,整体以硬件设备为核心,硬件资源层作为基础设施为安全运维实验室上层应用提供基础硬件资源,包含云平台、计算资源、网络资源、存储资源、安全资源,以及外接其他应用于场景构建的仿真物理设备。

LABOX:基础的实验柜搭配,由多个硬件信息安全产品组成,如图13-19所示。

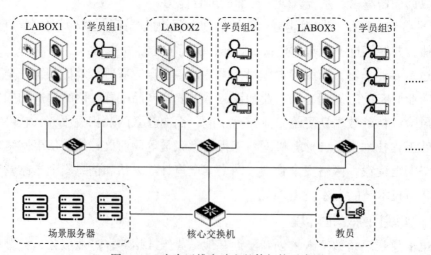

图13-19 安全运维实验室整体架构示意图

信息安全产品采用市场上主流安全厂商生产的安全产品，包括但不限于：运维审计与风险控制系统Web应用防火墙、安全网关、APT攻击预警平台、网站卫士网页防篡改系统、综合日志审计平台、主机安全及管理系统、数据库审计与风险控制系统等产品，涵盖了网关安全、数据安全、终端安全、Web应用安全等方面，既保证了学生能够系统学习信息安全技术，亲身接触主流信息安全产品，又保证了所学知识技术的全面性，实操实训的正确性、有效性。

3. 软性资源

（1）基础课程包

基础课程包包含网络安全导论、网络安全与协议分析、应用密码学、Python程序设计等课程与实验资源，课件具有培训课件、多媒体课件、CTF实验课件。共15门，1 500课时。

（2）扩展课程包

扩展课程包，包含CVE漏洞验证实验（含POC、靶机）（2015年后的超过50个）、网络安全法（小视频55个）、信息安全意识（小视频274个）、网络安全专业拓展课，包含应急响应课程、Apache安全加固、App移动安全、BurpSuite教程、CentOS 7安全加固、CTF-AWD、CTF-CRYPTO、CTF-MISC、CTF-PWN、CTF-REVERSE、CTF-Web、MySQL安全加固、OllyDbg教程、Python开发、Web安全攻防、Windows系统安全加固、机器学习入门、渗透测试等，共计417节课程。

（3）竞赛题目包

竞赛题目包，包含Web应用安全技术、密码学技术、加密解密技术、逆向工程技术、数据取证技术、数据分析技术、运维技术、开发技术、渗透测试技术、缓冲区溢出技术、逆向工程技术，内置了200道知识与技能体系题库。

（4）教学资源

安恒信息和院校结合自身优势，共同研究网络空间安全专业人才培养专业内容，共同确定和实施专业课程设置和教学内容。根据院校专业建设工作需要，安恒信息可协助规划完善网络安全技术及实践方面的专业课程建设，院校派教师团队参与教材、课件、视频等教学内容的制作与开发，安恒信息提供必要的技术资源支持。

五、实践训练设计与训练资源

1. 实践训练设计

通过定期培训、攻防演练等形式为客户方培养具有较强实践能力和创新能力的专业侦查人才队伍。实现专业知识技能培训、常态化训练、综合实战、技术支持的全结合,满足队伍的学习需求,提升综合作战的能力,形成常态化的主动安全能力水平,如图13-20所示。

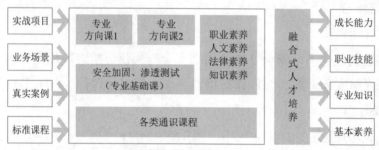

图13-20 实践训练设计

以教育厅相关政策、专业设置规范及信息安全/信息安全行业规范为指导,校企双方在合作双赢、共同发展的基础上,建设融合式的人才培养方案,通过提升专业学员的基本素养、专业知识、职业技能、成长能力等各方面特质,来实现专业技能人才培养的目的,并且结合相应的标准课程、真实案例、业务场景、实战项目等教学资源,实现实战化人才的培养。

基于安恒数字人才创研院的演训产品体系和安恒信息首创TASK人才培养模型,将软硬件环境、课程资源、评估方式融为一体,根据学校人才培养、科研创新等需求,安恒信息协助学校共同建设特色实验室。安恒信息参与特色实验室建设方案的制定,并支持建设实施,包括网络安全攻防实验室、安全运维实验室、蓝队演练实验室,以及大数据安全实验室、工控安全实验室、物联网安全实验室等类型。

2. 训练资源

(1)项目资源库

网络安全工程师岗位路径项目库见表13-36。

表 13-36　网络安全工程师岗位路径项目库

级　别	项目编号	项目名称
初级	1）ACST001 2）ACNX001 3）ACYW001 …… n）ACLD001	1）渗透测试工程师初级培训 2）软件逆向工程师初级培训 3）安全运维工程师初级培训 …… N）漏洞挖掘利用工程师初级培训
中级	1）PCST001 2）PCNX001 3）PCYW001 …… n）PCLD001	1）渗透测试工程师中级培训 2）软件逆向工程师中级培训 3）安全运维工程师中级培训 …… N）漏洞挖掘利用工程师中级培训
高级	1）ECST001 2）ECNX001 3）ECYW001 …… n）ECLD001	1）渗透测试工程师高级培训 2）软件逆向工程师高级培训 3）安全运维工程师高级培训 …… N）漏洞挖掘利用工程师高级培训

（2）项目资源分析

项目资源分析见表 13-37。

表 13-37　项目资源库 -1

级　别	项目编号	项目名称	已具备知识、技能	能力训练目标
初级	ACST001	渗透测试工程师初级培训	基础网络安全知识	本阶段对网络安全中常见的攻击及防御方法进行学习
中级	PCST001	渗透测试工程师中级培训	渗透初级技能	本阶段针对黑盒、白盒挖掘漏洞的方法及手段进行了强化，并从打点到内网渗透进行了系统性学习
高级	ECST001	渗透测试工程师高级培训	渗透中级技能	本阶段通过多个实验、实训场景对渗透测试技能进行强化训练

六、实践训练内容与相关证书的匹配

通过梳理，高职毕业生主要面向国家和企事业单位的信息安全管理部门和信息安全企业等就业和自主创业，从事网络安全运行管理和维护、系统安全运维、安全测试、信息安全应急响应、安全产品营销和售前售后技术服务等工作，职业面向见表 13-38。

表 13-38 职业面向

所属专业大类（代码）	所属专业类（代码）	对应行业（代码）	主要岗位类别（或技术领域）	职业资格证书或技能等级证书举例
电子与信息大类（51）	计算机类（5102）	互联网相关服务（0303）信息技术服务（0304）	安全运维工程师 安全运营工程师 渗透测试工程师 云安全工程师 数据安全工程师 Web 安全工程师 网络工程师 售前工程师 应急响应工程师 等保测评工程师 安全服务工程师 漏洞挖掘工程师 安全售后技术工程师 安全取证工程师	1. 国家信息安全水平考试（NISP），一级、二级； 2. 注册信息安全专业人员，简称 CISP； 3. 注册信息安全专业人员—云安全工程师，简称 CISP-CSE； 4. 安恒认证的安全工程师，简称 ACSA； 5. 安恒认证的安全高级工程师，简称 ACSP； 6. 安恒认证的安全专家，简称 ACSE； 7. 网络安全应急响应技术工程师，简称 CCRC-CSERE； 8. 信息安全保障人员认证，简称 CISAW-LPT（渗透测试方向）； 9. 信息安全保障人员认证，简称 CISAW（安全集成、安全运维、风险管理方向）

（此典型案例由杭州安恒信息技术股份有限公司副总裁樊睿、运营总监王淑燕提供。）

案例六　工业互联网综合应用实践训练平台

（天津腾领电子科技有限公司）

一、实践训练基地名称

工业互联网综合应用实践训练平台

二、实践训练基地的教育定位

1. 基地教育类型定位

面向教育类型与层次：高职专科、职业本科、应用型本科。

2. 基地专业领域定位

工业互联网技术教育基地：对标工业互联网产业体系，培养动手型、技术应用型跨领域、跨专业工业互联网综合应用人才。学习内容涉及IT、OT、CT技术知识，覆盖自动化、物联网、工业工程、工业网络等多专业领域及多个方向。围绕中国通信工业协会《工业互联网综合应用培训规范》（T/CA 015—2024）标准，课程内容覆盖工业互联网产业体系架构理论和实践应用知识。

基于ICT技术重新打造工业自动化及边缘计算、工业互联网平台、工业软件、工业互联网网络及安全等技术，进行5G+工业互联网实训。

3. 基地承接的专业实训、实习等情况（见表13-39）

表13-39 基地能承接的专业实训、实习等情况

类型	专业类	专业名称
高职专科、职业本科、应用型本科	工业互联网类	工业操作系统、上云PLC、IOT-SCADA工业互联网平台及组态、低代码工业软件及APP开发、5G关键技术、边缘计算
	计算机类	软件工程、网络工程、信息安全、物联网工程、智能科学与技术、数据科学与大数据技术、虚拟现实技术、计算机网络技术、大数据技术应用、人工智能技术应用、工业互联网技术、人工智能工程技术等
	自动化类	自动化、智能装备与系统、工业智能、工业自动化仪表及应用、智能化生产线安装与运维、智能控制技术、工业过程自动化技术、工业自动化仪表技术、工业互联网应用、自动化技术与应用、工业互联网工程等
	电子信息类	人工智能、智能测控工程、物联网技术应用、物联网应用技术、物联网工程技术等
	通信类	现代通信技术应用、智能互联网络技术等
	农业类	设施农业与装备、智慧农业技术、现代农业装备应用技术等

三、专业实践训练内容（导图）与训练基地的支撑定位

1. 专业实践训练内容

1）实践课程名称列表

（1）工业互联网技术（初级）

- 工业互联网概论（初级）
- 工业自动化应用（初级）

- 工业互联网自动化及边缘控制应用（初级）
- 工业互联网网络应用（初级）
- 工业互联网安全应用（初级）
- 工业互联网平台应用（初级）
- 工业互联网软件应用（初级）
- 工业互联网综合应用实践（初级）

（2）工业互联网技术（中级）
- 工业互联网概论（中级）
- 工业自动化应用（中级）
- 工业互联网自动化及边缘控制应用（中级）
- 工业互联网网络应用（中级）
- 工业互联网平台应用（中级）
- 工业互联网软件应用（中级）
- 虚拟仿真（初级）
- 工业互联网综合应用实践（中级）

（3）工业互联网技术（高级）
- 工业互联网概论（高级）
- 工业自动化应用（高级）
- 工业互联网自动化及边缘控制应用（高级）
- 工业互联网网络应用（高级）
- 工业互联网安全应用（高级）
- 工业互联网平台应用（高级）
- 工业互联网软件应用（高级）
- 人工智能原理与实践
- 虚拟仿真（高级）
- 工业互联网综合应用实践（高级）

2）课程定位

专业基础实践课程、专业实践课程、认识实习课程。

2. 专业培养规格中主要技能、能力目标

1) 主要技能

（1）理解工业互联网核心业务流程，能够自主分析客户需求，理解网络建设路径。

（2）熟悉工业互联网系统开发全过程，并能快速建设数字化信息管理系统。

（3）掌握工业过程控制、运动控制的基本方法，熟练对现场采集数据进行处理。

（4）掌握通过数据通信进行工业网络控制的基本方法与技巧，能够对数据进行智能化处理和统计分析。

2) 能力目标

（1）提升学生对工业互联网等数字化新技能的领悟和理解。

（2）促进学生对工业过程智能控制系统的认知。

（3）激活学生开发工业互联网控制系统的创新思维。

（4）通过不断调试及验证系统，提升分析问题、总结问题的能力。

（5）开展自主学习、小组讨论，提升协同工作、解决复杂工业互联网系统问题的能力。

四、实践训练基地环境

1. 物理环境

实训机房（容纳50~100人）

2. 训练设备

（1）5G工业互联网实训台。

（2）边缘云一体机。

（3）5G专网。

（4）5G核心网系统。

（5）核心网服务器。

（6）5G专网室外基站、Wi-Fi6 CPE终端。

（7）工业互联网行业实训套件（三容水箱、智慧种植架、智慧楼宇、BAS系

统、智能制造系统、视觉引导机器人等）。

3. 软性资源

工业互联网云组态与工业软件及App低代码开发环境，包括如下内容：

（1）功能：实现传统仪表数据采集，视觉物联网数据采集，音频数据采集，同时实现本地自动化逻辑控制，支持物联网中间件处理异构协议及数据。提供了直观的可视化开发界面，支持在云端部署应用程序，具有强大的集成能力，支持与各种系统和服务进行集成。

（2）课程资源：课程标准、教学课件、任务指导书等。

（3）教材：《5G、人工智能与工业互联网》《工业互联网平台》《工业互联网综合应用初级》《工业互联网综合应用中级》《工业互联网综合应用高级》《物联网云组态综合应用开发》《Mendix低代码综合应用开发》《IP型上云PLC应用开发》等。

（4）行业案例资源：行业案例系统运行环境、《工业互联网综合应用培训规范》、《工业互联网设备数据采集》等。

五、实践训练设计与训练资源

1. 实践训练设计

1）设计理念

奇安信集团"1+X云安全运营服务课程体系"教学体系的构建首要的是了解市场技术需求，通过设立职业技能学习目标，进而进行职业技能等级证书认证，从而完成课程体系的整体设计。图13-21所示为实践课程整体构建过程。

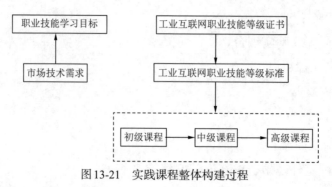

图13-21 实践课程整体构建过程

2）训练过程设计（见表13-40）

表13-40 训练过程设计

项目等级	技能水平	能力要求	数据管理项目	数据分析项目
体验项目（先会用）	给定工业互联网云组态控制系统，能够独立进行操作和使用	在清晰的学习项目指引下，提升产业认知的能力（认知）	进行设备采集数据的管理和系统使用初体验	能够进行设备采集数据的分析和初步体验
教学项目（跟着学）	给定数据和用户需求，独立搭建一个工业互联网云组态控制系统	具有完成整体工作项目的能力（应用）	数据交互—系统门户；网络媒介—实现手段；组态控制—系统灵魂；功能完善—用户需求；安全之盾—用户权限	设计为架—数据模型；数据为基—数据整理；分析为魂—数据分析；展示为饰—图表展示；报告为王—分析报告
实战项目（自己做）	给定需求，独立设计并搭建一个工业互联网云组态控制系统	对完整任务有责任感，在真实工作情境中实施的能力	新员工入职管理系统等（见训练资源）	实习就业分析系统等（见训练资源）
创新项目（专创融合）	在不可预知的项目需求下或面对学习和研究中的实际问题，独立设计并搭建一个工业互联网云组态控制系统	在不可预知的环境中，开放性思考和行动的能力	能作为团队负责人组织参与全国互联网+大赛	参加全国互联网+大赛而准备收集相关设备采集数据

2．训练资源

1）项目资源库

（1）工业互联网控制系统项目库（见表13-41）

表13-41 工业互联网控制系统项目库

级　　别	项目编号	项目名称
初级	1）KZ-CJ-001 2）KZ-CJ-002 3）KZ-CJ-003 ……	1）走马灯显示 2）电机转速控制 3）工业现场总线通迅 ……
中级	1）KZ-ZJ-001 2）KZ-ZJ-002 ……	1）IEC6 1499编程实践 2）边缘网关技术基础和应用实践

续表

级别	项目编号	项目名称
高级	1）KZ-GJ-001 2）KZ-GJ-002 ……	1）智慧水务预测控制系统 2）智慧水厂数字孪生系统 ……

（2）工业互联网网络技术项目库（见表13-42）

表 13-42　工业互联网网络技术项目库

级别	项目编号	项目名称
初级	1）WL-CJ-001 2）WL-CJ-002 2）WL-CJ-003 ……	1）通过 5G 网络配置 IoT 数据平台 2）NodeRed 协议转换 3）Web-scada 云组态工业应用基础实践 ……
中级	1）WL-ZJ-001 2）WL-ZJ-002 ……	1）工业互联网广域组网应用实践 2）Web-scada 云组态人机交互技术 ……
高级	1）WL-GJ-001 2）WL-GJ-002 ……	1）低代码可视化应用开发实践 2）虚拟仿真建模及系统接口实践 ……

（3）工业互联网综合应用项目库（见表13-43）

表 13-43　工业互联网综合应用项目库

级别	项目编号	项目名称
初级	1）ZH-CJ-001 2）ZH-CJ-002 ……	1）边云协同智慧农业灌溉系统 2）5G+工业互联网电机远程监控及预测维护系统 ……
中级	1）ZH-ZJ-001 2）ZH-ZJ-002 ……	1）基于视觉的暖通控制系统 2）5G+工业互联网三容水箱的三级 PID 控制系统 ……
高级	1）ZH-GJ-001 2）ZH-GJ-002 ……	1）智慧水务预测控制系统 2）智慧水厂数字孪生系统 ……

2）项目资源分析

（1）行业数据管理项目分析（见表 13-44）

表 13-44　行业数据管理项目分析

级别	项目编号	项目名称	已具备知识、技能	能力训练目标
初级	JQ_LCBP_101	新员工入职管理系统	基本的文化素质和能力； 1）计算机基本操作能力； 2）应用场景分析能力； 3）文字和口头表达能力	1）理解软件开发的基本概念与原理、一般方法与流程； 2）掌握数据管理系统快速开发的应用方法； 3）具备利用数据管理思维分析问题、解决实际问题的能力； 4）积累完整数据管理系统开发的经验
高级	JQ_LCBP_201	数字化旅游管理系统	基本的文化素质和能力及数据管理意识和方法： 1）理解软件开发的基本概念与原理、一般方法与流程； 2）掌握数据管理系统快速开发的应用方法	1）具备运用数据管理方法解决实际问题的能力； 2）具备利用数据思维管理分析问题、解决复杂问题的能力； 3）积累复杂数据管理系统开发的经验

（2）行业数据分析项目分析（见表 13-45）

表 13-45　行业数据分析项目分析

级别	项目编号	项目名称	已具备知识、技能	能力训练目标
初级	JQ_DABP_102	日常会议分析系统	基本的文化素质和能力： 1）计算机基本操作能力； 2）应用场景分析能力； 3）文字和口头表达能力	1）理解数据分析基本概念与原理、一般方法与流程； 2）掌握一般数据分析的应用方法； 3）具备利用数据思维分析问题、解决实际问题的能力； 4）积累完整数据分析系统开发的经验
高级	JQ_DABP_202	环保数据分析系统	基本的文化素质和能力及数据分析意识及方法： 1）理解数据分析基本概念与原理、一般方法与流程； 2）掌握一般数据分析的应用方法	1）具备运用数据分析方法解决实际问题的能力； 2）具备利用数据思维分析问题、解决复杂问题的能力； 3）积累复杂数据分析系统开发的经验

六、实践训练内容与相关证书的匹配

该实践训练平台建设与开展的实训，符合人社部关于《工业互联网综合应用培训标准》团体标准要求，见表13-46。

表13-46　实践训练与相关证书的匹配

实训课程	资格证书（人社部能力中心颁发）
工业互联网综合应用（基础）	工业互联网综合应用基础工
工业互联网技术（初级）	工业互联网综合应用初级工
工业互联网技术（中级）	工业互联网综合应用中级工
工业互联网技术（高级）	工业互联网综合应用高级工
实训课程	资格证书
工业互联网综合应用	人社部教育培训中心《人工智能（5G技术）》

七、实践训练基地特色

建立完善的平台管理、维护和更新机制，使实验实践教学管理制度化、规范化。建立"课内实验、综合实践、实训"相结合的实践教学体系。根据课程体系分层次组织实践教学，采用验证性、设计性、综合性、创新性等不同类型的实验实践，组织课内实验、综合实践、实训等实践教学环节，全方位培养学生的工业互联网控制系统的实践能力和创新能力。采用多种方式对学生的工程实践能力进行考核，考核课程的实验设计、过程描述、数据分析和结论，同时加大实验现场考核分数的比重。

1. 平台共享，打造"训、赛、产、研、创"融合型实训基地

① 新一代数智底座：依托工业互联网综合应用实践实训平台的自制5G通信模块、低代码、大数据、AI、复杂环境集成、工业互联网总线协议Tennet等核心能力及大模型、数字孪生等关键技术，经高度的职业分析和教育适配，打造数智化教育平台底座，融汇"技术平台、服务平台、产业平台"于一身，教育平台具备再生产性，且与产业端平台同步更新迭代。

② 产学研一体化：平台以"产业课程化、课程实践化、实践生产化、生产成果化"为建设理念，通过"工业互联网综合应用实践实训平台（人才培养模式创新+双师队伍建设+行业创新应用案例+技能竞赛+课题+双创大赛等）"多维资源整合

及行动实践，打造"训、赛、产、研、创"融合型实训基地。

2. 素养导向，探索"知识+能力+素养"人才培养模式

① 知识+能力：融入典型工业互联网控制系统工作任务、融入产业技术要素、融入现代职业素养，建立以创新技能为核心的知识与能力体系，聚焦学生"综合职业行动能力"培育，以完整项目为独立单元，使学生具备使用和设计工业互联网控制系统的基本知识和能力。

② 素养：素养涵盖知识和能力的综合运用，通过完整项目间分级递进，切实推动从"产业生产智能化"到"教育数字智能化"再到"数字智能化教育"的教育内涵发展。

3. "分层、分级"破解实践教学"量化"难题

① 直观操作界面，快速开启工业互联网控制系统训练之旅，使从未接触过编程的人员，也能迅速掌握通过图形化配置方式完成数据管理及数据分析的方法，实现"工具易用、学习成本降低、技能触手可及"智能普适化与普慧化教育。

② 分步学习路径，遵循职业能力成长规律，将体验项目（行业认知）、教学项目（知识+技能，理实一体化）、实战项目（综合项目能力），从一般到复杂不断升维，提升学生自我进化、解决实际问题的能力。

③ 完整情境项目，聚焦系统思维与整体设计，采用完整项目三维螺旋贯穿教学内容，激活链式成长思维，激发终身学习意识。

④ 多元教学资源，一站式教辅材料实时获取，全方位集成课程资源，教师和学生可以轻松访问授课PPT、授课视频和案例指导手册，增强学习材料可达性和教学内容连贯性。

⑤ 实时进度跟踪，确保教与学质量与效果，为每个案例创建检查点，有效地跟踪和评估学生案例的完成情况，提升教师教学效率及学生学习自驱力。

⑥ 破解考核难题，让实践可"量化"评价，多层次实践训练资源，帮助不同层次学生提升学习获得感和成就感，真正实现职业教育因材施教。

⑦ 满足高阶创新，助力开发基于工作场景的实践教学体系、构建合作共赢的科研服务体系、协同共建校企融通的培训服务体系，共享智能数字教育。

（此典型案例由天津腾领电子科技有限公司总经理吕东提供。）

第 14 章
高职教育教学数字化转型

在当今时代,随着信息技术、人工智能、大数据等前沿技术的发展与广泛应用,为产业数字化和数字产业化提供了强有力的支撑,不仅重塑了传统行业的运营模式,还催生了一系列新的业态和商业模式。从制造业到服务业,无不经历着深刻的数字化转型。这种转型不仅提高了产业的智能化水平,还促进了数据资源的有效整合与利用,为经济发展注入了新动力。我国的数字化进程正以前所未有的速度推进,在多个领域取得了显著成就。教育的数字化是适应这一趋势的必然要求,是建设教育强国的重要基础。面对数字时代的到来,教育必须适应社会变迁并加速变革,培养适应未来社会的时代新人。

14.1 教育数字化

14.1.1 教育数字化的国家战略

党的二十大报告首次把教育、科技、人才进行"三位一体"统筹安排、一体部署,并首次将"推进教育数字化"写入报告,赋予了教育在全面建设社会主义现代化国家中新的使命任务,明确了教育数字化未来发展的行动纲领,具有重大意义。

2022年初,教育部在《教育部2022年工作要点》中明确提出实施教育数字化国家战略。2023年5月29日,习近平总书记在主持中共中央政治局第五次集体学习时强调,教育数字化是我国开辟教育发展新赛道和塑造教育发展新优势的重要突破口。2023年6月，全国教育数字化现场推进会议在湖北武汉召开，会议强调，要深入学习贯彻党的二十大精神，全面贯彻落实习近平总书记关于教育的重要论述和关于数字中国的重要指示精神，站在中国式现代化的高度去认识教育数字化的重要战略意义，把握发展规律，抓住历史机遇，充分利用现代技术手段，加快教育、科技、人才一体化发展，助力教育优质均衡，支撑构建全民终身学习的学习型社会，建设教育强国。会议指出，在党中央、国务院的高度重视和坚强领导下，在教育系统和社会各界的共同努力下，教育部启动实施国家教育数字化战略行动，以国家智慧教育平台为先手棋和重要抓手，全面优化优质资源供给服务，支撑教育重大改革任务实施、持续提升国际影响力，走出了一条中国特色的教育数字化发展道路。会议要求，要坚定信心，大力推进国家教育数字化战略行动，加快建设教育强国。要以教育数据资源为要素，加强和夯实应用，提高人才培养质量，形成优秀案例。

2024年1月，第二届世界数字教育大会召开，教育部部长怀进鹏在2024世界数字教育大会上的主旨演讲中强调，教育数字化是推进教育现代化的重要内容，中国将坚持应用为王，走集成化、智能化、国际化道路，以国家智慧教育平台为依托，以国家教育数字化大数据中心为重点，全面赋能学生学习、教师教学、学校治理、教育创新和国际合作。中国将着力将国家智慧教育平台打造成教育领域重要的公共服务产品，促进数字技术与传统教育融合发展。

再聚焦2024年9月全国教育大会：深入实施国家教育数字化战略，扩大优质教育资源受益面是大会的重要内容。

而关于职业教育的数字化，在以上国家政策文件的指引下，在教育部出台的一系列有关职业教育的文件中也明确了方向。教育部《关于进一步推进职业教育信息化发展的指导意见》《职业教育数字化战略行动》《国家职业教育改革实施方案》《职业教育提质培优行动计划（2020—2023年）》《职业院校数字校园规范》等文件在推动职业教育领域数字化转型的全面升级，深入各方面应用、提高数字校园建设标准、推进数字技术与职业教育深度融合，提升人才培养质量方面发挥了重要作用。

这些文件和讲话体现了国家对教育数字化的重视和部署，旨在通过数字化推动教育现代化，提升教育质量和公平性，培养适应数字时代的新型人才。为"数字中国"做出教育的贡献。

14.1.2 教育数字化概念内涵与发展目标

1. 从教育信息化到教育数字化

我国教育信息化起步可以追溯到1996年国家发布信息化"九五"规划和2010年远景目标。其发展历程可以概括为三个阶段：教育信息化1.0、教育信息化2.0，以及当前的教育数字化转型。

教育信息化1.0：这个阶段主要是基础建设+设备配套+应用探索。自改革开放以来，中国教育信息化事业步入了建设驱动发展期和应用驱动发展期。

教育信息化2.0：随着2018年教育部印发《教育信息化2.0行动计划》，中国教育信息化进入2.0时代。教育信息化2.0旨在推动教育信息化的转段升级，全面提升教育信息化发展水平，构建网络化、数字化、智能化、个性化、终身化的教育体系，以支撑引领教育现代化。

教育数字化转型：教育数字化转型是新时代的要求，是教育信息化2.0之后的进一步发展。它强调利用大数据、云计算、人工智能等新兴技术，推动教育理念更新、模式变革、体系重构。2023年，中国在教育数字化领域出台了多项政策，举办了多场重要会议，如世界数字教育大会、全球智慧教育大会等，旨在推进教育数字化战略行动，加强国家智慧教育平台的建设。

此外，我国还发布了《中国教育现代化2035》，明确提出推进教育现代化的指导思想、基本原则和总体目标，其中教育信息化-教育数字化是实现教育现代化的关键途径之一。

2. 教育数字化的概念内涵，以及目标

教育数字化就是利用数字化、网络化、智能化等技术手段对教育进行系统性变革，构建教育新生态。通过革新教育理念，再造教育流程，重构教育内容，重组教育结构，创新办学模式、教学方式、管理方式等，构建以学生为中心、德育为先、能力为重、知识为基，连接、开放、共享、个性化、智能化的教育新格局。[1]

---

[1] 引自"推进教育数字化是一场全局性变革"；来源：湖北日报2023年7月20日；作者：杨宗凯。

教育数字化转型有四个重要目标：一是充分应用数字化技术，改变传统的工作思路和流程，树立数字化意识，实现数字思维引领的价值转型；二是教师、学生及教育管理者的数字化能力的培养，这是数字化转型的基本能力；三是构建智慧教育发展新生态，涉及数字战略与体系规划、新型基础设施建设、技术支持的教学法变革、技术赋能的创新评价等；四是形成数字化治理体系和机制，教育治理的体制机制、方式流程、手段工具进行全方位系统性重塑。[①]

教育数字化转型的核心是促进全要素、全业务、全领域和全流程的数字化转型。全要素涉及教与学过程中的各个要素，包括培养目标、教育内容、教学模式、评价方式、教师能力、学习环境等；全业务涉及教育管理过程中的各个方面，包括发展规划、课程教材、教师发展、学生成长、科技支撑、教育装备、国际合作、教育督导、教育研究等；全领域涵盖基础、高等、职业、成人与继续教育以及社会培训等教育领域，同时也兼顾城市和农村等地域均衡公平；全流程则是人才培养的全过程，包括招生与选拔、教学与课程、培养与管理、升学与毕业等。[①]

教育数字化是中国响应全球教育变革趋势，推动教育高质量发展的战略举措。也是教育强国的重要基础，是为中国数字经济发展、数字中国建设支撑的战略举措。

14.2 生成式人工智能（AIGC）技术的发展对教育数字化转型的影响

近年来人工智能技术快速发展，特别是生成式人工智能技术的发展、大语言模型的出现和不断快速迭代，使其成为数字技术中快速发展的佼佼者，对人类的工作和生活产生了深远的影响，对教育数字化转型也起到了赋能助推的作用。

生成式人工智能技术是一种能够根据提示或现有数据创造出全新内容的技术，这些内容包括书面文字、视觉图片和视频、听觉音频等。这一技术的发展始于人工

[①] 引自"教育数字化转型的内涵与实施路径"；来源：中国教育报2022-04-06；作者：黄荣怀（教育部教育信息化战略研究基地（北京）主任、北京师范大学教授），杨俊锋（教育部教育信息化战略研究基地（北京）副主任、杭州师范大学教授）。

智能的早期探索，经历了机器学习、深度学习等阶段的演进，最终在近年来取得了突破性进展。大语言模型（large language model, LLM）是生成式人工智能技术的一个重要分支，它利用机器学习技术从大量的文本数据中学习语言规律，并能够生成连贯、有意义的文本。大语言模型的发展经历了从基础模型到复杂模型的演进。早期的模型如Word2Vec、GloVe和FastText专注于捕捉语言的基本单元，如单词及其语义相关的嵌入。然而，这些模型无法充分理解上下文中单词间的复杂关系。随后出现的模型，如BERT和GPT，通过引入Transformer架构，显著提高了机器阅读理解和文本生成的能力。这些模型能够以前所未有的深度和细致程度理解人类语言，为自然语言处理领域带来了革命性的进展。这种能力使得大语言模型可以胜任各种语言处理任务，如机器翻译、文本摘要、问答系统等。自2023年以来，生成式人工智能的技术迅速发展，以OpenAI为代表的企业推出了一系列高性能的AI工具，如GPT系列模型。我国也相继出现了像文心一言、智谱清言、科大讯飞等大模型。这些工具在提高生产效率、创新产品设计和优化客户服务等方面展现了巨大潜力。同样，在教育数字化转型中人工智能（AIGC）也扮演着至关重要的角色，它通过多种方式促进教育的创新和高质量发展。

① 促进教学模式的转变和个性化学习：AI及大语言模型的应用推动了教育向更加个性化、智能化、网络化的方向发展。这些技术可以根据学生的学习情况和兴趣，为学生提供定制化个性化的学习路径和学习资源以及即时反馈，极大地提升了教学效果和学生的学习体验。例如，清华大学利用自主研发的多模态大模型GLM作为平台与技术基座，服务不同学科领域教师的教与学生的学。同时，这些技术还可以模拟互动学习场景，节约人力资源成本。

② 促进教育资源的优化与共享：随着AI技术的不断发展，我们可以利用它们来优化教育资源。例如，通过生成式人工智能技术，可以创建更多的虚拟实验室、模拟场景等教学资源，为学生提供更加丰富的学习体验。国家智慧教育平台利用AI技术，拓宽了优质教育资源的共享范围；AI通过远程教育和智能教学系统，逐步打破地域限制，实现教育资源的优化配置和高效共享。提升了教育普及性和公平性。

③ 促进教师角色的重塑：在教育数字化进程中，教师的角色也在发生变化。他

们不再仅仅是知识的传授者，而是成为学生学习的引导者和伙伴。AI及大语言模型的应用可以帮助教师更好地了解学生的学习情况，为他们提供更加精准的教学指导。

④ 推进智能评估与教育评价改革：AI技术能够实现快速、高效、准确地批改学生的作业，并提供智能评估，生成个性化反馈，帮助教师了解学生的学习情况，有针对性地制定教学方案。AI技术可以建立基于大数据和人工智能支持的教育评价系统，为评价提供了新的工具和方法，并为教育的科学决策与数据治理提供依据。

⑤ 辅助教学与办公：AI技术可以辅助教师进行教学设计、课堂管理、学习分析等工作，提高教学效率和质量。在办公场景中，这些技术可以帮助教师撰写文章、生成创意内容，甚至进行人机对话。这不仅节省了时间，还提高了工作的质量和效率。

⑥ 开辟教育新赛道：AI技术开辟了教育发展的新赛道，通过智能化、个性化的教育模式，为学习型社会、智能教育和数字技术发展提供有效的行动支撑。利用数字化、网络化、智能化等技术手段对教育进行系统性变革，构建教育新生态。

综上所述，人工智能技术的发展、大语言模型的出现对教育数字化产生了深远的影响，作用是多方面的。AI技术的应用促进了教育模式、教育理念和教学环境的重大改变，推动教育改革与创新。这些影响既有积极的方面，也有需要我们关注和应对的挑战。隐私问题、数据安全、算法偏见等问题引发了广泛讨论。挑战与机遇并存，应充分发挥AI技术的潜力，使其真正成为推动教育数字化变革的重要引擎。

14.3 职业教育数字化转型，助力高职"五金"建设

职业教育是教育的重要组成部分，肩负着为我国实现中国特色社会主义现代化培养大量技术技能人才的重任，职业教育的数字化转型是教育数字化转型的重要组成部分，是推动现代职业教育高质量发展的现实举措和具体行动。在明确认识了教育数字化转型的重大意义、数字化转型的内涵与目标，接下来就是探讨数字化转型"转什么""如何转""谁来转"的问题。当前高职教育的"五金"建设，即打造高

水平专业群、建设优质一流核心课程、开发优质核心教材、培养高水平双师队伍、建设高水平实习实训基地，是现代职业教育体系建设的新基建，是围绕培养契合新质生产力发展、适应数字经济发展要求的高素质技术技能人才，深化教学改革，实现高质量发展的核心抓手。因此，基于"五金"建设的数字化转型，成为高职教育教学数字化转型的核心部分，也成为本章探讨的主要内容。

14.3.1　数字化转型打造"金专业"

数字化转型落实到专业建设上，首先是要使高职院校的专业设置匹配国家数字产业化与产业数字化发展的需求，根据国家区域战略、重点产业、功能区规划，动态调整优化专业结构布局。随着互联网、大数据、人工智能等新一代信息技术逐渐同各产业融合，催生出新技术、新产品、新业态，以及人工智能+战略的实施，要及时开设国家或区域急需的专业。要精准对接地方经济发展和产业需求，还要在服务国家战略中发挥重要作用。建设汇聚产业优质资源，校企合作共建匹配社会需求、有效要素集聚的高水平专业群。其次，在专业人才培养目标定位与规格设定上，要结合新质生产力的需求，数字时代的需求，职业岗位的数字化要求，准确定位并将问题解决与创新能力、高阶思维能力、数字技能与素养等具体内容明确在培养目标的规格中。最后，专业课程体系人才培养方案的设计，需校企双方人员共同完成，要依据经数字化技术手段与科学的职业分析方法调研分析的职业需求，以人工智能赋能专业内涵建设，有针对性地优化人才培养方案，完善专业知识图谱、能力图谱，使培养的人才更加符合产业的需求。

14.3.2　数字化转型打造"金课程"

数字化转型落实到课程建设上，第一，由院校教师或院校教师与企业大师组成课程建设团队，以数字技术与课程深度融合的理念，运用数字技术进行课程整体方案的设计与开发。课程的目标与内容符合培养专业目标的要求，特别是将岗位新标准、新工艺、新技术，新规范等新需求纳入重构课程内容，更新迭代课程资源，将新质岗位知识、能力、素质要求动态落实到课程建设中，培养学生解决现代化生产中应用技术难题的综合能力和岗位创新发展思维,确保课程内容始终与产业发展保持同步,职业教育特色的价值标准凸显。第二,运用数智化技术创设多样化教学场景,形成不同的教学形式与空间。如依托智慧教室开展教学活动的课程,以云平台技术与视频编码技术为主体的在线课程,以虚拟仿真或虚拟现实技术为核心的实践课程,融合各类智能技术的混合式教学的课程,即通过网络教学平台、多媒体教学工具、虚拟现实、增强现实等技术,实现教学时间、教学空间、教学方法、教学评价的混合。为课程数字化教学提供必要的软硬件支持。第三,以数字思维与数字技术在课程目标、课程组织、课程实施、课程评价四者之间的应用与融合、优化课程的组织过程与实施管理。第四,创新教学方法,采用线上线下混合式教学、翻转课堂、项目导向学习等新型教学模式和教学方法,契合"互联网+教育"的环境,促进学生的探究性和个性化学习,提高学生课程学习的参与度和学习效果,满足学生个性化的学习需求。第五,依托课程平台,常态化监控学生学习进度、学习时长、课堂活动、作业质量等平台数据,针对学生学习中存在的问题及时诊断并督促学生改进。利用课程教学平台积累的教学运行数据和课后的学生评教反馈信息,开展教学运行中的常态化诊改以及每学期结束后的周期性课程诊改。通过数据分析和反馈机制,保障教学质量的持续提升。第六,推动课程考核与成绩评价机制创新,利用大数据和人工智能技术,开展过程性评价和结果性评价相结合的方式,全面客观地评价学生的学习成效。第七,借助课程教学平台、智慧校园大数据中心和校本信息服务与决策支持系统,形成全校课程日常教学数据生成、集成、分析、应用的动态信息流,达成课程建设数据、教学运行数据、质量管理数据的即时采集,以及各类数据在不同系统和层面的开放共享,实现对教学考评管多维度全过程的跟踪、监控、预警及分析,使教学管理走向数字化、精准化、有效化。第八,促进学生数字素养培养,通过课程学习和实践活动,提高学生的数字获取、处理、沟通、创新等数字素养。

14.3.3 数字化转型打造"金教材"

数字化转型落实在教材建设上,主要是以计算机和相关的网络设备为媒介,以信息技术和多媒体技术为手段，升级改造传统的纸质教材，融合文字、图片、声音、视频、动画等多种知识元素，用以表达教学内容、实现教学目的、转化为各种电子终端的数字化多媒体教学材料。推动传统教材向数字化"学材"转变，提供针对性教学资源。第一，明确教材建设数字化转型的目标与定位，高职教材建设数字化转型的目标是利用现代信息技术手段，提升教材的交互性、实用性和趣味性，以适应数字化时代学生的学习需求。同时，要定位好数字化转型在高职教材建设中的重要作用，将其作为提升教学质量、培养高素质技术技能人才的重要途径。第二，加强数字教材的内容建设。（1）更新教材内容：数字教材应紧跟产业发展趋势，及时更新新技术、新工艺、新规范等内容，确保教材内容的时效性和前瞻性。（2）强化职业性：数字教材应突出职业教育的职业性特点，以典型工作任务、实际问题和案例为载体，开发"工作手册式"套系教材及配套教辅资源，满足职业院校项目教学、模块化教学等教学需求。（3）注重科学性：数字教材应符合专业教学标准、课程标准、职业标准等有关要求，确保内容的科学性、逻辑性和完整性。第三，优化数字教材的呈现形式。（1）多媒体融合：运用图像、文字、声音和视频等媒体元素，丰富数字教材的呈现形式，使其更具吸引力和感染力。（2）交互式设计：运用虚拟现实、数字孪生、人工智能等技术开发数字教材，通过人机交互、即时反馈等设计，提升数字教材的交互性和趣味性，激发学生的学习兴趣和参与度。（3）模块化构建：采用模块化设计，方便教师根据教学需求进行内容的重组和拓展，提高教学的灵活性和针对性。第四，完善数字教材的建设体系。（1）制定建设标准：制定数字教材的建设标准，明确数字教材的内容、形式、质量等方面的要求，为数字教材的建设提供规范指导；同时，健全数字教材选用、审核、采购机制，确保优质数字教材能够广泛应用到教学实践中。（2）加强平台建设：建设数字教材管理平台，实现数字教材的统一管理、资源共享和更新维护，为师生提供便捷的学习服务。（3）推动产学研合作：高职院校加强与企业、行业协会等机构的合作，共同开发数字教材，推动产学研深度融合，提升数字教材的质量和应用效果。第五，加强为教师提供数字教材制作、使用等方面的培训，提升教师的数字素养和教学能力。鼓励教师创新教学方法和手段，充分利用数字教材进行教学改革和实践探索。同时，建立教师使用数字教材的评价机制,对教师在数字教材应用中的表现进行评估和反馈,促进教师不断改进和提高。

14.3.4　数字化转型打造"金师资"

数字化转型落实在师资队伍建设上,第一,引进行业、企业业务骨干到高职院校任教,建立行业、企业、学校三方人员互兼互聘机制。第二,更新教师教学理念:引导教师转变教学观念,树立数字化教学理念,充分认识教育教学数字化转型的重要性,鼓励教师开展教学改革实践,尝试创新的教学模式和方法。第三,提升教师数字化素养,按照教育部发布的《教师数字素养标准》开展定期的数字化教学技能与数字素养提升培训,鼓励教师自主学习数字化教学知识和技能,提供丰富的教育资源,鼓励教师不断更新自己的知识体系,提升专业素养。并建立教师数字化素养评价体系。第四,推动教师教育改革:实施卓越教师培养计划,研制数字化卓越教师的培养标准和模式,科学建构培养平台,持续开展培养实践,科学评价培养成效。第五,以横向课题研究和横向项目研发作为提升专业教师实践教学能力的主要途径和措施。立足区域产业发展,通过项目研究锻炼和培养专业教师解决企业实际问题的能力。加快推进教师企业实践流动工作站建设。加强与行业企业深度合作,在行业龙头或领军企业内部设立教师企业实践流动工作站,搭建专任教师企业实践基地。第六,坚持"以赛促教、以赛促学、以赛促改、以赛促建"理念,鼓励教师参加教学能力大赛,探索校级自上而下全员化教学能力提升模式,实施全员化教师教学能力提升工程,充分调动全体在职教师积极参加比赛,促进教师快速成长,提高教师数字化教学能力和科研水平,推动普通型教师成长为专家型教师。第七,促进教师交流与合作,搭建数字化交流平台,为教师提供便捷的沟通渠道。探索组建产教虚拟教研室,通过网络平台,教师可以分享教学经验、探讨教育教学问题,共同提高教育教学水平。

14.3.5　数字化转型打造"金基地"

数字化转型落实在实习实训基地建设上,第一,构建校企协同共建机制:通过与企业合作，共建共享生产性实习实训基地，整合校企资源，形成产教融合的实践教学平台。第二，利用3D建模、虚拟现实（VR）等技术，建立数字化的实习实训环境，实现线上模拟和线下实训的结合。同时服务高成本、难再现的实训教学需求；第三，利用5G、物联网、人工智能等技术，打造稳定、安全、高速智能化、网络化的实训环境，为实训基地的信息化管理提供有力保障，切实提升实训的效率和质量。第四，开发、构建丰富多样的实践教学资源库，包括实训教材、教学视频、案例库等，将企业的真实项目转化为教学资源，满足不同专业的实训需求。第五，对接企业真实生产过程，校企协同，升级实习实训条件，建立情境化的实习实训基地，为学生提供与产业发展要求相契合的实践环境，引入行业先进的模拟软件，模拟真实的职业环境，提高学生的实践能力和职业素养。第六，建立数字化的实训管理平台，实现实训资源的统一管理和调度，实现学生实习实训过程的数字记录，加强实习实训过程管理和质量评价，确保实训效果。第七，推动实习实训基地社会服务功能的拓展，为区域经济发展提供技术支持和人才保障。使实习实训基地成为提升学生实践能力、服务地方经济发展的重要平台。